科学新视角丛书

新知识　新理念　新未来

身处快速发展且变化莫测的大变革时代，我们比以往更需要新知识、新理念，以厘清发展的内在逻辑，在面对全新的未来时多一分敬畏和自信。

天择之骗
——自然界的谎言与生存策略

[美] 孙立新(Lixing Sun) 著

阿德莱德·朱莹(Adelaide Ying Zhu) 译

上海科学技术出版社

图书在版编目（CIP）数据

天择之骗：自然界的谎言与生存策略 /（美）孙立新著；阿德莱德·朱莹译. -- 上海：上海科学技术出版社, 2025. 5. --（科学新视角丛书）. -- ISBN 978-7-5478-7150-8

Ⅰ. N49

中国国家版本馆CIP数据核字第2025B3R002号

THE LIARS OF NATURE AND THE NATURE OF LIARS: Cheating and Deception in the Living World by Lixing Sun
Copyright © 2023 by Princeton University Press
All rights reserved. No part of this book may be reproduced or transmitted in any form or by any means, electronic or mechanical, including photocopying, recording or by any information storage and retrieval system, without permission in writing from the Publisher.

上海市版权局著作权合同登记号　图字：09-2023-0932号

封面图片来源：视觉中国

天择之骗——自然界的谎言与生存策略

[美] 孙立新（Lixing Sun） 著
阿德莱德·朱莹（Adelaide Ying Zhu） 译

上海世纪出版（集团）有限公司 出版、发行
上海科学技术出版社
（上海市闵行区号景路159弄A座9F-10F）
邮政编码201101　www.sstp.cn
常熟市华顺印刷有限公司印刷
开本 787×1092　1/16　印张 18.25
字数 228千字
2025年5月第1版　2025年5月第1次印刷
ISBN 978-7-5478-7150-8/N·295
定价：69.00元

本书如有缺页、错装或坏损等严重质量问题，请向印刷厂联系调换

谨以本书祝爱子孙想(Shine)和孙傲(Orien)未来一切美满!

中文版前言

在这个综艺爆棚、信息狂飙的时代,读书已经算是一件挺酷的事了。而读科学书?那就是酷上加酷,酷到出圈。要知道,每年都有成千上万本新书上架,而你居然挑中了《天择之骗》——这简直是一场概率极低的相遇,不是缘分还能是什么?

说来有点幸运也有点意外,英文版《天择之骗》在2023年问世后,居然引来了不少媒体围观,连《华尔街日报》和《纽约客》这种大咖都为它写了长评。随后这一年,它也常驻亚马逊畅销榜,风头不减,并已被陆续译为多种语言,中文版作为第6种译本即将面世。此时此刻,作为作者的我,只能感叹一句:太上头了。

这本书之所以受欢迎,可能是因为大家都有被骗的经历。不管是小到买到假货、信了谣言,大到被骗钱、被骗感情,甚至伤身害命,几乎没有人能全身而退。读者们自然想弄清楚:到底有哪些骗术?又该怎么反制?虽然我得承认,欺骗这种事没有标准答案,但作为一个长期研究动物行为、心理与进化的老科学人,我可以从生物界下手,总结出一张欺骗地图,找出其中的套路与规律,为我们面对现实世界的"骗术森林"提供一点方向感。

所以,《天择之骗》表面上是一本通俗读物,人人都能读得懂,但其实它更像一本"伪装成轻松读物的科学思想书",把科学、社会与人性一起摆上了桌面。为了写这本书,我不得不暂时放下猴子和实验室,跑进社会科学与人文学科的地盘。虽然有不少专家朋友为我保驾护航,我自己也拼命补课,但这趟"跨界穿越"难免有漏洞。希望各位读者多多包涵,也欢迎拍砖,我们一起把探索继续下去。

讲真,我从小就是个文艺青年,哪怕几十年来做的是硬核科学,也从没忽视文学在科学传播中的魔力。《天择之骗》正好让我放飞一下语言想象的翅膀,用上各种写作招式:比喻啦,象征啦,假想啦,角色互换啦……希望你能在阅读中时不时感受到一股"科学怎么也能写得这么有戏"的惊喜。幸运的是,英文版出版两年后,确实有不少读者发来了这样的反馈,我感到非常欣慰。

不过,说到中文版,我最怕的就是死板、冰冷的 AI 翻译。毕竟我在语言表达上倾注了太多心血,要是全被翻译机器人一锅端,那真是太冤了。但万幸的是,当我看到阿德莱德·朱莹的译文时,我彻底放心了,甚至有点激动。她的中文简直太灵活、太接地气了,不仅精准还带感,不仅传神还幽默。不夸张地说,她完美踩住了"信、达、雅"三大翻译标杆,还给我这个老作者带来不少"哇,中文还能这么写"的惊喜。如果科学翻译也有个"傅雷奖",我一定毫不犹豫地投她一票。

所以,翻开这本中文版《天择之骗》吧。愿我们一起穿越进化的迷雾,拨开欺骗的迷障,在理性与好奇中,找到一点点对世界更清晰的认识。

——作者敬上

2025 年 4 月 2 日于哈佛大学拉德克利夫高等研究院

目 录

中文版前言　　I

第 1 章　骗子无所不在　　001
第 2 章　交流中的窃听与轻信　　015
第 3 章　自然界的各路行骗大师　　042
第 4 章　两性关系中的背叛与忠诚　　069
第 5 章　骗术与创新　　097
第 6 章　欺诈与人性　　131
第 7 章　自欺与自我疗愈　　159
第 8 章　与欺诈共存——无奈且必然的选择　　187

致谢　　216
注释　　220
参考文献　　242
译后记　　270

第 1 章

骗子无所不在

她怀孕了。养育孩子要花很多时间和力气,然而这两样她都缺——既无家可归又没钱,除了找一个免费保姆来照顾孩子,别无选择。这并非易事,但她知道怎么弄。四处寻摸一番,没多远她就发现了一个舒适的地方。这家年轻的妻子看上去就善良体贴,而且最主要的是这家的女主人也刚刚生了一个小宝宝,这简直就是天赐的奶妈啊!于是,她在附近悄悄地藏起来,目不转睛地盯着人家,伺机而动。就在那家女主人出去给自己的宝宝觅食的一忽儿,她一下子就溜了进去,把自己的宝宝和人家的宝宝调包儿,并且把人家的宝宝残忍地扔到垃圾堆里。

你刚刚看到的这一幕"冷血谋杀",是雌性杜鹃偷偷地把自己的蛋放到小莺鸟的窝里,在自然界几乎每天都在上演。此时此刻,杜鹃的行径就是在欺骗。《牛津英语词典》对"欺骗"的定义是"行为举动不诚实或者不公允以便获得好处"。在人类社会中,欺骗通常涉及"蓄意",而在生物界,是否"蓄意"不好界定,而且也没必要界定。生物学家认为,当生物体以利己为目的,以牺牲他人为代价,此时的行为就是欺骗。特别是，本来可以合作，却实施了损人利己的行为[1]。

这本书谈的就是欺骗行为的自然进化史。尽管在通常的语言使用中，"欺骗"一词常常与"撒谎"和"欺诈"互换，但是这三个词还是有区别的。确切地说，"撒谎"和"欺诈"关涉两种不同的行为，这一点我们将在下一章阐述。有鉴于此，在本书中"欺骗"涵盖"撒谎"和"欺诈"[2]。

根据我们对"欺骗"的宽泛定义，在生物界，骗子无处不在。公猴儿会蹑手蹑脚地四处逛游趁母猴儿不备就"上"；而负鼠呢，是出了名的装死行家，每当遇到捕食天敌，它可以瞬间倒地，摆出有名的"负鼠躺"。地上有负鼠，天上有老鹰，自然界从天上到地下，到处都是骗子：很多鸟经常以谎报军情高喊"狼来了"来吓唬与自己争夺食物的竞争对手；而青蛙和蛇等两栖类和爬行类动物，则是佯装大师，它们能变幻自己身体的颜色让自己与环境融为一体；海洋里的生物在这方面也是各有奇招：刺鱼用声东击西的方式保护自己的卵和刚刚孵出来的小刺鱼，前来偷袭的同类往往被带偏路线，经常误入繁花深处而不知；乌贼呢，则会突然在水里释放"烟雾弹"的方式来逃生；而那些毫无抵抗能力的天蛾幼虫则会"戴上"假面具把自己伪装成吓人的小毒蛇。总之，在动物世界，撒谎欺骗的行为不一而足。

你也许不知道，行骗并不需要有一个聪明的大脑，甚至不需要神经细胞，要知道，许多植物是"行骗"的行家里手。例如，多数的兰花可以释放出引诱昆虫的香味来招引昆虫。然而，大约有400种兰花进化出更为大胆的战术策略，那就是散发出可以引诱雄性昆虫的雌性昆虫的气味，甚至展现出雌性昆虫的样貌，欺骗那些急于寻找配偶的雄性昆虫前来在兰花丛中飞舞寻觅，由此，兰花的花粉得以传播（参见彩图2）。更神奇的是，这些兰花会拖延雄性昆虫精子的释放，让这些昆虫一直处于高度的亢奋状态。由此，一直没有得到性压力释放的雄性昆虫就会一直不停地找寻雌虫。于是，这些处于高度"滥情"状态的昆虫就高效地帮助兰花完成授粉"任务"[3]。

真菌也行骗！例如，赫赫有名的松露，这种子实体长在地下的真菌，能够释放出一种叫作雄甾酮的类固醇，这一物质与野猪的雄性激素极为相似。成年雄性野猪的睾丸会分泌雄甾酮，人类对这一物质的嗅觉感知是一种泥土香。而当雌性野猪闻到了松露散发出的这一香气时，它们会极度亢奋，干劲十足地猛刨那块地，目的是找到那头让它们兴奋不已的雄猪，但它们不知道的是自己被戏耍了！而且干这事儿的还不是一头"渣男猪"，而是一个与它们心心念念的"男朋友"一点儿也不像的东西。结果，雌猪如此激情澎湃的唯一收获是让松露的孢子四处散开[4]。于是乎，这个真菌骗子大功告成[5]。

自然界中不仅植物、真菌等复杂的生物会行骗，即便是单细胞生物对此也驾轻就熟。一个最好的例子就是黏菌，也叫聚黏菌，学名叫盘基网柄菌（简称盘基菌）。处于"捕食"状态的聚黏菌会聚集成团儿，形成一个像鼻涕虫一样的移动物体。这个物体"抱团儿"移动直到发现一处适宜的落脚地儿，便停下来，然后长成一个饱满肥硕的菌包——充盈着孢子的菌盖坐落在一个薄薄的菌柄上。整个样子像是一个棒棒糖，也可说像一只拨浪鼓。菌盖包含80%的细胞，一旦食物充足，这些细胞就开始分裂繁育，而剩余的20%的细胞则聚集在菌柄处"甘为人梯"，高高地举着菌盖，让菌盖中的孢子在扩散的时候尽可能地远，尽可能地广，就像蒲公英毛茸茸的种子在风中飘散，而一旦完成使命，这些菌柄处的细胞便化作尘埃。

假如你是那个饱满肥硕的菌包，你愿意将生命结束在菌盖还是在菌柄？当然是菌盖了！因为只有在菌盖的位置你才有机会让自己的基因传承下去。如果你是处于菌柄中的一个细胞，那么你的基因注定在进化的旅途中消亡。在这芸芸众生的大千世界，谁愿意低"人"一等，无缘再生呢？

当聚黏菌有着相同的基因装扮，像双胞胎那样，便没有冲突。当细胞拥有一套明确的基因，哪些细胞承担繁育，哪些细胞承担"后勤工作"就迎刃而解了。然而，当饱满肥硕的菌包由两种或更多种的细胞组成时，或者说菌包内的细胞有着各自的"梦想"时，冲突便随之而来。细胞便会互相竞争组成那个可孕育后代的菌盖，而不是那个"甘为人梯"的"无后"的菌柄。其中，为了跻身于荣耀加身的菌盖行列，各个细胞无所不用其极，包括"欺骗"[6]。有些细胞，经过基因突变后会猛然"绝技傍身"，以输送远超平均份额的细胞到菌盖来打败其他细胞[7]，伎俩近似于政治上的跨界拉选票。更有甚者，一旦在菌盖上抢占了先机，这些细胞便释放出一种有毒的化学物质以阻止后来的细胞也登上这条可以繁衍后代的"诺亚方舟"。最近的研究表明，有100多种变异基因参与聚黏菌的这种欺骗行径中[8]。

下面，让我们来看看细菌的世界，看看它们是否也会行骗。细菌很小很小，所以单兵作战也掀不起什么大浪。就像修长城需要成千上万的工匠和劳力一样，完成集体性的任务，例如发出用以吸引环境中让它们可以维系生命的关键元素的生物荧光，就要求成千上万的细菌向着共同的目标而努力。这就是为什么细菌通常在土壤、在水体里聚集在一起形成一个薄薄的、滑溜溜的一层，即生物膜。

在它们勤力合作的众多项目中有一项至关重要是聚集铁元素，铁元素是细菌能够生存下去的关键元素。但是它们面对的问题是，在它们的生存环境中铁元素的浓度通常非常低。收集铁元素需要集体合作，因为单独一个细菌无法做什么。为了协同作战，细菌成员通过释放一组化学物质互相交流，这一组化学物质的释放可以发出信号同步启动一类叫作嗜铁素的复杂化合物。嗜铁素与我们人类身体里血细胞中的氧合血红蛋白类似，能够与铁元素结合。就像氧合血红蛋白与铁结合一样，嗜铁素被启动后，这类复杂化合物就能够像渔网一样帮助细菌把环境中漂浮的铁元素给拦截并收集起来。

但是这里有一个问题！从原料的使用和能量的消耗上，单个的细菌激发启动或者说产生嗜铁素成本过大，而且嗜铁素生成后又作为公共产品，菌群中的所有成员都可以享用。正如我们所知道的那样，一个社会里一旦有公共产品，这个社会里就必然有占便宜搭便车的家伙。有谁没有见过这样的情况：在一个团队中，总有一些人好大喜功，但其实为团队做出的贡献并不多。

细菌也会处于类似的境地。那就是在细菌的"江湖"里也不乏"做得少但吃得多"的细菌，这些细菌对生产嗜铁素没做出多少贡献，但是一点都不妨碍它们和那些辛辛苦苦生成嗜铁素的骨干细菌一样对嗜铁素狼吞虎咽地利用[9]。显而易见，这些骗子细菌会破坏集体的劳动成果。如果这样的细菌数量庞大，那么产生嗜铁素的效率就会下降，对铁的收集数量也随之下降，结果整个菌群的生存就处于危险境地。在如此致命的威胁下，那些勤勤恳恳劳作的细菌也逐渐发展出一套反诈装备。例如，有些细菌能够结合绑定相似基因以阻隔潜入菌群来占便宜的骗子基因。它们甚至会利用一些有毒物质来杀死那些骗子细菌[10]。

甚至病毒也会欺骗。病毒并不被认为是独立的生命体，因为它们缺少独立存活和自我繁育的必要的生物装备。病毒必须靠宿主的资源和基因系统来完成其生命周期。而病毒竟然可以行使欺骗手段。这就意味着行骗甚至并不要求有一个完整的生命形式。

病毒明目张胆的诈骗案例是有据可查的。不同的病毒或者同一病毒的不同变种感染单一宿主细胞时，诈骗就会发生。病毒的生物资源诸如基因或者蛋白是混合的。这为一些病毒提供了机会，它们耍手腕窃取由其他病毒生产出来的资源，而那些生产资源的病毒并非心甘情愿。如此一来。骗子病毒就不需要拥有全套基因来完成自我复制或者组装它们的蛋白外壳，即衣壳，其作用是包裹它们的基因原料[11]。

目前为止，我们所讲的欺骗案例都是发生在不同的个体间，简单的，复杂的，单细胞的，多细胞的。而欺骗也会发生在同一个体内。例如，癌细胞就是一种具有欺骗行为的细胞，其欺骗行径是在体内与其他细胞合作中逃避应履行的责任义务。非但不履行责任义务，癌细胞还吞噬所有的资源来自我繁殖，而且在本应凋零的时候拒绝自杀。因此，抗癌的本质是抗击骗子细胞，这一点在病理学家雅典娜·阿克蒂皮斯（Athena Aktipis）2020年的著作《骗子细胞》（*The Cheating Cell*）中已明确提出。

甚至在一个普通的完整的细胞内，行骗就发生在每时每刻。例如，B染色体就是靠行骗混日子的。与我们熟知的A染色体完全相反，B染色体比较小而且很常见。在一个细胞里不只存在一两个B染色体。让B染色体显得别具一格的是它们有一种能力：什么也不做，尾随着别的染色体"蹭吃蹭喝"。换句话说，B染色体能够一代一代传承，靠的是以"招手搭车"的方式传递下去而并没有为细胞的功能做任何贡献，有点像那种路过一场婚宴便溜进酒席白吃白喝一顿便走人的"蹭吃族"。

基因也行骗。人的身体是存贮大量无用基因的大容器，无用基因也叫"垃圾DNA"。就像B染色体一样，垃圾DNA对于其宿主生物体来说毫无用途，但是这些遗传物质以"搭便车"的形式一代一代地传下去[12]。垃圾 DNA 的数量着实让人吃惊，占我们基因组总量的 98%，其中包括各种看似无用的基因，如重复基因、假基因，以及转座子（也叫跳跃基因，这类基因非常活跃）。

转座子是基因碎片，它们能够通过复制粘贴的方式将自己嵌入基因组的任何一个地方，就像我们用电脑处理文档那样复制粘贴。转座子的复制粘贴效率非常高，以至于在我们人体基因组中占比 45%[13]。遗传学研究中最有名的转座子叫做 Alu 元件。其长度大约为 300 个碱基对，在最终有了人类诞生的这漫长的 5 300 万年的进化中，转座子完成了超过百万次的自我复制。如今，转座子在人类基因组中的占比为 10.7%[14]。因为转座子的自我复制能力极为活跃，复制后的散布能力也非常强，在蝾螈这一古老的生物物种的基因中，转座子的数量是人类基因组中转座子数量的 40 倍之多[15]。所有的真核生物具有大约相等数量的工作基因，如此一来，蝾螈可以很骄傲地说自己有一个庞大的垃圾基因库。

跳跃基因真可谓名至实归，它们在基因组内随意跳跃。由于人体有数量庞大的垃圾 DNA，无论跳跃基因即转座子何时自我复制并且把复制品放置在基因组的哪一个位点，这一切都并不引人注意，就像悄悄地在垃圾填埋场放下一袋垃圾一样，悄无声息。但是，一旦这样的放置或者说嵌入是在某一功能基因的中间片段，就会引起基因严重损伤并引发健康问题，例如引发癌症或者导致血友病[16]。

被跳跃基因给吸引了吗？这里还有更为奇特的欺骗基因案例，叫作自私基因，或者再花哨一点，也可以叫作"非法基因"。昆虫中就有很多广为人知的叛逃基因，其中最著名的是分裂扭曲基因或减数分裂驱动基因。在最常见的实验动物黑腹果蝇体内，"非法基因"可以通过杀死携带等位基因的精细胞在基因组内让自己的基因激增。为了达到激增的目的，在整个过程中，这些叛逃基因在等数分裂中产出高于其正常份额的复制品[17]。如果这些叛逃基因位于 X 和 Y 染色体上，就会导致性别比失调,如雄性远多于雌性[18]。

最后我想讲述的骗子基因是广为人知的转换基因。这些基因的编码对于蛋白酶而言属于自动导向性核酸内切酶,这种酶可以在特定位置切断DNA链,然后把其自我复制的部分加入切断处[19]。这就像一个无良医生把自己的精子植入前来做人工授精的女性患者体内。

转换基因是通过打破其他基因都遵循的规则而实施基因欺诈的。照章办事的基因要么被直接"致残"失去功能,要么在一场不公平的竞争中被间接地踢出局。像跳跃基因一样,转换基因能够进行水平传递,自我复制并且把自己插入同伴的基因组内,与同伴基因组的后代并驾齐驱。令人意想不到的是,这一"毛遂自荐"的"无赖"品质如今被探索出新的生物功能——自动导向性核酸内切酶,而这一功能是基因编辑功能,即基因剪刀技术的基础。开辟基因编辑前沿技术的两位科学家詹妮弗·杜德纳(Jennifer Doudna)和埃马纽埃尔·卡彭蒂耶(Emmanuelle Charpentier)获得了2020年诺贝尔化学奖。

自私基因如B染色体、跳跃基因、分离变异基因,以及转换基因有一个共同的特点,即以其他基因为代价来实现自身利益。这些基因的传播扩散模式打破了经典的孟德尔遗传定律。看到这里,你也许觉得自己在高中生物课本上学的东西错了。先不要着急!生物系统是复杂的而且通常不是按照物理学的规律来运行的。有鉴于此,生物学被认为是规律之外的科学。

上述只是列举了几个例子,其实欺骗遍布生物界的各个角落、各个等级,从最复杂的有机体到一点儿都不复杂甚至还不是完全生命形态的有机物；从动植物、细菌、病毒，到染色体、基因，以及一小段DNA片段；从同一个体内，到同种的不同个体间，以及不同物种之间，形式五花八门。

自然界充斥着欺骗、谎言和欺诈，而人类追求着真诚的界境和道德律的光辉。然而，现实生活却与这一美好的愿望背道而驰，所以，诚实并不总是人们日常生活中的最优选。

考虑一下这个情况，一个无辜的人被错误地审判惩戒，他认罪伏法等待他的是死刑。为了救他，朋友们想出了一个主意——贿赂看守后一走了之。然而，他坚决拒绝这么做，因为他觉得如果走了那就欺瞒了法律。你对于这个男人所秉持的诚实的概念有什么样的想法？如果你是他，你会怎么办？

如果你觉得这个人的选择很傻，那么恭喜你！你刚刚救了苏格拉底一条命，然而这位希腊大哲学家那时却选择了死亡而不是破坏城邦与公民之间的信任。你也许会问，在自然界中，我们是否会看到这类为信仰和诚信而赴汤蹈火的英雄壮举？答案是几乎不可能！事实是绝无此例！与此相反的是各个等级上无所不在的欺骗。

为什么在生物界欺骗如此普遍？答案是因为自然进化的力量并不与苏格拉底哲学一致。相反，它是一个不受道德律约束且冷酷无情的过程，在这一前行的过程中实用主义碾压了人类所秉持的伦理、荣誉和价值观体系。从进化的视角审视友善社会中分工合作与反社会人格的巧取豪夺，二者毫无区别，因为一切的一切都是为了提高生存率和繁衍后代。目标相同，手段各异。任何品性——从形态学、生理学、行为学和遗传学的视角解读，只要能够符合达尔文主义的适者生存的界定，以其生育后代的数量和后代存活至成年的数量为衡量标准，那么这一品性就会盛行。更进一步地说，摆脱了人类道德律束缚的欺骗，进化论惩罚的是那些不把欺骗作为一种战略选择来提升自身适应力的个体。结果，尽管对于我们人类社会来说欺骗是厚颜无耻的，是令人鄙视和不齿的，然而在生物界却大行其道。

欺骗行为在自然界长兴不败恰恰是自然选择的结果。然而，有一点不太为人熟知的是，欺骗本身也是一种强大的选择力，并且，这一力量也在驱动其自身的进化。从概念上不难理解其原因：欺骗这一行径有利于行骗者，有损于被骗者。如此一来，行骗刺激了反骗战术的出现，所谓魔高一尺、道高一丈，结果，高超的反骗战术又刺激出新的行骗战术，就这样魔与道之间的比试节节攀升，无穷尽了。而在这一持续的进化比武中，有一种现象正如达尔文指出的："最美的最神奇的生命无穷尽地进化出来了，也正在进化着。"

现在我们拿豆科植物根部土壤中的根瘤菌为例来佐证达尔文的上述观点。根瘤菌帮助植物固氮，而植物为这种菌提供居所和碳元素作为食物。所以，根瘤菌与植物之间的关系可谓其乐融融、互惠互利，至少我们一直这么认为。但是一项非常仔细的研究发现，这两者之间并非如我们想象得那么相亲相爱！关系极为复杂！某些根瘤菌其实根本就不为植物生产氮元素。也就是说，它们在那里行骗就是从植物那里蹭吃蹭喝蹭住所[20]。由于这个原因，不是所有的植物对根瘤菌都敞开大门欢迎。研究发现，在蹭吃蹭喝的骗子根瘤菌数量过多的情况下，有些植物通过切断两者之间的氮元素输送联系与之决裂。只有那些生长在贫瘠的土壤中的植物，对氮元素极度需求，才"心有不甘"地与根瘤菌保持这一极不公平、天平极度倾斜的关系[21]。俗话说"人穷志短"，看来这句话用到植物身上也一样！这个例子也说明了为何生物界行骗宛若长江水绵延无绝期，而且是一浪高过一浪。当你看到菌类与宿主之间的行骗与反行骗之间这种魔高一尺、道高一丈的较量，就会明白为什么动物似乎越来越聪明，人为何变得越来越精了！

读到这里，你是不是被根瘤菌和植物之间的进化竞争所呈现的复杂的战术战略给迷住了？其实，这只是欺骗激发进化历程上的"军备竞赛"最简单的一个例子。下面的章节将为你展示欺骗如同一副强效催化剂创造这个世界的多样性、复杂性，甚至为这个世界创造出美。

不幸的是，在进化中欺骗的作用至今没有得到充分的重视，原因有两个：一个原因来自历史，在进化论中对自然选择的阐述中，达尔文自己并没有提及欺骗。在《物种起源》(On the Origin of Species)一书中，没有"欺骗"这个词，不过"欺诈"在书中出现了7次。只有3次是有关动物欺骗的——3次都是模仿的形式，即昆虫为了不成为捕食者的盘中餐而采用的保护性伪装。很明显，达尔文当时并没有想到欺骗是如何关涉进化和生物多样性的，至少在他关于进化的众多思考中"欺骗"并未受到关注。

达尔文的遗漏为我们提示了在进化的考量中忽略欺骗重要性的第二个原因。那就是，我们很容易看到自然选择中竞争对手之间那种咬牙切齿、义无反顾、你死我活的竞争，或者捕食与被捕食之间那种虎口余生的惊心动魄，以及寄生与宿主，细菌、病毒与被感染者之间的关系。正因如此，进化论常常被冠以"适者生存"以及"弱肉强食"的理论。如此单一维度的印象让我们没有注意到合作行为的"软实力"，不计其数的案例表明，只有合作才能真正有效地提高适应性，这一点在最近几十年已经由许多科学家指出。

在群居动物中，社交智力的意义远重于身强体壮。在猩猩种群中，"适者生存"所界定的成功完全可以根据一只猩猩的社交能力来预测。当一只身强体壮的性情暴戾的"肌肉男猩"遇到一群通力合作的猩猩时，它一定会被打败。不具备一定的社交智力，这只猩猩也可能被其他猩猩捉弄，或者成为被剥削的对象。这就是为什么欺骗，作为社交催化剂，在进化中举足轻重。

随着现代人类智力的发展，欺骗战略与反欺骗战略之间的比武已经不仅仅是范围扩大和武力加强，而是开始出现在一个全新的水平上，即文化层级上的活动。就像欺骗引发新的生物特征出现一样，欺骗也是刺激文化创新的强劲催化剂，可以催生出多样和复杂的文化。如果没有欺骗，就不会有文学、艺术、科学、技术、商业，或者说还有宗教，这份名单可以一直列下去，直到囊括人类的生活、社会和文化的方方面面。这似乎有悖于你的直觉，不过稍后，你就会释然，尤其是当你审视现代科技和文化如何与欺骗融为一体，做出以假乱真的艺术呈现时，一切便豁然开朗了。

尽管我强调欺骗对创新的催化力量，但是我绝对无意为说谎歌功颂德而提出一个修正主义的欺骗的概念。与此正相反，我必须指出，许多欺骗，无论是否被认定为犯罪，都会给无辜的人们造成巨大伤害。这就是为什么没有一派严肃的哲学道义或者宗教为欺骗背书或者向社会大众倡导。正如社会学家一直向人们证明，在人类社会中把人们连接在一起的文化凝聚力是诚实[22]。虽然从这一章所展示的内容上看，似乎并非如此，但是就整本书而言，我也将从生物学的角度来支持社会学家的这一观点。我们难以想象一个社会不以诚实和真理作为其道德基础而会长久延续。这就是为什么我们人类社会几千年来坚持不懈地打击制止行骗。

然而，尽管人们拼尽全力，但是，纵观历史，在所有已知的人类社会中，欺骗都是一个持续的、长期存在的难题。事实上，没有哪个社会完完全全、彻彻底底地扫除了欺骗行径。更有甚者，如果说以往这个问题还不至于太过分，那么在信息时代，欺骗行径变得肉眼可见的糟糕。不仅是传统意义上的骗子继续存在，而且是他们把欺骗行径扩展到数字领域，在这里，他们似乎找到了一片沃土，不仅让其行径生根发芽，而且茁壮成长繁茂一片。大量的垃圾邮件、垃圾短信，从网络欺诈到性勒索，层出不穷愈演愈烈，骗术越来越高明，而且屡屡得手。在社会层面，无所不在的假新闻和阴谋论给人们对社会事件的独立思考造成了巨大的威胁。通过阻止人们获取准确可靠的信息，这些满天飞的假新闻和阴谋论让人们对事实和真相失去了认知能力[23]。既然我们不能根除欺骗，我们应该如何应对？

那些看来堂吉诃德式的、宿命式的与欺骗作斗争的行为并不意味着不值得，也不意味着人类注定会失败。相反，它给了我们一个机会来重新考虑在这个数字时代我们行为做事的方式方法，以及探寻如何应对这一长久困扰人类的问题的方法。从这一点考虑，进化论是我们探索这一问题时用之不竭的智慧宝库。

这本书将带领大家巡游骗子的世界，来看看有机生命体如何使用各种手段对他人巧取豪夺，连哄带骗达到自己获益的目的。更重要的是，我们将探寻各色各样的诡计、欺诈和欺罔等行为背后的底层逻辑。我们将利用最新获得的、以进化论视角对骗子行径的认知来设计新的战略，与人类社会中魑魅魍魉的各种骗术作斗争。

具体地，我们将在接下来的两章，见识动物如何利用两条不二法则行骗，这两条法则也贯穿本书对生物行骗的解读。然后读者将在第4章发现，在铺天盖地的谎言和欺罔中，诚实又是如何生存下来，为什么能生存下来，并得以发扬光大的。有了这样的认知之后，在第5章，我们又会吃惊地看到欺骗能够刺激生物体新特征的出现，包括行为举止、智力和艺术等，这一切都是通过进化过程的比武较量。随后的两章是关涉人类的欺骗和自欺，并展示给读者动植物王国里和人类文化中的行骗法则。最后，我们不妨斗胆涉足一下哲学领域的未解难题，尝试为一个古老的争议问题寻找答案：是否存在一种欺骗为道德所接纳？

当你阅读完这本书，我希望你会相信本书的主要假设和中心议题，那就是欺骗对于生物界和人类的文化界的多样性、复杂性，以及越来越美好其实有一个强大的催化作用。通过对行骗来龙去脉的理解，你会发现其实欺骗在实践中是可控的，尽管它看上去似乎是人类生活中难以避免的和无法改变的。

那么，现在准备好！扣好安全带，就让我们来一场惊心动魄的欺骗世界之旅吧！

第 2 章

交流中的窃听与轻信

假想一下自己是一只饥饿的乌鸦，在寒冷的冬天辛辛苦苦地觅食。几次捕食都一无所获，已经折腾得筋疲力尽的你飞到树杈上歇歇脚，刚站稳，就看到十几只同类噪噪喳喳地叫着，围着雪地上一个死了的臭鼬残肢，争着抢着你一口我一口地叨着。这时候你意识到此时飞过去为时已晚，如果你飞过去就会成为众矢之的。那么，你怎么做才能分得一杯羹呢？有一好的解决方案就是喊狼来了把它们都吓跑。当这些竞争对手吓得纷纷飞离急急忙忙躲起来，你就可以猛冲下去，抢夺一大块肉。

上述场景在现实世界中是乌鸦行为的真实写照。重要的是，这一场景活灵活现地呈现了动物行骗的普遍法则，那就是在交流中佯装传递假消息以达到自己获利的目的。这是行骗的生物学基础。我们不妨把它命名为行骗第一定律。是的！行骗第二定律将在下一章介绍。在我们探究动物是如何利用这一定律在现实中行骗之前，我们需要提出一个更为基础的问题——动物为什么一定要行骗？答案会让你感到意外，那就是它们需要合作。

合作是一件好事情。通过在一起工作而不是单打独斗，合作能够让两个动物收益更大。合作的好处适用于所有生命体，包括植物、真菌和细菌。但是我们在此重点谈动物。所以，无论何时动物只要在一起，它们就有很强的合作驱动力。而且为了达到这一点，动物需要交流。交流是合作的前提[1]。然而，一旦交流沟通开始，随着时间的推进，不真诚的、充满技巧的花言巧语会不可避免地应运而生。

就像跳探戈需要两个人一样，一个基本的交流沟通的闭环是信号在发送者和接收者二者之间传递。然而，程式制度再简单，运行的过程中仍然有戏剧性的事情发生。想象一下，你本人就是那位处在现场的信息发送者。你有两个选择：说谎或者说实话。不过，无论你是选择说谎还是说实话，你所希望的是从自己与信息接收者的互动中获得的收益大于你自己单独来完成这一行为时的所得。否则，交流沟通的意义又在哪里呢？生成和发出信号都需要花时间和精力，而且信号的发出也会招来不必要的麻烦，例如引起了捕食者的注意或者引来了寄生者。当闭嘴并原地不动更有利于你自己时，为什么要浪费资源冒生命危险发信号给别人呢？

因此，对于信号发送者来说，说谎还是不说谎绝对是在进化力量的迫使下的果断抉择，绝非莎士比亚式的道德与良知叩问下的犹豫不决。为了适应环境生存下来，信号的发送者必须是马基雅维利式的操纵者，绝不能为道德的考量所羁绊。信号发送者即局面操纵者这一观点是由牛津大学的两位生物学家理查德·道金斯（Richard Dawkins）和约翰·克雷布斯（John Krebs）在20世纪70年代提出来的。这两位生物学家就动物交流的本质，从一片杂乱无章的想法中开辟出一条清晰的逻辑思路[2]。

当然，信号发出后，耍花招儿的一方并未就此打住。另一端的信号接收者同样面临着两难境地：对信号是响应还是不响应呢？到底应该怎么办？要回答这个问题，可以先假想一下自己是一个生产配件的公司的首席执行官：有一天，你收到了一个潜在合作伙伴的提议，声称有一个新的合作项目可以提升贵公司的生产效率，从每小时生产两个部件提高到三个部件。显然，如果你对此置之不理，那么你将失去一次可以提高 50% 收益的机会。然而，当你通过大量的数据计算做完风险评估之后，你知道履行这一项目，贵公司将面临 34.21% 被敲诈的风险。如果是这样，你们的生产效率将从每小时生产两个部件下降到一个部件，结果收益就将被砍掉一半，损失太大了！所以问题就来了，你到底是接受这一提议呢，还是拒绝这一提议？

随着信息的明晰，你经过计算发现如果接受这一提议，并将风险考量在内后，公司的生产效率有望提高到每小时平均 2.32 个部件[3]，高出现有水平 16%。尽管并非如提议方所宣称的 50%，但那份提高的产率仍让人不舍。

许多动物常常处于上述配件公司首席执行官的境地，即招架不住铺天盖地的、来自同伴颇具诱惑力的提议，被迫做出选择。尽管动物们无须为生产别针、刨子，或选择手机套餐做决定，但是它们要为生存做决定，它们要在达尔文适者生存的法则下对自己的行动做出选择，做出决定。（这里我们来回顾一下第 1 章关于达尔文的适应性的内容，这是指一个生命体可以产生多少后代并哺育这些后代长大成人的数量。）那么动物会怎么做决定呢？尽管这些动物不可能通过数据运算做成本收益比的分析，但是它们会通过自己的直觉来判断，而这份直觉就像安装在它们感知和认知系统中的软件。那么谁给它们安装的这一软件呢？就是无比强大的自然进化力量。

就像你犹疑不定是否为公司接受那份不请自来的提议一样，动物能够在做出选择之前利用它们的认知能力来计算潜在的得失。如果平均来说获益大于成本消耗，它们会对那份信号做出正面反应。如若不是，那么对于它们最有利的做法就是直接忽略那个信号。如果它们忽略那一信号，那么沟通交流的闭环就没有形成[4]。

下面我们用太平洋田园蟋蟀这一小生命来展示沟通交流中断的结果。这一物种中的雄性在求偶交配时的战略表现，可以分为两种：勤劳朴实的高歌蟋蟀和蹑手蹑脚的鬼祟蟋蟀。前者向雌蟋蟀高唱求偶歌，似乎要把自己想交配的热望广布天下。高歌蟋蟀"唱歌"其实是使劲摩擦锯齿状的翅膜发出的声音，就像两个锉刀在互相摩擦。鬼祟蟋蟀安安静静、蹑手蹑脚，其实是因为它们没有锯齿状的翅膜，它们的翅膜平滑，没法摩擦发出声音。因此，鬼祟蟋蟀就紧挨着正在求偶唱歌的高歌蟋蟀，当闻声而来的雌蟋蟀过来时，它们就猛扑上去。不过，因为雌蟋蟀更愿意与高歌蟋蟀交配，所以鬼祟蟋蟀的"横刀夺爱"并不很成功，因此后代的数量较少。其实，鬼祟蟋蟀只是雌蟋蟀偶尔"轻率行事"的副产品。

当太平洋田园蟋蟀被引入夏威夷时，高歌蟋蟀碰到自己的克星——寄生蝇。这种寄生蝇比鬼祟蟋蟀更可怕！听到蟋蟀唱歌之后，雌蝇便飞过来落在高歌蟋蟀的身上产卵。当蝇卵孵化为蝇蛆后，蛆虫便开始一点一点由里到外撕咬高歌蟋蟀的身体，把蟋蟀作为大餐饕餮一番，直到蟋蟀死掉。

在夏威夷的考爱岛（Kaua'i），生物学家马琳·祖（Marlene Zuk）及其研究团队被一种正在演变进行的进化力量给惊呆了：这一进化历程就发生在20世纪90年代：从1991年开始高歌蟋蟀种群锐减，10年间呈俯冲式下降——从原来几乎随处可见到后来几乎没有几只了。当研究者四处挖寻时，他们仍然发现了不少。但是这些蟋蟀与高歌蟋蟀不同——几乎所有的雄蟋蟀都是生着光滑翅膜的哑蟋蟀。是的！就是前面提到的那种鬼祟蟋蟀[5]。老实憨厚的高歌蟋蟀在岛上几乎被寄生蝇给团灭了。当这些原先的作为欺骗者的鬼祟蟋蟀成为种群的主导力量，这时在蟋蟀交配行为发挥重要作用的"听觉系统"的优势特征消失了！这是寄生蝇劫持高歌蟋蟀，把它们变为自己的产房的结果！

这一案例生动而又确凿地显示了动物之间的交流是基于对同一圈子内成员一定程度的信任而实现的。也就是说，要想确保一个交流圈子存留下去，信号的发出者必须要合乎情理的诚实，而信号的接收者在对信号做出反应的情况下要比直接忽略信号时更为受益。这样，成员之间的交流才能够完成，这个圈子才能持续存在。这就是为什么生物学家相信，动物之间的交流大部分情况下是合作[6]。在某种程度上可以说，欺骗只是在由交流所促成的丰硕合作成果中一片恼人的落叶。

那么在两个个体的交流中，谎言是如何一步步进行下去最后取得成功的呢？在许多情况下，信号发出者实施欺骗是通过改变其信号含义来实现的。也就是说，它们篡改了信息内容。当其目标"客户"把这一虚假信息按照其字面意思理解信以为真之后，结果就被骗了。这就是为什么高喊"狼来了"故事里的那个小男孩，最初能够用谎言让人们相信狼来了。

为了更进一步形象地说明这一点，现在让我们再回到本章开始乌鸦说谎的那个场景。当一只乌鸦在高处发现一只踮着小碎步尾随过来的狐狸，它便哇哇大叫向同伴发出警报，告诉它们："狐狸来啦！"这一信息的确是真实的！但是当没有危险的情况下，这只乌鸦发出同样的报警，这时的报警信号就是虚假信息。如果其他乌鸦对报警信以为真做出一如既往的反应一哄而散地飞离，它们就被骗了。骗子利用交流中预设的诚实的元素获得相应的利益，占得了便宜。换言之，骗子篡改真实信息以牺牲同伴的利益为代价为自己谋利。这就是行骗第一定律的工作原理。

在本章余下的内容里，我们领略一下善于行骗的动物巧妙操纵信息时所用的手段,对各种各样的"武器库"做个探访。出发之前,我们需要对两类交流做一个区分:种内交流和种间交流。本章接下来的内容我们主要关注种内交流。种间交流的内容将在下一章详细解读。

当我们谈到行骗的时候,必然有两个关键的问题要问:第一,骗子的目的是什么?他究竟想要什么?第二,骗子会通过什么手段达到其目的?也就是说,行骗的方法是什么?第一个问题相对容易回答。动物行骗是为了让自身的进化和适应力能够在系统中抢占先机。这也展示了所有的有机生命体在自然选择的进化中是如何繁盛的。无须惊讶,可以提高适应力的诸如食物、社会地位、交配的机会等这些内容是动物行骗的最热门项目。第二个问题是动物如何实现心之所愿?这个问题回答起来相对比较困难,因为达到每一个不同的目标,其实有多重途径,所谓条条大路通罗马。或者用一句更接地气只不过听起来有点粗俗的说法,"活人还能叫尿憋死么?"。那么,现在就让我们仔细看看都有哪些骗术登场吧!

有着以谎报警情来骗取食物这一癖好的鸟,并非仅此乌鸦一类。山雀、翔食雀,以及许多其他鸟如出一辙。由于进化通常如同军备竞赛,靠行骗偷食物这一手段其实能让受损一方保护食物的手段相应地提升。这就把受害者和加害者的关系锁定为一种战争关系,在这一关系中双方你争我赶互不相让,都试图压过对方。

举例来说,乌鸦、渡鸦和松鸦总会意识到同伴的存在。它们通常与同伴保持一定的距离或者故意将同伴引向偏离那处只有它们自己知道的藏着食物的地方。故意带偏路这个手段对于种群中处于较低地位的个体尤其重要,通常,这是它们保护自己食物资源的唯一选择。渡鸦就是如此。如果有需要，低地位的渡鸦会使用计谋骗那些处于强势地位的同伴，让那些强势渡鸦在远离自己藏食物的地方瞎找。只有确信自己确实可以领先一步时，这些低地位的渡鸦才飞向秘密存放食物的地方，饕餮一番。与猴子相似，渡鸦非常聪明，一般也不容易被骗。那些被带偏的渡鸦会很快意识到自己被耍了，然后开始飞向藏食物的地方，而不是跟着骗它们的同伴瞎飞[7]。

在保护自己的食物这个问题上，琢磨出一些小花招儿上，小松鼠一点儿都不比鸟类差。它们不仅和鸟类一样做那些相同的事情，而且还采取额外的步骤隐藏任何关于食物的蛛丝马迹，如藏食物时都会远离同伴。如果没法远离，那它们就把后背转向同伴，以防被看见。万一其他的松鼠过来探寻，它们就胡弄出一些假的食物储藏点作诱饵去骗其他松鼠[8]。出于好奇，我经常观察灰松鼠藏橡树种子。但是，我一走近，它们就赶紧藏起来，所以我通常找到的洞都是空空如也，我也被骗了。

相似的行为同样见于恒河猴、松鼠猴、长尾黑颚猴和卷尾猴。这些灵长类所生活的种群是小型的等级社会，这类种群以其中高等级的成员很粗鲁地从处于底层的个体那里抢自己喜欢的食物而闻名。为了避免被抢，处于低等级的成员通常对食物信息严守秘密[9]。同样的行为在大猩猩中也有发现：当地位高的大猩猩在自己周围时，地位低的大猩猩总是能忍住不去拿自己藏起来的香蕉或其他一些自己特别钟爱的食物，避免泄露食物隐藏地点。只要它们觉得不安全，就不会靠近这些食物半步[10]。

在鸟类和哺乳动物中，假警报不仅仅用于保护自己的食物，也用来争夺交配的机会。例如，家燕在发现捕食自己的天敌时会发出警报。在交配季，它们在一起筑巢，这样就有更多的机会发现来侵袭的天敌，有利于这一种群中的所有成员。这种集体生活的负面效应是这里经常发生"婚外情"，原因是鸟窝一个挨着一个，所有的鸟在交配季都如饥似渴。当一只鸟出去觅食时,自家的鸟窝便常会受到一只叫"隔壁老王"的鸟的造访。不过,对于这种让人闹心的事儿,鸟儿自有办法。雄鸟为了维护自己的父权,采取发送假警报的办法来打断已经为自己产下蛋的雌鸟与其他雄鸟的鱼水之欢[11]。

生物学家观察到赤腹松鼠台北亚种中的雌鼠在短暂的发情期内能够与几只雄鼠交配,而雄松鼠在与雌松鼠交配后,为了确保自己的父权(即小松鼠传承的是自己的基因,而不是其他别的松鼠的),它们会发假警报以欺骗其他雄性松鼠跑出去防范子虚乌有的捕食者。当那些松鼠跑出去蹲下来等着根本不存在的危险过去,便错过了雌松鼠受孕的关键一刻。发情期本来就很短的雌鼠一旦与附近的一只雄鼠交欢,便对其他雄松鼠毫无兴趣[12]。

假警报的使用很常见,但不是唯一的手段。骗子手中的招儿不止一二,特别是当交配有风险的时候。科学家在大西洋帆鳍鳉的种群里发现一种很特别的骗术。在这一物种中,有经验的雄性帆鳍鳉对它们所中意的雌性帆鳍鳉保有相关的信息,即它们对自己"心上的鱼"会感知其"美丽"。它们只在与"意中的鱼"接近,有交配可能的时候才释放自己真实的交配意图。如果其他的雄性帆鳍鳉在旁边——特别是那些年轻的毫无经验的小鱼,这些经验老到的雄鱼便假装追求一条自己并不喜欢的雌鱼(通常是平淡无奇或者是丑陋的)来误导那些小鱼。有经验的雄鱼采用这一手段阻止那些天真的小雄鱼跟它们学习鉴别什么是美什么是丑,由此雄竞对手的数量可以少一些[13]。

但是在耍花招这个领域,没有哪个物种能超过灵长类动物。例如,西非大猩猩和非洲黑猩猩会用手捂住自己的脸不让自己的情绪从面部被看出来。非洲黑猩猩在用手投掷东西之前会用后背挡住那些东西。(它们做出这一危险的动作是因为它们觉得对方是敌人,这其中就包括逛动物园的人类。)另外,处于种群中低等级的黑猩猩性器官勃起的时候，它们会把后背转向那些种群中的霸主，不让自己的兴奋暴露出来[14]。尽管目前科学家还没有探明黑猩猩是否有性方面的羞怯感，但如果拿人类社会对比，我们可以理解没有哪个男人会在自己的上司面前"性致盎然"地勃起。如果说这在人类社会涉及社交礼仪的问题，那么在非洲黑猩猩的世界里，这意味着你的存在威胁到了高地位的雄性个体的繁衍福利，因为在交配竞争中你的"性致盎然"就是在宣布你是它们的竞争对手。黑猩猩清楚彼此的心思，这是一种叫作心智的高级认知能力。

雌性动物也会利用欺骗手段，它们在抵御自己不中意的雄性动物对自己性骚扰做自我防卫时会吓唬雄性。科学家把这一行为命名为恐吓性欺骗战术，这一战术在雌雄体格差异巨大的动物群体中尤为常见。在这些物种中，雄性常常骚扰雌性与自己交配，甚至会违背雌性的意愿强行上身。而雌性的反应是采取各种战术推开不想要的性爱。它们会请求种群中掌事的雄性来帮助，或者待在它们中意的雄性身边寻求保护，采取敏锐的欺诈手段实施自我保护。

几年前，我和我的同事张健旭在小白鼠中发现了雌性小白鼠为抵御性骚扰实施自我保护时，采取了一种非常古怪且令人琢磨不透的欺骗手段。我们在观察小白鼠的信息素交流时，无意中发现了两种化学物质，让我们目瞪口呆——在雌性小白鼠的尿液中发现了2，5-二甲基吡嗪和4-肝酮。这两种化学物质是雪貂的典型体味，而雪貂是小白鼠的天敌。它们究竟是怎么跑到雌性小白鼠的尿液里的？！

左思右想，凭着长期的研究直觉，我们猜测雌性小白鼠也许是通过分泌这些化学物质来假装雪貂就在附近，通过这一欺骗手段，它们拒绝不中意的雄性小白鼠，让它们离自己远一点。这一招儿就像我们使用气溶喷雾剂驱赶害虫一样。我们把雄性小白鼠暴露在这些化合物下来检验我们的想法。果然，这些雄性小白鼠吓得赶紧后退。该项研究完成之后的相当长的一段时间里，我们仍然对于这种能够赋予雌性小白鼠拒绝雄性小白鼠的能力的神奇进化适应力，感到惊叹和钦佩[15]。因为在啮齿类的世界里雌性不可能娇羞地说"哦，亲爱的，今晚不行。"而是要一个让对方感受到更有说服力的东西，那就是"做爱"与"生死压力"之间的选择。

除了争夺食物和交配权，许多动物还会假装凶猛地打斗或者吹嘘自己在种群中的社会地位。我对这一情况的近距离了解来自自己小时候的一段经历。出生在中国东部的一个小城镇的我，小时候特别喜欢斗蟋蟀。那是20世纪70年代，每年夏天，我小叔都带我去抓蟋蟀，回来后就拿这些蟋蟀去和邻居小孩儿抓来的蟋蟀掐架。斗蟋蟀是把两只公蟋蟀放在一个罐头盒里或者竹筒里：开始前，用草秆做成的扫把激它，等蟋蟀完全被激怒，就可以开斗。两只蟋蟀撕咬摔跤5～10秒后就可以分出胜负，胜了的蟋蟀会前后震动着身体大声鸣唱。

要想获胜，首先要解决一个问题，那就是先认准哪一只蟋蟀善斗，如同赌马的人要面对的问题一样。但是怎么才能认准呢？我发现赢了的蟋蟀能发出特别大的叫声，开始就找叫声大的蟋蟀。但是没多久我就发现这个办法不灵。因为蟋蟀大声地叫通常也是用来虚张声势的：胆小的蟋蟀会假借这种大叫来装成无所畏惧的"角斗士"，然而，一旦进场，就很快逃跑了——有时甚至一仗都不打。所以，大声鸣叫不是判断蟋蟀战斗力好坏的可靠指标。那么个头大小呢？你也许会问。是的！蟋蟀的个头大小是可以用来判断的。问题是我的那些小伙伴也知道这个。所以，这个方法并没有让我占上风。

在经过一番尝试后，我终于发现了一个可以信赖的预测指标，一个"静悄悄"的特征。那就是上下颚的跨度——具体地说就是在蟋蟀上下颚之间的距离大小。一年夏天，我和小叔特别幸运地抓到了一只上下颚距离特别大的蟋蟀。这只蟋蟀从不大声叫，但总是顽强地战斗到底。结果，那一年在小镇上所有的斗蟋蟀比赛中，胜出的都是我们这只蟋蟀[16]。

虚张声势也出现在甲壳类，如螃蟹和虾中，情况与蟋蟀一样有趣。甲壳纲动物的生长是靠蜕皮完成的，即其外骨骼几丁质在其生长中呈现周期性脱落，然后再长出新的。在旧的"盔甲"脱落，新长出的"盔甲"还柔软的时候，它们是非常脆弱的。许多螃蟹和螳螂虾都是靠虚张声势把这段脆弱期对付过去的，它们遇到对手时会挥舞着显得具有威胁性的武器[17]。不过，它们知道此时的自己是纸老虎，根本不能真的打斗。而实际的情况是，尽管武装到了牙齿，但是遇到挑战时它们也会很快停下来。不幸的是，招潮蟹似乎没有那么聪明。招潮蟹长着两只大小悬殊的钳子：小钳子是为了进食，大钳子用来打斗。大钳子断了之后可以再生长出来。但是再长出来的钳子要比原生的那只大钳子小。不过，这并不妨碍招潮蟹仍然用这只再生的大钳子虚张声势，跟以前一样。而当一场真的打斗爆发时，它们才意识到这副可怜的替代品不能胜任打斗任务[18]。

两栖类的青蛙和蟾蜍也会虚张声势，不过，让它们脱颖而出的是它们的细微差别。青蛙和蟾蜍虚张声势是通过改变其声音来实现的。大家都知道，这两种动物通过呱呱大叫来占地盘，吸引雌蛙。然而，大家不太知道的是两栖类动物之间的肢体冲撞其实是相当暴力的，也非常消耗它们的能量储备。体型大小通常是两栖类动物打斗分出高下胜负的决定性因素。有鉴于此，在某些种群中体型小的雄性对体型大的雄性敬而远之。但是问题来了，青蛙是怎么知道潜在对手体型大小的呢，特别是在它还没有看见对方的情况下。

这个问题的答案就在青蛙和蟾蜍的叫声里，特别是在它们宣告自己领地的时候叫声的音高里。体型大的雄蛙会有比较大的喉结和很厚的声带，这使得它们的叫声听起来像低音炮。同样的原理见于摇滚乐队在做现场演出时使用的笨重的重低音扬声器增大低音功放。人类也一样的，个头比较大的人通常有比较长的声带，产生的声音也很低沉。然而不幸的是，音高可以作假，所以，这并非一个可以信赖的判断体型大小的指标。伊丽莎白·霍姆斯（Elizabeth Holmes），现已解散的公司纳米医学（Theranos）的首席执行官，据说就是把自己的声音伪装得听上去低沉而又深邃，以此来打造人设，让人们感觉到她是权威，她在主导。互联网仍然有霍姆斯在公开场合演讲的影像资料，大家可以听一下她的声音。也不知道她是否清楚自己在搬用儿童读物里青蛙和蟾蜍的老套路[19]。

狗会通过狂吠虚张声势，尽人皆知。不过，狗也用尿尿来宣告自己的地盘，同时也展示自己体型的大小。那么狗狗是怎么用尿来欺骗，假装自己个头很大呢？我们都知道狗狗是领地性极强的动物。它们通过往立着的物体上撒尿来标示自己在草坪上的地盘，如树干、消火栓、电线杆等。当你遛狗的时候，你一定会看到公狗的这一行为。仔细研究发现体型比较小的狗狗在尿尿的时候倾向于把自己的腿抬得高高的，甚至高于比它们体型大的狗狗。于是，狗狗用这样的办法提高其尿液气味的标高。当邻近的其他狗狗闻到这一气味的时候，会以为留下标识的这只狗狗的体型比较大[20]。

许多哺乳动物也利用尿液或者其他体味来标识自己在草坪上的领地，就像在社区的海报栏上留字条一样。鉴于它们体味的来源几乎都是在身体的后半部，那么它们是怎样吹嘘自己的体型以便让其他的同类"膜拜"的呢？可以这么说，有一个解决方案是用双手支撑倒立。这个杂技般的伎俩允许较大体型的动物把自己的体味标记在大岩石或者树干等物体的上方。

如大熊猫就是利用肛门处腺体分泌物和尿液来标识自己的地盘。肛门腺体分泌物是黏黏的、面糊状的物质。这东西必须直接挤到物体上,就像把牙膏挤到牙刷上那样,如果够不到就是够不到,这就限制了大熊猫用虚张出来的高度来吹嘘自己的体型。然而,尿尿有所不同。尿尿可以向上喷,就像花园里浇花的水管一样,液体可以喷向高于身体的地方。所以正如你所料,大熊猫用双手倒立标识其领地用的就是尿,这样做很有可能就是要让它的身型显得更大。

雄性大熊猫用前肢撑地倒立,以此标示其领地

(照片来源:魏荣平)

尽管各类动物喜欢使用虚张声势这一手段,但是这一招儿并不总是有用,特别是真的打斗起来的时候。那么真的与比自己个头大的动物打起来的时候,它们还有哪些其他的选择呢?有一个方法是招募支持者。事实上,有些群居动物有这个能力而且在实际中也是这么做的,例如夸大同伴给自己造成的轻伤就是这种情况。对于球迷来说特别熟悉的一个场景就是:当比赛的一方被另一方冲撞犯规后,被冲撞的一方就会开始表演,满地打滚,做出疼得不能忍受的样子,目的是希望裁判做出有利于他这一方的判罚。

现在猜测一下,什么动物最喜欢使用这一招儿?当然是猴子和猿[21]。例如,黑猩猩在一场失利的争执中会高声尖叫。我们知道它们在耍花招儿,因为它们这样做只是因为其他的猩猩在旁边。夸张地表现自己被不公平地对待了以博取同情并争取旁观者的支持[22]。同样的行为在稀树干草原上未成年的狒狒身上也可见,当被成年的狒狒欺负的时候,小狒狒就尖叫着向妈妈求助,这一招儿在人类的儿童中也常见。

※

动物能攒出五花八门的骗术来欺骗同类,不过最常用的手段是"占便宜搭便车",即在群体事务中比其他成员出力少。举例来说,许多幼鸟会帮助它们的父母抚养更小的兄弟姊妹,这一行为在全球的鸟类中占比为3%～8%。这种当爸爸妈妈小助手的行为可以让年轻的、没有经验的小鸟学习关键的生存技能,特别是当它们自己还没有准备好自立门户生活时。当小助手也可以间接提高其进化适应力,因为平均来说,这些鸟与在鸟巢里的小鸟共享一半的基因。(进化的这一层面叫作亲缘选择压力。)然而,就像半满的杯子可以被视为半空的一样,共享基因也是如此。50%的相似性也意味着另外50%的不同。这就是为什么在这些当小助手的鸟儿与它们的兄弟姊妹之间有冲突和合作。

有鉴于此,这些当小助手的鸟儿在集体的繁衍事业中不会全力以赴。例如,食腐乌鸦中多达27%的小助手乌鸦是消极怠工者,它们在给父母帮忙哺育弟弟妹妹的时候远远没有尽心尽力。但是一旦把鸟爸爸鸟妈妈移开,这些无精打采的鸟会立即很卖力地哺育那些幼鸟。很明显,在捕食哺育幼鸟这方面,这些鸟在它们必须做事的时候还是能够胜任的。它们并非生来就懒惰,只是在它们能逃避的时候就逃避[23]。

大草鹛鸟是北半球最大的鸣禽类鸦鸟,这一种群中70%的幼雏是由育雏小助手而不是由幼鸟的父母完成哺育的。为了激励小助手做这项工作,雏鸟在被哺育的时候会对其哺育者予以回馈:当雏鸟的喙碰触到食物的时候,在身体的另一端会释放出一个粪囊,而这一粪囊会被哺育者即小助手吃掉。所以，幼雏的身体就像一台自动售货机，一头儿投币，另一头儿便弹出商品。尽管研究者现在还不十分清楚幼雏的粪便为什么受到如此高的珍视，但这个确确实实是作为奖赏来鼓励小助手哺育幼雏的。然而，说谎的那些小助手尽管并没有给幼雏带来食物，也没有喂幼雏，但是它们却表现得好像在投喂幼雏的样子。那么这些小骗子被排斥在"投喂与回馈"的交易之外了吗？并没有！这些骗子小助手发现了别的办法获得那份回馈：它们要么是把垃圾投喂给幼雏来骗取粪囊，要么干脆就在勤勤恳恳的小助手投喂幼雏的时候直接把粪囊偷走[24]。

当一个动物群体面对外部攻击的时候，有个体做出占便宜搭便车是最常见的一种行骗手段。这在狗、狼、狮子、狐猴和猴子当中可以被鉴别出来的。例如，一个狮群是围绕着母狮子而组织建构起来的，母狮子守卫着这个狮群的领地。然而在狮群中，不同个体对守卫领地所做的贡献大小不同。有些能征善战，无论狮群何时受到外来的挑衅，它们总是不遗余力地冲锋在前保护领地。另一些就很懒，只是在不得不参与的时候才缓步上前，实际做出的远远小于它们应有的责任与担当。不过，这些占便宜搭便车的个体无论如何要好于那几个逃兵和胆小鬼，那些逃兵和胆小鬼从来不会帮忙的，不管狮群如何迫切地需要它们[25]。

占便宜搭便车这种情况也存在于动物的繁育生产中。最典型的例子是在社会性昆虫，如蚂蚁、蜜蜂和黄蜂中。在许多案例中，蚁后或者蜂后是群落中唯一负责繁育的雌性，而所有其他的雌性在种群中负责劳作，做一些杂活儿。蚁后或者蜂后对种群的繁育大权独揽，通过释放一种信息素来维护自己的独裁专制，这种信息素可以防范工蜂排卵。由此，工蜂的繁育被压制了。但是与我们给宠物做绝育手术不同，这种由蚁后或蜂后所释放的化学信息素实施的'阉割'是可逆的。如果蚁后或者蜂后死了,有些工蜂(也称假蚁后或者假蜂后)会很快接过繁育的王权。在一些蜂群中,工蜂不满于自己低人一等的社会地位,即使在蚁后或者蜂后活着并且很健康的时候也会暗地里排卵。(在这些昆虫中只有受精的卵才会发育为雌性,而由工蜂排出的未受精的卵则发育为雄性[26]。)

工蜂的这种自私的行为会危害到种群的增长效率。所以许多社会性昆虫有一系列政策对工蜂的欺骗性排卵严加管制。当巡逻的工蜂发现种群中有同伴非法排卵,这些巡逻的工蜂要么袭击排卵的工蜂,要么会毁坏它们产下的卵[27]。

占便宜搭便车这种欺骗行径以及对付这种行径的战略在许多物种的种群中都可以看到:从非洲丽鱼到细尾鹩莺,甚至没有自卫能力的小鼹鼠。在这些动物种群中,低地位的个体常常因为懒惰而受到惩罚[28]。在恒河猴的种群里,处于低地位的成员如果发现了好吃的食物而没有向掌事的恒河猴汇报,那是要受到惩罚的[29]。

对于大多数的雄性动物,其一生中最重要的事情无外乎是与雌性交配。所以,为了提高交配的机会,雄性动物采用了无所不用其极的欺骗方式,在本章余下的部分,我们将详细探究这一问题。

有一个例子就是我的实验室研究的非洲丽鱼,这种鱼的雌性对幼鱼有着极强的母性保护行为。它们用嘴巴作为育儿箱对鱼卵(通常是未受精的)和幼鱼给予额外的保护。如果有鱼卵或者幼鱼不小心从它们的嘴里滑出来,丽鱼妈妈会很快把这些小家伙儿叼回来。雄丽鱼就是瞅准了这个机会行骗的。成年的雄丽鱼在臀鳍进化出一排鱼卵样的斑点,这些斑点是用来迷惑丽鱼妈妈的——雌丽鱼会误以为这些斑点是鱼卵，进而游过来试图把这些"滑落"的鱼卵捡回去（图 2.2）。雄丽鱼这时就抓住机会释放精子，其中的一些精子很有可能会与雌丽鱼嘴巴里未受精的卵子结合而受精[30]。

与其他物种的欺骗行为相比，以嘴巴育儿为特征的非洲丽鱼的骗术似乎不那么惊心动魄。有些雄性动物，为了确保其行骗成功，是不管不顾的——无论在行为上、生理上，还是在形态上，能用的全都用上。例如，有几种鲑鱼（三文鱼）的雄鱼能呈现大小不同的体型，每种体型都对应一定的交配策略。奇努克鲑（Chinook salmon）和大西洋鲑（Atlantic salmon）的雄鱼在形态上有三种变体。正常的形态为溯河产卵型。它们从淡水河流游向海洋，在那里经过四五年的时间发育生长为成鱼，然后洄游到它们的出生地那条淡水河与雌鱼交配，在与雌鱼交配后会很快死亡。有些雄鱼则采取更为简便易行的方式，它们被叫作"海盗杰克"。它们会提前一两年从海洋返回淡水生产。由于在海里没有充分发育，它们的体型相对较小，体力上也缺乏竞争力。因此，"海盗杰克"被认为是鲑鱼中懂得投机取巧，占便宜搭便车的一类。

不过，在鲑鱼中占便宜行骗的高手要属早熟的雄鲑，这类雄鲑被叫作早熟鲑。它们的整个生命周期都是在淡水河中，从来不游向大海。因为这种鲑跳过了洄游阶段的颠沛流离，即大风大浪，因此，它们在形态上并没有为适应环境做出巨大改变，特别是为适应海水的高盐环境而做出的生理改变——鲑化[31]。这类鲑在其生命周期的第一年或者第二年就开始性成熟。由于身体里的大部分物质和能量都集中到了繁殖器官，所以这类鲑的体型很小——只有几英寸长（1 英寸 =2.54 厘米）。所以，这类雄鲑在寻求与雌鲑的交配竞争中没法跟正常的鲑鱼相比，甚至也竞争不过"海盗杰克"那类雄鲑。它们甚至会受到体型较大的雄鲑的攻击，或者干脆被大个头的雄鲑吃掉。但是，这类雄鲑也会通过欺骗的手段来弥补身材瘦小的不足。在交配季，它们藏在岩石后面或者等候在水流浅的区域，因为体型大的鲑鱼无法通过去这些地方。当它们见到雌鲑鱼排卵时，就一下子冲过去，冲着那些卵子喷射精子。这种不起眼的行为对于这些鬼鬼祟祟的小个头雄鲑繁衍来说还真的奏效。

为交配而行骗的一个更为不同寻常的例子存在于辐鳍鱼纲一种叫作蟾蜍鱼的种群中，俗称蛤蟆鱼。这种鱼广泛分布在从温哥华到加利福尼亚北部的北美大陆西海岸。我曾经带着孩子在近西雅图附近的普吉特湾（Puget）捉螃蟹，不过在我们的网笼里捉到的不是螃蟹而是蛤蟆鱼。大部分的成熟的雄性蛤蟆鱼（我们命名为Ⅰ型雄蛤蟆鱼）有一个由气囊转化过来的发声器官。在春末夏初的交配季节，Ⅰ型雄鱼会在夜晚向雌鱼发出雄浑的低音轰鸣，以示求偶。这种鱼由此也被叫作"唱歌鱼"或者叫作"金丝雀鱼"。当大量的雄鱼同时处于发情期时，它们发出单调的轰鸣声特别吵。在20世纪70年代旧金山湾附近，这一现象曾经引发了一系列阴谋论。一些人认为这些噪声来自政府的秘密操作，还有一些人认为这是某些工厂在夜间违规排污。

尽管这声音对于人类来说很讨厌，但是对雌性蛤蟆鱼来说却有着难以抗拒的魅力，听到这些声音后，雌性蛤蟆鱼会成群结队地做出反应。在对一条"唱歌"的雄鱼定位之后，雌鱼会来到那条雄鱼建在潮间带岩石下的窝边，一条雌鱼会在那里排下多达200枚的卵。当这些卵平稳地产出并受精后，雌蛤蟆鱼就跟它们说再见，把受精卵留给雄蛤蟆鱼照料。在接下来的夜晚，雄蛤蟆鱼将努力去吸引其他的雌鱼，直到它的窝里有成千上万枚卵。

但是蛤蟆鱼的故事到此并没有结束，故事并不是以Ⅰ型雄蛤蟆鱼幸福而又慈爱地照看受精卵而结尾。种群里有一种Ⅱ型雄蛤蟆鱼，它们既不唱歌求偶也不垒窝。与将大量的精力用于哺育后代的Ⅰ型蛤蟆鱼相反，Ⅱ型雄蛤蟆鱼攒足了劲儿来增强其性器官。而它们在体长刚刚达到Ⅰ型雄鱼的一半，体重仅为其1/8时，就达到了性成熟。尽管看上去并不身强体壮，但是它们可以凭借硕大的生殖器官来弥补身型上的不足。如果以鱼的体重做参照，Ⅱ型雄蛤蟆鱼的睾丸是Ⅰ型雄蛤蟆鱼的14倍。尽管Ⅱ型雄蛤蟆鱼特别渴望繁殖，但是雌鱼对它们不感兴趣，所以Ⅱ型雄鱼便极尽欺骗之能事来寻找一切交配的机会。Ⅱ型雄鱼会在身体颜色、大小和行为上装成雌蛤蟆鱼。这么做，它们便可以悄然地接近Ⅰ型雄鱼的窝。它们守在Ⅰ型雄鱼窝的入口处，将自己的精子甩入人家的育婴室，希望有精子能歪打正着地与雌鱼的卵子结合[32]。

你也许要问，同一物种的雄性是如何在迈向繁殖这一相同目标的进程中分道扬镳的？说来话长，有一种芳香酶起了重要作用。这种酶能够将睾丸酮转变为雌激素。幼鱼阶段，这种酶通过调节左右睾丸酮转向雌激素的比例来影响其性发展。在雄鱼的性发展阶段，低浓度的芳香酶会导致高水平的睾丸酮，那么这样的雄鱼就会发育为那种可以一展歌喉的Ⅰ型雄蛤蟆鱼。反之，如果芳香酶的浓度高，那么就会有更多的睾丸酮转化为雌激素，这样就会诱发雄鱼雌化，并发育为具有欺骗行为的Ⅱ型雄蛤蟆鱼[33]。

在陆生动物中，这类偷偷摸摸的行骗战略同样不可小觑。例如，某些种群的斑点蜥中，雄性蜥蜴有三种形态，行使三种不同的繁殖战术。橙色雄蜥蜴的喉部呈橙色，这类雄蜥身强体壮，体内睾丸酮水平很高，具有攻击性。它们可以控制大部分地盘，并且领地内有数量众多的雌蜥蜴。第二类是蓝色雄蜥蜴，守卫较小的地盘，那里的雌蜥蜴数量屈指可数。因此，不同于橙色蜥蜴，蓝色蜥蜴无须消耗大量的时间和体能驱赶其他的雄蜥蜴，所以它们可以降低用于防御的体能支出和时间消耗。而且因其自身没有攻击性，所以自身维护成本也较低，它们的睾丸酮水平也不高。高水平的睾丸酮有损免疫系统，所以从这一点来看，蓝色蜥蜴的体质胜过橙色蜥蜴。

不过，种群中还有第三种蜥蜴——黄颜色的雌化雄蜥蜴。这类黄色斑点雄蜥蜴非常瘦弱，没有领地，四处流浪，它们在外形和行为上均呈现出雌性蜥蜴的特征，对橙色蜥蜴极具迷惑性。一只黄色斑点雄蜥蜴一旦在橙色雄蜥蜴的地盘立足，就会反客为主，蹑手蹑脚地搜寻与雌蜥蜴交配的机会[34]。

扁头蜥蜴有着类似的偷偷摸摸的行为。在这一物种中，少数雄性把自己转变为雌化的雄性，就像上面提到的斑点蜥中的黄色雄蜥蜴一样。不过，扁头蜥蜴的行骗有一个严重缺陷，那就是尽管它们能在外形和举行让自己看上去像雌性，但是身体气味会暴露出其性别。正因为其伪装中的这一缺陷，雌化的扁头雄蜥蜴为了避免被同伴发现，会刻意避开与真正的雄性蜥蜴靠得太近[35]。

而这样的谨小慎微对于欺骗雄性红边束带蛇来说则不必要。部分雄性红边束带蛇进化出一种行骗能力——那就是让自己发出雌性束带蛇的气味。束带蛇是存在于北美洲北部最常见的蛇——森林里、农田里、甚至在居民的花园里都可能看到。束带蛇春夏秋三季都处于活跃状态，到了冬季则在洞穴里冬眠。在加拿大，一些洞穴里的束带蛇可多达万条。这些蛇在春暖花开的时候醒来，雄蛇先露头，然后会成群结队地从洞穴里爬出来，并守在附近的洞穴旁，等着雌蛇出来。

那么雄蛇如何识别雌蛇呢？雄蛇会将自己叉状的舌头向外轻轻弹出去获取雌蛇散发的气味中的化学分子，并用犁鼻骨这一感知器官来检测这些化学分子。雄蛇如果闻出甲基酮的气味，就知道对面的蛇是雌性的；如果闻出角鲨烯的气味，就立刻终止求偶行为，因为角鲨烯是雄性信息素[36]。

束带蛇的交配球（数十条雄蛇扭打争夺与一条雌蛇的交配）

（照片来源：俄勒冈州立大学）

  与雄性束带蛇不同，雌性束带蛇会单独从洞穴里出来或者只有几条。一旦一条雌性束带蛇从洞里出来，就会被一群急不可待的雄性束带蛇围上，所有的雄蛇都争先恐后地与这条雌性束带蛇交配。如果你适逢正确的时间、正确的地点，也就是说你在蛇出洞的季节恰好在蛇的洞穴旁边，就有机会撞见一堆蛇扭动着缠绕在一起，甚至构成球状。而实际情况是，这是一场雄性束带蛇为了争夺与雌性束带蛇的交配而进行的对决。在这个交配球中，雌性束带蛇仅有一条，而雄蛇有10条至百条，某些极端的情况下，多达5 000条。

  因为有那么多的雄蛇渴望交配，所以一条雌蛇完成交配的时间并不长。事实上，在雌束带蛇出洞后，交配只用30分钟。然而，雄蛇之间的竞争并没有随着交配的结束而结束。与雌蛇交配的这条幸运的雄蛇，为了确保将来生下的小蛇一定是自己的后代，会分泌出果冻状的物质作为塞子来封住雌束带蛇的生殖器入口。这一物理阻隔会使得其他的雄蛇与这条雌蛇的交配很难进行。另外，这条雄蛇还会给这条雌束带蛇涂抹上自己分泌的角鲨烯，这样其他的雄蛇感知到这个气味后，便没有兴趣追求这条雌蛇了[37]。

  设想一下你是身处交配球中的一条雄性束带蛇，你会怎么做？如果你是一条强壮的蛇，你会拼尽全力，咬牙切齿投入这场体力的较量中。即便是这样，获胜的机会仍很小，因为只会有一条雄蛇获胜，而第二名没有安慰奖。如果你不是最强壮的蛇，你赢的可能性更低。在弱的蛇群里你有可能胜出，但是如果你不在强势的蛇群里，那么弱势的雄蛇群接近雌蛇的机会就特别小。那么如何平衡这种关系？

也许，你已经从斑点蜥蜴和扁头蜥蜴那里得到启示了，那就是把自己装扮为雌性！像蜥蜴那样，束带蛇中的雌化雄蛇举止就像雌束带蛇，以此欺骗交媾球中比较强壮的雄蛇。更有甚者，除了在行为上装作雌性束带蛇，雌化的雄束带蛇还让自己闻起来也像雌性束带蛇的气味。雌化束带蛇已经不能分泌信息素角鲨烯这一典型的雄蛇信息素[38]。伪装，这一战术，大大降低了雌化束带蛇与其他雄束带蛇的竞争，提高了其在交配球中接近身价高贵的真正的雌束带蛇的机会（参见图示2.3）。

以上我所列举的仅代表脊椎动物中的几个例子，在这些脊椎动物中，行骗的雄性与老实的雄性在繁殖方面进行竞争。这类欺骗性交配战术无处不在：昆虫、鱼、两栖类、爬行类、鸟类和哺乳类。单单在鱼类中，科学家发现140种鱼的雄性使用欺骗方式达到繁殖目的[39]，我们可以将其统称为"替代性繁殖战术"。之所以称其为"替代性"，是因为这种战术只是被少部分雄性个体使用，并不是大多数雄性个体的主要繁殖战略。

尽管具体的方法多种多样，但共同点是这类物种中的雄性总有一些会以偷偷摸摸的方式寻找交配机会。这类雄性通常较小，其貌不扬，体力上缺乏竞争力[40]。这类雄性在发育上倾向于性早熟，把体内所有的物质和能量集中到生殖器官，而不是用来发育身体形态来吸引雌性。当它们用欺骗的方法实现了交配后，结果就是在交配竞争中其劣势转变为优势了。为了行骗成功，它们在外形、气味和行为上都模仿雌性。不过这类蹑手蹑脚的雄性通常在种群中不足5%。

你也许注意到了一些行骗策略，例如假警报、虚张声势、占便宜搭便车，这些几乎被所有的动物使用，然而，其他方法如替代性交配则只被种群中的一小撮使用。为什么会是这样呢？答案是行骗是一柄双刃剑，既可获益也有巨大的成本消耗，依照达尔文进化论适者生存的理论，损失和获益最终会达到平衡。（在研究中，对适应力的评估是以时间、能量和风险作为表征的，因为很难直接对适应力做出测量评估。）

从进化的理性上说，行骗要成为一种适应力，那它必须能够提供净收益，也就是说，行骗的获益必须超过其成本损耗。更有甚者，当行骗在一个种群中成为共识，行骗的收益必然下降。当行骗的净收益降低到与诚实的行为所产生的收益相当时，行骗将成为一种非适应力，不会再成为能在进化中得以生生不息、繁荣兴旺的一个有效的战略。

现在，我们再次以前面所假设的那个场景即你作为生产零配件的企业的主管为例来解析以上逻辑。假定其他条件保持不变，但是首席执行官被坑的概率增加 50% 以上。在这样的情况下，作为首席执行官，你必然拒绝对方的合资提议。否则，对于你们公司的生产效率来说，负面影响必将超过正面效果。这一常识性的案例展示了行骗普遍性的一个重点，那就是对于行骗者和受害者双方来说，行骗是否能进行要看收益与损耗的比率。（当然，动物不会做出有意识的计算。进化，已经通过淘汰偏离正轨的离经叛道的个体，做好了这道数学题。）

现在，我们就以刚刚举例的动物的视角来看这个问题。假警报通常是小成本、高回报的，如从同伴那里骗得食物的乌鸦，谷仓麻雀对付"隔壁老王"的造访，台湾松鼠为独占雌松鼠短暂的发情期谎报敌情。这些欺骗手段所产生的获益与成本比率是有利于行骗者的,即对于行骗者来说,行骗性价比高。另外,如果动物不对诚实的报警做出响应,那么潜在的结果有可能是致命的,即很可能被捕食者吃掉。鉴于只有行骗者知道其所发出的信息是真是假,所以信息的接收者除了对警报做出反应,别无选择——但万一警报是真的呢?因此,信息战是不对称作战,只对行骗者有利[41]。结果,即使是惯犯也总能全身而退。这就是为什么假警报被那么多的动物使用,屡见不鲜,且诉求目的五花八门。

既然回报率高且对行骗者有利,假警报为什么没能在动物界更为普遍,呈现行骗者无疆的"谎言大世界"呢?因为行骗成功与否的关键因素是信息接收者的反应。就进化适应力丧失而言,被骗是一种痛苦的体验。如果经常受骗,信息接收者会在对警报的反应中不断锤炼其认知,不断提高辨别能力,进而做出正确的决定,对行骗者予以回击。

在许多物种中,信息的接收者进化出一套标准,来衡量对方是否可信并会做出相应的调整。除了猴子和猿,土拨鼠和地松鼠在区分假警报上也是行家里手。例如,来自年幼动物的警报呼叫大部分可以忽略,它们会被看成一惊一乍的"四眼天鸡"*[42]。这倒不是因为年幼的动物天生就会说谎,而是因为它们有点神经质,当没遇到真的危险时也发出警报[43]。这表明当一个动物在种群中被同伴定义为说谎者后,那么它的声誉就会一落千丈,并且也有损于它在种群中生存。这就是行骗后的自食其果。这样的代价降低了行骗的回报率,并由此限制了行骗,从而防止欺骗这一行为对这个种群造成更大的伤害,也

---

* "四眼天鸡"是一部动画片里的主角,这只小鸡总是大惊小怪地四处奔走,告诉大家天要塌下来了。——译者注

防止欺骗造成种群成员之间的信息交流闭环的崩塌。(这些例子告诉我们,一个骗子说谎越多,它能从中得到的好处就越少。这就是我们知道的遗传学上的"频率依赖性选择",在接下来的章节中会出现多次。)

同样的情况也适用于虚张声势这一欺骗行为。如同假警报一样,虚张声势也是低成本,但是其潜在回报很高。通常,对某一虚张声势是否属实的检测要冒着收效甚微而代价高昂的风险。我们中有多少人愿意把手伸向龇牙咧嘴的斗犬或狼獾尝试与它们交流,以此来看看这些动物到底是虚张声势还是真的很凶?我们又一次看到了呈现攻击性的行为中信息不对称是有利于施行虚张声势的这一方。这就是为什么虚张声势被广泛地使用,甚至在那些不太可能危害到他人的动物中,如本章前面提到的甲壳纲里的招潮蟹。

同样,占便宜搭便车也有着很高的收益和成本比。占便宜搭便车这事儿不需要费力,但是回报很大。如果你对此有所质疑,那就去问问拒服兵役的人——一个来自富裕家庭的人买通其医生开具了一纸假诊断说他患有骨刺。此外,试图阻止占便宜搭便车这种行为的成本太高。正如许多配偶深切感受到的那样,指责另一半不分担合理的家务通常要比你自己直接把家务活儿做了的成本高很多,因为会引发争吵等一系列冲突。这就是为什么在动物种群中占便宜搭便车这种事屡见不鲜。

当种群规模扩大后,占便宜搭便车会愈发严重,而且这一行为几乎变得无须成本[44]。现在假设你是一头母狮子。对于你来说,在一个由15头狮子组成的狮群中逃避职责要比在一个由5头狮子组成的狮群做这事儿容易得多。事实上,当动物种群或者说人类社会群体扩大后,这个群体里会有越来越多的成员拒绝为群体的事情出力。这将最终有碍于群体共担责任的履行或集体活动的完成,如对领地的维护或者袭击邻近村庄，从而会导致群体性悲剧——社会性窘境，即当群体中的所有成员各自为政，只为其个人利益负责行事时，结果是这个社会将作为一个整体为此买单。为防止占便宜搭便车的行为失控，在规模较大的群体中，制衡行骗和其他破坏规矩的行为的政策等运行机制愈发必要。你有没有想过，为什么精心设计的法律和政策力量在现代社会中不可或缺，而在部落中，几个长老和某些传统的社会规范就足够了。

然而，利用替代性繁殖策略行骗获得性资源则有别于虚张声势、假警报，以及占便宜搭便车。尽管潜在的收益是巨大的（成功地延续了基因），但是潜在的成本也很高。为了取得成功，我们借用博彩的话来说就是——行骗者不得不孤注一掷，铤而走险地牺牲掉自己身体的发育，将所有的物质和能量倾注到生殖器官的发育上。它们被迫生活在其他同伴的阴影下。尤其需要回避与雄性"情敌"发生正面的肢体冲突。对于那些采用变身为雌化雄性的个体，它们的身体要经历形态、生理，以及行为一系列的改变。对于某些动物来说，还包括抑制其雄性体质特有的气味。这些改变太多太重了，很难逆转。所以它们一旦走上这条路，就再也不能回头。

偷偷摸摸行骗也降低了其他雄性和雌性的进化适应力，怎么理解呢？因为行骗使得别的雄性失去了配偶权，又诱骗雌性做了一场并非心甘情愿的交配。因此当偷偷摸摸的行骗者在一个种群中日渐增多，变得越来越普遍时，进化的选择力量将优先选择那些鄙视欺骗行径的个体，由此，行骗者的获益就降低了。因为这些原因，一个种群中这类偷偷摸摸行骗的个体数量并不庞大，通常维持在较少的数目区间。

在这一章里，我们纵览了动物的各种行骗手法。尽管我们所提供的案例是有限的，但是我们仍然可以不无惊讶地发现进化鬼斧神工地为各类动物设计出个性化的欺骗和欺诈手段。这里所举的案例远未囊括全部，不过足以让我们领略动物行骗的一二。

尽管在动物的欺骗行径花样百出，但是目的不外乎获得资源，这些资源对于生存和繁衍至关重要，包括食物、性资源、社会地位等。其次，行骗成功的主要方法是在交流中对信息加以操纵——改变信号以掩盖真相。我不妨将其命名为动物行骗的第一定律。个体交流中一方对诚挚的期待便为行骗提供了空间，结果行骗成功。

同时，只要合作带来的收益大于个体的"单打独斗"所产生的结果，那么某种程度上，行骗就会持续地存在下去。这就是为什么行骗在各类动物中普遍存在，并且作为有效而且关键的战略手段。恰恰是这种替代手段的存在指向一种进化平衡，即诚实信号的发出者和耍花招儿的行骗者同样具有适应性，这一现象在生物进化论的表述中称为"行为多模态"。

最后要指出的是，交流沟通总是会有漏洞的。尽管在本章中我们所考察的案例是基于视觉、听觉和嗅觉这些最基本的交流沟通，我们不能由此就相信其他交流渠道，如那些并不为人熟知的接触交流、电交流、地震波交流、红外线交流，紫外线交流就更为安全。可能自然界中没有绝对意义上的安全交流沟通。

上面的案例和分析让我们认清现实，但是不应该让我们感到悲观，因为发现问题、明确问题通常是解决问题的第一步。在我们讨论反诈防骗战略之前，需要探究生物体用于欺诈的第二个方法。

第 3 章

自然界的各路行骗大师

20 世纪 80 年代末，我做过一项野外调研，工作是研究一种小型的无角的物种，名为獐子，体型与个头比较大的土狼相当。我的调研地点是在中国东部一个贫穷的村庄。在当时，那里的人们会吃任何他们能搞到的东西，鹿、貂、野猫、鹅、鸭子，甚至麻雀作为肉的来源。由此，该地区的动物变得越来越少，甚至濒临灭绝。我劝他们不要这样做，通常，村民会听我的建议，有时也有例外。

我做田野调查时的临时助手是一个 18 岁的小伙子小廖，有天傍晚在我们工作地的附近的一个湖上出现了一群野鸭，一只母鸭后面跟着 6 只小鸭子。"哈哈，我能逮着它们！"小廖两眼发亮，兴奋地对我说。

一听他要追鸭子，我马上阻止，说："这没多少肉！"但他完全听不进去。

他拖出一条小船，对我喊："跳上船，快！"我刚一跳上船，他就把船推离岸边，向目标冲去。

不一会儿，我们的船就追上了这群鸭子。小廖把它们逼向岸边，小鸭子吓得四散而逃，藏进了芦苇丛。我们下船找这些鸭子。我很快发现一只但是没告诉小廖。就在这时，小廖突然尖声冲我喊："立新，这只鸭子不能飞了，它受伤了！"我转过头去看到那只鸭子趴在地上，扑腾着它的翅膀，似乎特别吃力，极度痛苦。小廖这时眼睛里只有这只鸭子。很明显，一只成年的鸭子身上的肉比几只小鸭子加起来还多。

这只鸭妈妈一瘸一拐，挣扎着要跑，小廖紧随其后，看来，它命中注定变成人们的盘中餐了。然而，就在小廖马上要一把抓到它的时候，这只鸭子突然'嘎'地叫了一声，旋即飞了起来，'飕'的一声从我们头顶掠过，轻盈而优雅，刚才还是一瘸一拐的鸭子现在踪迹全无。

小廖空手而归，而这时，小鸭子也不见了，也不知道它们藏哪儿了，根本就看不到。小廖用脚踢着小鸭子最初藏身的那些草，但什么也没有，小鸭子应该已经不在那里了，所以也没有被吓出来。天色渐晚，我们便收工了。我揶揄小廖："你不了解鸭子的计谋，你就抓不着鸭子吃哈！"我嘴上这样说，心里却暗暗为那只救了自己孩子的"英雄鸭妈妈"高兴。

就像勇敢的鸭妈妈一样，许多动物都会假装受伤来分散捕食者的注意力。生物学家把这种计策恰如其分地称为"转移目标秀"。鹬鸟，可能是采用这种骗术最常见的产物。有一次，我不小心走近一只鹬鸟，这只鸟不知道我不会上钩，便假装受伤。她的诡计提醒我朝相反的方向搜索。很快，在一片沙地上，我找到了她的鸟巢，那片沙地是练习扔铅球的场地。对这只鹬鸟来说，值得庆幸的是，那是一个夏天，学校放假了。

如果你在农场生活过，可能会注意到，谷仓院子里的母鸡在被追赶时会突然僵住。如果你以为它们是放弃挣扎，认怂等你抓，那你就错了。这实际上是策略，这样的策略有时对其更有利。在动物界，挣扎会唤起一些捕食者的杀戮本能，如猫。家猫常常以玩弄，更准确地说是调戏它的猎物而闻名，直到猎物一动不动。通常这时，猫会失去兴趣。它可能会把抓紧老鼠的爪子松开，甚至干脆去寻找更让其兴奋的东西。这就给了老鼠一个机会，躲过了那原本必死无疑的劫难[1]。

事实证明，装死并不罕见。很多蜥蜴会在蛇向其靠近时"装死"，蛇对看起来死了的猎物不感兴趣。美洲旱獭，也被称为土拨鼠，当它们发现你跑得比它们快，并且拦住它们回巢穴时，就会定在那里一动不动，我几年前就试过。当羚羊被非洲猎豹或美洲豹追杀时，也用同样的策略。要强调的是，如果捕食者过早松开它们的爪子，被捕食者就可以活命而且拼命地跑。这样的场景在野生动物节目里很常见。

当你被像灰熊这样的大型食肉动物追赶时，装死可能会救你自己一条命。事实上，如果没有防熊喷雾或任何有效的武器，你最好的办法就是装死，并希望灰熊会悻悻而去不再搭理你。灰熊有很强的领土意识，当它们受到威胁时，往往会攻击人。因此，如果你一动不动地躺着，他们可能不再把你视为潜在的危险入侵者。如果你幸运，灰熊会跑着跑着就停下来，不再对你穷追猛打。不过坏消息是，这种策略远不是万无一失的——并不是所有的捕食者都很容易被骗，尤其是当它们的肚子空空如也时。而且，看到黑熊时你千万不要这么做，黑熊是吃死肉的动物。对于这类捕食者来说，作为食物，装死只会让你更有吸引力。

早年来到美洲大陆的欧洲人发现了捕食动物的这种习性，就充分利用起来。在一些地区，狼和美洲狮等大型食肉动物常来农场捕食家畜，给人们造成严重损失。很快，人们从山羊身上找到了解决问题的方法，这种山羊在受到压力或受到惊吓时会"晕倒"。一些牧场主饲养了"容易昏厥"的山羊。这样，当牲畜受攻击时，这些不幸的山羊就变成了捕食者一个明显的目标，以便阻止美洲狮和狼去追捕更有价值的畜牧动物，如牛和绵羊。

昏厥山羊的育种事实证明昏厥行为的遗传性，即一只雄性昏厥山羊与一只雌性昏厥山羊交配会生出昏厥后代。紧张时容易晕倒，医学上称为先天性肌强直。这种病基于一种隐性基因，在山羊和包括人类在内的其他动物身上都有发现。拥有两个基因拷贝（纯合隐性基因）的动物，在"是打还是跑"关键时刻，其肌肉会僵住不动，肌肉的抬举机能暂停发挥作用。这时山羊就像死了一样倒在地上。

假装受伤或装死只是欺骗的两个例子，这类欺骗行为就是一种动物利用了另一种动物的认知漏洞。这就是所说的欺骗第二定律，它是欺骗的生物学基础。第一定律是骗子直接改变交流的信息，而第二定律涉及利用另一动物认知系统中的偏见、弱点或缺陷。到目前为止，我们所举的两个例子都是一只动物欺骗另一只不同物种的动物，但这种情况也发生在同一物种的同伴之间。

在本章中，我们将会见识到自然界中最让人惊叹又匪夷所思的骗子，我们可以欣赏到动物欺骗其他动物的创造力。我们会研究各种案例，来展示生物体是如何实施欺骗第二定律的。我们将探索欺骗者和被欺骗者之间冷酷的你来我往是如何引导出一系列令人眼花缭乱的形态、生理和行为适应，从伪装、虚张声势，到多种形式的模仿。

在探索不同物种之间的欺骗行为之前，我们需要了解为什么感觉和认知过程存在漏洞。让我们从去墨西哥的实地考察开始。

一种被称为胭脂鲤的盲鱼生活在墨西哥中部和东部的洞穴深处。其祖先有功能正常的眼睛，但由于适应洞穴生活，胭脂鲤逐渐失去了视力。你可能会想，有眼睛不是很好吗？但是对于胭脂鲤来说，眼睛能用来干什么？在完全无光的洞穴中，眼睛不仅是无用的，而且也是浪费，因为要保持视觉功能，它们在物质和能量上（对于神经元和神经传导到）是有实际成本消耗的。此外，在水里，鱼眼是许多病原体和寄生虫的主要入口，这如同一座房子的窗户既可以让居住者看到外面，但是同时强盗也可以破窗而入。

当眼睛对这些鱼的生存和繁殖毫无益处时，就成了鱼身上的一个负担，而不是一个器官。未被自然选择所青睐的视觉器官还不时遭受基因突变的伤害，经年累月的损伤之后，穴居鱼便难逃瞎眼的厄运。说一千道一万，这就是自然选择在起作用——用进废退。

失去视觉感知能力其实有利于这些穴居小盲鱼。因为这样，它们可以把通常用于眼睛发育和视力维护的能量用于身体上更重要的部位以及其他活动。在残酷的进化竞技中，每一个竞争优势都是有价值的。结果在这样的穴居环境里，小盲鱼生存下来并且种群繁荣兴旺，而那些沉迷于昂贵而又毫无意义的视觉快感的鱼灭绝了。

小盲鱼的进化为我们提供了某种意义上的寓意：你不可能样样优秀。对于动物的感觉系统来说尤其如此。由于资源有限，资源必须要做到合理配置，有所侧重。因此，对于一种动物来说，不可能同时进化出最尖的眼睛、最灵的耳朵和最敏感的鼻子[2]。这种情况也可以与政府预算相比较。如果政府想在国防上花更多的钱，那就必须削减其他方面的开支，如农业补贴、公民福利和其他项目。如果财政资源是无限的，又何必争论钱应该如何花呢？

但是这里有一个关键的区别。政府预算决策往往是出于政治原因，不一定是为了效率。但是，进化是以效率为原则的。如若不然，生物又如何在与对手的竞争中胜出呢？这也是为什么自然选择更偏向于最有利于健康的感官，而让成本高昂却又华而不实的东西随着时间的推移退化、受损，最终消失，如眼睛对于穴居于漆黑的洞穴里的鱼来说即是如此。

我们人类的视力很好，与大多数哺乳动物相当，尽管不如大多数鸟的视觉。人类的听觉尚可，但嗅觉却远不如许多哺乳动物，如狗、猪或老鼠。糟糕的是，我们几乎完全缺乏感知环境中的红外线、紫外线、超声波和电信号的能力，而许多其他动物却能。例如，蛇可以感知红外波长，鸟类可以看见紫外线，啮齿类动物可以听到超声波，电鳗可以探测到电信号。此外，人类也无法像蝙蝠那样利用回声定位来寻找物体，或者如大象那样在几英里外感知地表振动[3]。所有这些弱点都是潜在的漏洞，使人类容易受到其他物种的利用，就像我的助手小廖被那只母绿头鸭给骗了一样。幸运的是，现代人可以依靠科学仪器来弥补这些漏洞和不足，其他动物则不能。感官漏洞很容易被利用，甚至可以说，每一次的上当受骗都是自找的。这就是为什么骗子在行骗之后，会用欺骗的第二定律得以逃避。

"感官利用"一词最早是由进化生物学家迈克·瑞安（Mike Ryan）在20世纪80年代末提出的。这一词通常在性选择语境下使用，这一点我们将在第5章详细阐述。在此，我们对这一概念做一个广义理解，因为它适用于一个物种对另一个物种在感受能力上的偏见、弱点或缺陷加以利用而让自己的利益最大化。在本书中，这些偏见、弱点和缺陷统称为认知漏洞[4]。

毫不奇怪，认知漏洞的广泛出现为生物提供了为其所用的机会，由此也进化出多种类型的模仿行为，其中就有一个物种逼真地模仿另一个物种或者干脆就是一个不动的物体[5]。有个例子很有趣，孔雀鱼，尤其是雌孔雀鱼，特别喜欢橙色。于是，以孔雀鱼为食的对虾为了吸引孔雀鱼就在自己的螯上进化出了橙色斑点，从此"好色"的孔雀鱼为了那"诗与远方"的一抹亮色常常葬身虾口。澳大利亚有一种蝰蛇，毒性致命，这种蛇会把自己的尾部扭动得像一条虫子，以此引诱蜥蜴；还有一种流星锤蜘蛛，会模拟飞蛾性信息素

榆毛虫（榆掌舟蛾）拟态一段枯树枝

（照片来源：李金钢）

来诱捕飞蛾[6]。

  这些例子说明了猎物的感官偏好是如何被捕食者利用的。被捕食的物种也进化出了一系列反击策略，其中也包括利用捕食者的认知漏洞。在接下来的章节中，我们将看到动物如何利用欺骗第二定律来吓唬、迷惑、声东击西、愚弄或误导其他物种，所有这些都是利用对方的认知漏洞来实现的。

  现在，我们去见识动物界的各路骗子高手，先从华盛顿州埃伦斯堡（Ellensburg）的恩格尔霍恩池塘（Englehorn Pond）开始吧。这是一块面积不大、水不深、泥洼洼的普通池塘。但是，这里栖息着数百只小型太平洋树蛙，这些树蛙让这块小池塘"名声大噪"。这些小蛙基本有两种不同的颜色：灰色和绿色。当地人把灰的叫"林蛙"，把绿的叫"树蛙"，好像它们是两个不同的物种。

当我和学生詹姆斯·斯狄金（James Stegen）、科里·斯特劳布（Cory Straub）、吉纳维芙·菲利普斯（Genevieve Phillips）、克里斯·金格（Chris Gienger）在这些青蛙的自然栖息地观察它们时，发现在白天，青蛙的体色和背景颜色几乎完美匹配：绿蛙栖息在绿色香蒲叶上，而灰蛙栖息在斑驳的灰色枯叶上。如果青蛙歇脚站错了地方，那就很容易被饥饿的鸟类发现并吃掉，因此它们进化出了一些改变其外表的机制，充分利用了鸟类视觉在这方面的弱点。

我们想知道是什么机制使青蛙能够与背景相匹配。对各种可能性思来想去后，我们提出了两个假设：青蛙要么是知道自己的颜色，然后选择一个匹配的背景来度过一天，要么是青蛙改变自己的颜色，以适应它们身处的环境。我们把第一种可能性称为"天生我自知"假说，把第二种可能性称为"随机应变"假说，接下来测试哪一个是正确的。

我们把绿蛙和灰蛙都带进实验室，把这两种蛙放在绿色或灰色背景的培养皿中，并拍摄记录。然后我们通过修图分析青蛙如何在几个小时内融入背景。经过一系列数据整合分析，我们发现：绿蛙和灰蛙都能改变身体颜色，融入所处的背景。但它们在短时间内改变颜色的能力相当有限。它们不能在几个小时或7天内自由地在绿色和灰色之间转换[7]。因此，"随机应变假说"不成立。显然，青蛙知道自己的颜色，并且会利用这一信息找到一个合适的地方消磨一天。

但即使有实验室数据的支持，我们仍然不确定第一种假设"天生我自知"是否在自然界中确实存在。于是，我们进行野外实验，当然是再次到恩格尔霍恩池塘。白天，青蛙在陆生植物上优哉游哉，伏击美味的虫子把自己喂得饱饱的，但是，到了晚上就进行"蛙生大事"——繁殖，此时，在池塘的杂草丛中，雄蛙呱呱地叫着向雌蛙示好,小小的池塘聒噪着雄蛙的肉欲声。青蛙每天在水塘和陆地的草丛中蹦来蹦去,如何在几周或几个月的时间里对单只青蛙追踪研究呢?很快,我们高兴地发现一点都不难。

事实证明,追踪单只青蛙相当容易,我们发现这群小家伙,或者借用心理学研究中的一个术语,我们称其为"研究的参与者",对地点有着很高的忠诚度。许多青蛙在白天总是回到同一个地点,日复一日,好像是在配合我们的研究。多数情况,同样的青蛙栖息在完全相同的香蒲叶上。这些小青蛙是如何在这样草木丛杂的栖息地精准导航的,仍然是个谜。如果换做人类,一定需要一部高精度的 GPS 系统来定位。

在青蛙的"助力"下,在几个月里我们追踪了几十只青蛙。最终,当我们验证数据时,不无惊喜地发现:尽管大多数青蛙是在短期内稍微调整体色,但其中有一些确实可以在几个月内成功地在两种颜色之间切换[8]。生物研究总有新发现,这是一门充满惊喜的科学。

在变换外表这方面,很多动物比这些树蛙更有才,更善于运用欺骗第二定律。变色龙、章鱼和竹节虫是自然界中最让人感到新奇兴奋的变装高手。动物的这种改变颜色和形状以模仿其他物种或融入其背景的能力被称为贝氏拟态(Batesian mimicry)或贝茨拟态。这一发现要归功于英国博物学家亨利·W. 贝茨(Henry W. Bates),他是第一个注意到有毒和无毒蝴蝶在视觉上有着惊人的相似性的人。

贝茨是英国维多利亚时期一位兢兢业业的博物学家,1848 年,他与阿尔弗雷德·卢梭·华莱士(Alfred Russel Wallace)一起冒险进入亚马孙丛林,华莱士就是那位与达尔文共同发现了自然选择进化论的探险家。在亚马孙丛林探险 4 年后,华莱士带着成千上万的标本回英国。不幸的是，在海上，他的船"海伦堡号"（Brig Hellen）起火了，逃生弃船后，船上所有的标本化为乌有。他们乘着救生艇在大西洋上漂泊了10天后，被一艘路过的货船救起。华莱士在给朋友的信中写道，这场劫难使自己的身体"被太阳烤焦了，手、鼻子和耳朵全部晒爆皮。"万幸的是贝茨当时不在这条船上，留在亚马孙的他一直在那里考察到1859年，后来他把8 000多种当时还不为科学界所了解的物种的标本带回英国。

在丛林中，贝茨被精美的红带袖蝶（Heliconius butterfly）吸引。他惊奇地发现，几种无毒的蝴蝶外形和行为与致命的红带袖蝶很像。贝茨是当时世界上最显赫的研究蝴蝶的专家之一，即便如此，他仍然被这些蝴蝶的伪装高手迷惑了。尽管他对这种匪夷所思的相似有一些猜测和假设，但他还是无法给出一个令人信服的解释。回到家后，这个谜始终在他的脑子里转悠，直到读达尔文的新书《物种起源》，他犹如醍醐灌顶，恍然大悟：他观察到的蝴蝶模仿可能是自然选择的结果。一个无毒的物种模仿一个有毒的物种，会对捕食者有所遏制，可以增加自己的生存机会。1862年，贝茨发表了这一观点。达尔文读完后喜不自禁，他写信给贝茨，告诉他，这篇论文"是我一生中读过的最杰出、最令人钦佩的论文之一"。谦虚、低调、一向以矜持而闻名的达尔文，这次以激情澎湃的溢美之词表达着自己的钦佩和喜悦。

我们遇到的大多数动物模仿在本质上都是贝茨拟态：一种可食用或无害的物种伪装成有害或有毒的物种，有时甚至是无生命的物体，如树桩、树叶、岩石或树皮。这样，它们就能够愚弄或躲避捕食者。华莱士这样描述这种丰富多彩的进化适应："它们看起来像演员或者在假面舞会上的舞者，为戏而歌粉墨登场，或者像一个串场的骗子乔装改扮让自己穿上借来的华服霓裳拼命要挤进上流社会。"[9]

华莱士并没有夸大其词。在自然界，令人瞠目结舌的模仿随处可见。你有没有注意到一些苍蝇，称为食蚜蝇，像蜜蜂或马蜂，它们是不是看起来很吓人？事实上，世界上有6 000种食蚜蝇靠把自己伪装成很危险的东西来保护自己。对许多食蚜蝇来说，外形上的伪装还不够，它们甚至能像蜜蜂和黄蜂一样嗡嗡叫，于是，无论从视觉还是听觉，你都有可能把这些食蚜蝇误认为蜜蜂或者黄蜂[10]。如果一个捕食者以从众的逻辑，想当然地认为"如果一个生物走路像鸭子，叫得像鸭子，那它就是一只鸭子。"那它就上当了。

生物学家普遍相信，许多昆虫身上的假眼点可以阻止鸟对自己的捕食，是一个绝佳的生存策略[11]。科学家就这一点已在翅膀上有眼点的蝴蝶和飞蛾做了严格检验[12]。翅膀上长有像眼睛的纹样是基于出于同样的原因，我们知道一些动物会突然闪现鲜艳的颜色或发出响亮的声音吓唬捕食者，这种策略在生物学上被称为惊吓战略。

一些欺骗背后的逻辑可能不是一目了然，需要更深入的分析才能理解。如大熊猫以鲜明对比的黑白图案而闻名，如此醒目的外表是如何保护它们的呢？答案是：扰乱性伪装。猎豹和老虎等掠食性动物在捕杀猎物前，必须对猎物识别在先。研究表明，熊猫皮上不规则的黑白轮廓使得捕食者很难认出这是一个毛茸茸的、笨拙的，吃起来味道不错的动物，尤其是在熊猫自然栖息地常见的白雪背景下。就像一个连点谜题，必须有足够多的点连接在一起，我们才会认出图像。而干扰性伪装就反其道而行之，即通过去除连接，让图像更难识别。

人们普遍认为，斑马的外表是经典的视觉欺骗，甚至还有一个专门术语"移动眩光"——也被称为"炫目伪装"或称为"炫目声光电"——这一骗术是来迷惑它们的天敌狮子。然而，支持这一假设的证据并不有力。最近的研究表明，斑马的这种炫目伪装可能主要不是针对狮子，而是针对一些不起眼的生物：那就是没完没了缠人的吸血苍蝇——牛虻。显然，牛虻不喜欢斑马的条纹，因为斑马条纹会干扰

第3章 自然界的各路行骗大师　　053

近观（上图）和远观（下图）大熊猫的干扰性伪装
大熊猫白色皮毛"大衣"与雪地融为一体，身体轮廓不再清晰可见，其他动物很难对其识别（Nokelainen et al. 2021）
（照片来源：魏荣平）

它们落在斑马或者其他有蹄类动物的身上[13]。日本的一个研究团队发现，身上涂上黑白条纹的奶牛，与没有涂上条纹的奶牛相比，遭受牛虻叮咬的数量减少一半[14]。如果这一结论得到进一步证实，那么我们可以期待，更多身披斑马条纹的奶牛在没有牛虻的纠缠下愉快地在草地上啃着草。

除了斑马，许多动物，如蛇、鱼、昆虫和鱿鱼，都利用移动眩光来伪装自己不被害虫和捕食者发现[15]。研究发现，不同物种为了满足同样的需求，几乎进化出了相同的解决方案，这种相同的进化适应称为趋同进化。例如，鱿鱼和脊椎动物的眼睛在结构上惊人地相似，但它们是独立进化的，没有共同的起源，这种情况很像远古并未交流共融的多个文明都独立地发明出轮子一样。

移动眩光的例子告诉我们，视觉错觉，这一抵御讨厌的虫子和饥饿的捕食者的自我保护机制，在许多物种中已经独立进化完成。在人类生活中，人们可以亲身体验移动眩光的效果。我妻子曾经有一件带有精美黑白条纹的衬衫。每次近距离看这件衣服，我都觉得头晕。我抱怨了几次后，她再也不穿了。有趣的是，这种移动眩光错觉可能也适用于鱼类和大部分的视觉动物。

视觉模仿，尤其是伪装术，激发了无数艺术、时尚和其他设计领域的创意。伪装的应用常见于军事。19世纪末，首先提出军用迷彩概念的是英国进化生物学家爱德华·博尔顿（Edward B. Poulton）和美国画家艾伯特·塞耶（Abbott H. Thayer）。第一次世界大战期间，塞耶一再向美国军方提出使用军用迷彩的建议，曾几何时，因为缺乏科学资历，他屡遭拒绝和嘲笑，但是他坚持自己的想法，最终，人们承认这一方法的可贵之处和塞耶的功劳。随后，军用迷彩逐渐被美国、英国和法国军队用于军装和装备。第二次世界大战期间，军用迷彩被广泛使用，以至于战场上部署部队如果不使用迷彩被认为是自杀[16]。

如今,伪装在军事中必不可少。伪装和反伪装的军备竞争已从不断进化的认知体系转向实际应用的技术上。为了最大限度地减少军事人员和设备的可探测性,一系列的科技理念和尖端设备被不断开发出来并得以运用。如今,尖端技术甚至可以让人逃过远红外线传感器的监测。在这一领域,美国的军事优势超越所有其他国家,美式幻影战斗机可以躲避最先进的雷达系统。

然而,贝茨拟态有两个主要的限制。一个是模仿者的数量必须很少才能有效。达尔文在1859年注意到这一点:"模仿者几乎总是罕见的昆虫;被模仿的几乎都是成群结队,乌泱乌泱的。"[17]如果模仿者随处可见,那它们的欺骗手段就不会太成功。这就像在院子里挂个牌子——谎称你的房子有世界上最先进的电子安全系统保护——来吓小偷一样。只有当你的邻居中几乎没人像你这样做时,这种方法才有效。如果太多这样的牌子背后没有真正的警报系统,那么这些牌子就成了根本就吓不着人的稻草人,牌子上的声明也没用了。用经济学术语来说,当你说谎说得太多时,谎言所能产生的边际利润就会下降。也就是说,太多的谎言则无法达成说谎的目的。所以,一个人光耍嘴皮子不行,还必须行动起来。

简单说一句:几十年前,稀有的优势通常被狭义地称为"稀有雄性效应"。在雄性数量较少的情况下,雄性个体平均比雌性个体生育更多的后代[18]。相反,当雌性成为稀有性别时,她们可以做得更好,即让自身的基因传承得到更好的确定性。因此,性别比的演变将像钟摆一样,在1∶1的稳定点上下摆动。这就是为什么,当我们研究性别比时,我们看到大多数动物中雄性和雌性的比例是均匀的。一般来说,当一种特征变得普遍时,适应性就会下降。这被称为频度依赖性选择比,这是一个重要的进化概念,稍后的章节里会看到更多例子。

当模仿者变得越来越多,模仿这一行为就会损害它们成功的机会，那么动物会做些什么呢？此时，进化法则中的一条铁律发挥作用了：那就是有问题的地方，总会有答案。例如，西非蝴蝶的解决方案就是产下 5 种不同类型的卵。在这些卵孵化为蝴蝶的过程中，这 5 种蝴蝶中的每一种都能模仿生活在同一地区的 5 种不同的毒蝴蝶中的一种[19]。当一种类型的模仿变得普遍，模仿效果下降时，那些模仿罕见类型的蝴蝶便有了更好的生存概率。如此循环往复。

但与鱿鱼和墨鱼相比，非洲蝴蝶的多目标模仿能力相形见绌。有些海洋动物已经把欺骗第二定律提升到精美的艺术高度。它们不仅能在几种颜色之间随机切换模仿其他动物，而且速度特别快，犹如闪电。有时在几种颜色之间转换，只需要一分钟。有一种章鱼，雄性非常善于伪装成雌性，以至于本物种的雌性有时也会被愚弄[20]。显然，这种高妙策略可以很好地防止捕食者认出它们，因为捕食者对它们形成可靠的视觉搜索图像太难了。

贝茨拟态的另一个问题是，捕食者往往很傻，傻到会去尝试新事物。也就是说天真的捕食者会因为要尝鲜最终死亡（所谓好奇害死猫），但是假设你就是那个身怀绝技（其实是致命毒素）的被捕食者，你仍然有被吃掉的风险。那么，在这种情况下，要提高自己的生存率，你会做些什么？

一个答案是呈现出"身怀毒技"的被捕食者的样子。或者更好的是，采取捕食者普遍认为危险的颜色，只要有这样的颜色，就会降低自己的死亡概率。大自然确实有一个通用的颜色代码来表示危险，最常见的是亮黄色、橙色、红色或蓝色。这些颜色通常与剧毒联系在一起，因此被称为警告色或警示色，这两个术语是由我们前面提到的英国进化生物学家爱德华·博尔顿创造的。对于这些颜色，许多食肉动物无师自通，不必经历"生活的毒打"就知道避开，因为那份毒打随时可能是生命的代价。

与用于隐藏或者伪装的拟态不同，警示色醒目是为了炫耀持有这种颜色，为了引人注目，这就好像猎人或道路工人穿着亮橙色的背心来警告其他猎人或驾车者。动物用鲜艳的颜色大胆地声明："吃了我，你就会死！"不同种的有毒动物不约而同地展示相似的颜色图案，称为穆勒拟态（Mullerian mimicry）。这是以19世纪德国博物学家弗里茨·穆勒（Fritz Muller）的名字命名的一种生物拟态，穆勒用一个数学模型来展示这种模仿在自然界的工作原理[21]。

虽然没有贝茨拟态那么常见，但穆勒拟态在自然界也并不罕见。在最著名的蝴蝶案例中，如总督蝶和帝王蝶，以及许多红袖蝶。在一个地区，所有具有相似警告色的会释放毒素或自身带毒的动物都可能是穆勒拟态的例子[22]。

请大家不要认为所有物种间的欺骗都是基于欺骗第二定律，在此必须说明欺骗第一定律在许多物种间欺骗也适用。对于窃听者来说尤其如此，窃听是一个物种闯入另一个物种的交流体系。

萤火虫就是这样的密码破译高手，微光子萤火虫就是一个典型例子。这种生物虽小，但是通过闪烁的生物发光感应调情，就像两艘船通过闪烁的灯光相互致意一样。雌性萤火虫存活大约两周，在如此短暂的生命里，它们完成交配，产下大约100个卵后死去。

通常雄萤火虫领跑求偶仪式。它闪几次后就等待回应。如果附近有雌萤火虫回闪，雄萤又旋即回应，而且这种回应是在它奔向雌萤时一路持续。而这期间，雌萤也会被闪光时间更长、应答速度更快的雄萤吸引，因为这意味着这样的雄萤更强壮。你也可以理解为它能够提供更大、更有价值的结婚礼物——萤火虫版的钻戒。

因此，雄萤会非常卖力地闪烁，希望给未来的伴侣留下深刻印象。然而，它们的闪烁也可能招来无妄之灾，那就是引起游光子属的雌萤火虫的注意。游光子萤火虫是微光子萤火虫的死敌，虽然都叫萤火虫，但它们同族不同宗。这些蛇蝎"美人"会模仿微光子萤火虫的交配信号，投桃报李地回闪。当不知情的微光子雄萤前来赴约，便成了饥饿的游光子雌萤的晚餐。

捕食者游光子萤火虫不仅从猎物那里获得营养，还获得一定剂量的保护性化学物质——芦布他磷。这是一种毒素，它使萤火虫变得臭气熏天，让原本以游光子萤火虫为食的鸟类和其他动物感觉再也没兴趣吃它了。这是极为珍贵的，因为它可以保护游光子萤火虫，瞬间升到食物链的上层，免受鸟和蜘蛛的捕杀。游光子萤火虫自身不能产生这些化学物质，它们以微光子萤火虫为食后可以获得芦布他磷。这对它们来说是一举两得的大买卖，同时获得营养和保护。

类似的视觉欺骗游戏也发生在深海。在海洋中，生活着大约320种琵琶鱼，也称蟾鱼、鮟鱇鱼。这些鱼中有一半是生活在水面以下300米的深海，阳光几乎透射不到那里。许多鮟鱇鱼的背鳍演变成刺。而鮟鱇鱼的背鳍形状像诱饵，用来引诱猎物。看上去就像一根迷你的钓鱼竿，鱼饵的尖端在黑暗中闪闪发光，其实，发光的是数百万发光细菌。这，就是鮟鱇鱼的捕食方式。

但这只是故事的一半。在某些物种中，只有雌性会使用这种技巧。雄性在形态上是不同的，通常只有雌性的一小部分那么大。很难相信这些小小的雄性鮟鱇鱼跟那些雌鮟鱇鱼属于同一物种。

雄鱼利用雌鱼发光的诱饵作为灯塔，定位潜在伴侣。当雄鱼发现雌鱼时，就会扑上去。然后一系列神奇的事情发生：雄鱼慢慢地融入雌鱼的身体，将自己的身体与她的血管连接起来，获取食物和氧气。这种寄生的生活方式纯粹只对雄鱼有利，从此，雄鮟鱇鱼无须自己挣口粮。随后，雄鱼的消化系统逐渐瓦解，包括眼睛在内的感觉系统也开始退化。节省的所有物质和能量都被转移到生殖系统，很快就性成熟。它已经准备好让雌性在短时间内释放的卵子受精。由于它们的体型差异很大，几个雄性可能会附着到同一个雌性身上[23]。生物学家称其为一妻多夫制交配系统，即一只雌鱼与数只雄鱼交配。

离开深海，我们来到海洋的浅水区，温暖的地方，在那里我们发现了一种不寻常的鱼，叫清道夫鱼。这种鱼以为其他鱼提供医疗和牙科服务而闻名，它们能够清除在客户嘴里积聚的寄生虫和其他各种各样的黏糊糊的东西。它们身披明亮的蓝色或黄色，以示其专业地位。这些颜色为其清洁服务做宣传，类似于传统理发店用红白蓝旋转杆作标志。一些清洁站的生意非常火爆，以至于客户不得不排队等待。你可能想到了，这兴隆的生意也会吸引不速之客来占便宜。

有一个例子是诡计多端的蓝条纹尖牙鱼，这种鱼生活在太平洋珊瑚礁，善于改变体色，并擅长模仿变装成几种清道夫鱼的幼鱼。它们进化出了这种能力，不是为了清洁其他鱼，而是为了悄悄潜入清洁站咬食前来寻求服务的鱼。于是，蓝条纹尖牙鱼拖累了清道夫鱼的生意。当它们出现在清洁站时，就像黑帮来砸场子，清洁站的客户会减少40%[24]。

不要误以为拟态模仿完美无缺，尽管许多例子完美到令人震惊。利用其他物种的认知漏洞，你只需一个足够好的伪装去欺骗目标，通常，非常粗糙的模仿就足够了。例如，水泡甲壳虫幼虫寄生在独居蜜蜂巢穴上，能够成功地欺骗宿主[25]。一个简单的把戏，非常有效！成百上千的水泡甲壳虫幼虫聚集在一个球里，这个球在大小、颜色和栖息位置马马虎虎的像一个雌性宿主。不过，这些幼虫会通过同步动作来完善这一模仿。即便如此，人类也不太可能把一团甲虫幼虫误认为是一只雌蜂。然而，对于视力不佳的雄蜂来说，它无法区分假雌蜂与真雌蜂。当雄蜂试图与这个球交配时，它们便被带到朝思暮想的目的地——蜂巢[26]。

动物的感知能力都是有限的，独居蜜蜂的视力就很差。出于这个原因，拟态中那些在我们看来很明显的错误在自然界却能奏效。例如，无害的锦王蛇会模仿致命的珊瑚蛇，身上布满红黄黑的环。不过，两种蛇环的排列方式截然不同。研究发现，捕食蛇的动物无法区分二者[27]。为什么？研究人员猜测也许是因为珊瑚蛇太毒，其捕食者更为保守谨慎，区分二者所消耗的能量比干脆放弃有可能的食物要高得多，所以干脆放弃。

假设你是捕食者，例如一只鹰，从高处往下看，你看到了一条看起来很美味的蛇：犹豫几秒钟，一顿可口的午饭就没了，所以，时间是关键，你必须迅速行动。但是，如果你把一条珊瑚蛇误认为是一条锦王蛇，那就没命了。在享用一餐美味和活命之间权衡利弊，选择是显而易见的。对于捕食者来说，这个决策过程是由自然选择塑造的，倾向于保守的选择，活着的机会就更大，毕竟生存是一份长期的利益，而享用一顿美食只是短期利益。因此，在这一轮的进化竞争中，锦王蛇不需要对珊瑚蛇模仿得惟妙惟肖，天衣无缝[28]。同样的逻辑也适用于一个人决定是否吃野蘑菇：如果你不是有十足的把握，千万不要让自己成为追逐美味的牺牲品，否则你将付出生命代价。

也许还有另一个原因，即环的颜色顺序对锦王蛇来说并不重要。许多鸟似乎都没有能力记住这些环颜色的顺序。我们知道许多鸟，包括猛禽，都非常聪明。乌鸦会使用工具并解决简单的谜题；有些鸟会突然扑向人，是为了让那个人手里的薯条撒一地，以便它接着吃。许多鸟能数清并记住鸟窝里蛋的个数。进化的原因是，鸟不会下太少的蛋，因为这意味着对繁育没有足够的投入，但同时也不会下太多的蛋，因为这意味着过度投入。过多和过少都会降低其在自然进化中的适应度。

即使对人类来说，记住蛇身上环的颜色的顺序也不是一件容易的事。（不过，人类可以借助像押韵这样的技巧来鉴别。举个例子：红连黄，同伴亡／红连黑，口中香／黄连红，死光光／黑连红，朋友当。）所以，即使模拟的环的颜色顺序有错误，锦王蛇也不会被捕杀。

人类主要通过视觉感知世界，相对来说，听觉上的模仿似乎微不足道。而对于许多其他物种并非如此。生物学家已经在各种各样的动物和环境中发现了许多利用声音行骗的例子。就像视觉模仿一样，听觉上的模仿也是基于欺骗的第二定律。

其中最常见的一种是虚张声势，这是通过模仿那些更危险的动物的声音来实现的。这在爬行动物、鸟类和哺乳动物中极为常见。例如，穴居猫头鹰在地上挖洞筑巢，当受到威胁时，它们会模仿响尾蛇发出嘶嘶声。它们用这种方式吓跑掠食性动物，否则那些动物会袭击窝里的蛋和雏鸟。

鸟类在声音模仿中赫赫有名，熟知的有知更鸟、北美猫雀和鹦鹉。有些鸟简直就是全能：模仿木工房伐木的声音，模仿呼啸而来的炸弹，学人说话。鸟类模仿这些声音的目的五花八门——吸引雌性、提高喂食雏鸟的效率、提醒同伴、社交互动和保护领地[29]。

科学家还发现昆虫对声音的模仿：轻轻捏一只斯芬克斯毛虫，它就会发出口哨声，而且这一行为并非表示毛虫感到了疼。这一口哨音是在模仿山雀的报警声,毛虫利用这种警报声赶走捕食自己的鸟。科学家录下毛虫的口哨声后播放,附近的鸟就会四处寻找掩护。类似的,一些有毒的虎蛾会发出咔嗒声警告捕食它们的蝙蝠——"我们真的有毒,你最好不要来烦我!"蝙蝠也心领神会,很快就避开虎蛾。如此成熟有效的方法当然不会被忽视,一些无毒的飞蛾也发出咔嗒声来吓唬蝙蝠[30]。(你知道这种模仿属于贝茨拟态还是穆勒拟态?)

嗅觉交流中也充斥着欺骗的两大定律。爱尔康蓝蝶的行为非常好地展示了嗅觉交流欺骗。马丁·史蒂文斯(Martin Stevens)所著的《花招与欺骗》(Cheats and Deceits)一书对此有生动的描述。现在,我们先提一个问题:假如你是一只蝴蝶幼虫,要么生活在自己的种群里,要么生活在另一个物种的家里,如蚂蚁窝,其他条件不限,你会选择住在哪里?

答案是蚁群。在那里,你可以吃到天赐美食——大自然里最勤劳的工人送来的食物,你也可以得到这些斗士的最大保护,蚂蚁简直是武装到了牙齿——有力的咬合器,刺激性的甲酸,这是昆虫界的装甲部队。它们甘愿牺牲自己保全你,数量庞大,整齐划一,以军队一样的行动力,让敌人望而生畏。鉴于这些优势,多达2 000种动物进化出了相应的拟态,用这一欺骗手段获得特权的保护和食物供养。

跳蜘蛛就是其中之一[31],它们不仅模仿单个蚂蚁的外表和行动,还模仿其社会性行为。有一种名叫黑脚蚂蚁蛛的跳蜘蛛,和大多数蜘蛛一样通常独居,但当鸟和其他昆虫前来捕食自己时,黑脚蛛便几十只或几百只地组织成一支假的蚂蚁大军,集体防御[32]。对人类来说,蚂蚁和蜘蛛的差异是肉眼可见的:蚂蚁六条腿,蜘蛛八条腿。但是,这些大长腿却让鸟和昆虫陷入"乱花渐欲迷人眼"的处境，傻傻分不清。

现在我们回到爱尔康蓝蝶的故事。这种蝴蝶常见于瑞士的高山草甸和高加索山脉。爱尔康蓝蝶的幼虫在第四次蜕皮后，会用一种令人瞠目结舌的生存发展策略迈向"蝶生"高峰：它们会滚落到地上，等待被路过的蚂蚁发现。令人惊讶的是，这些蚂蚁真的就把蝴蝶毛虫带回自己的巢穴，在那里，哺育和照顾他们，直到这些毛毛虫化蛹，变成蝴蝶。

蝴蝶毛虫的胃口比蚂蚁幼虫大得多。令人难以置信的是，这些负责照料幼虫的蚂蚁经常忽视自己的幼虫，却为外来的"小怪物"提供食物[33]。这是怎么回事呢？秘密在于嗅觉欺骗——毛毛虫模拟蚂蚁幼虫的气味，而且还模仿蚁后的声响和振动。这么一来，它们在蚁巢里的地位就"遥遥领先"了，从此"衣食无忧"，且享受特权待遇[34]。这些花招让毛毛虫在蚁群中过着皇室贵族一样的生活。

爱尔康蓝蝶幼虫实现"蝶生"巅峰的秘密在于一种碳氢化合物，像人在身体上涂抹乳液一样，蓝蝶幼虫将这类化合物涂抹全身，而蚁群能识别这一独特气味。卫兵蚁会放行任何携带这一气味的生物进入巢穴，如果没有，"那就对不起了！"蚁巢像军事堡垒一样戒备森严：任何气味不对的生物都将被拒之门外，甚至被杀死。蚂蚁的这一感知识别系统是独特的也是自动的：即使玻璃或塑料做的假蚁身上涂上与蚂蚁种群气味相匹配的化学物质，它们也会高兴地把它们带进蚁巢[35]。骗子爱尔康蓝蝶破译了蚂蚁的密码，伪造了身份，便顺利进入蚁穴。

然而，伪装成蚂蚁也不是没有风险的。事实上，许多毛毛虫在被发现后很快就会被杀死并被带出蚁巢。这一选择压力促使毛毛虫分泌出更精准的化学混合物，让欺骗天衣无缝，这样它们就可以顺利通过卫兵蚁的安检。蚂蚁也不是一傻到底，尤其是冒牌毛毛虫成为一种普遍的存在时。你不妨想象一下,人类社会中如果到处都是大忽悠和骗子,人们会怎么做。

一些蚂蚁种群的气味也进化得越来越精密,直至难以伪造。这好像生活在数字时代的人,需要使用复杂的密码访问账户一样:出于安全考虑,我们不会使用简单的口令或一连串的简单数字"1234"。相反,我们选用罕见的字符和符号偏长一点的、复杂一点的密码,这样就更难被猜出来。当这些毛毛虫给蚂蚁带来巨大的生存压力时,蚂蚁就会增加化学密码的难度。于是,随着蚁群对化学密码的筛选越来越严格,许多编码不太熟练的毛毛虫就被发现,结果就是被拒之门外,然后被杀死。不过,蝴蝶毛毛虫也会以同样的方式精进其山寨密码。于是,这场欺诈和反欺诈之间的进化竞赛会永远进行下去,寄生与被寄生之间的关系也会变得越来越有针对性,越来越专业化。

不过,并非所有爱尔康蓝蝶都是骗子。另外,对于那些行骗的蓝蝴蝶来说,它们还面临着另一个问题,那就是如何被自己的宿主蚂蚁发现!要知道在同一个地方,蚁群众多。一只蝴蝶毛毛虫被特定种类的蚂蚁捡到并不是一个大概率事件。毛毛虫在这个问题上所展示的"智慧"是撒更大的网以增加成功率。

它们也会分泌可以模仿几种不同蚂蚁特征的碳氢化合物。这样,它们就有更大的概率被蚂蚁捡起来带回家。但这种广撒网的方法可能会带来另一个问题。那就是,如何应对蚂蚁的挑剔。可以想象一下人的生活:一生的相守,真的需要气味相投。如果小毛虫闻起来和蚂蚁喜欢的气味稍有不同,蚂蚁便会失去热情,接着就是拒绝。面对这一难题,蓝蝶毛毛虫有一个巧妙的应对方案,那就是在它们被捡走后,会改变体味以适应寄主群体。方法是自己再分泌化学物质,或者把蚁群的气味涂遍全身[36]。这一能力使小毛虫顺应需求,灵活地融入蚁群,这一能力也给予了小毛虫明确的体能特征。而这是它们进入蚁群后成功生存下去所必需的。

　　常被其他动物欺骗的蚂蚁也常常行骗。最有名的例子是被称为"造奴蚁"的一种蚂蚁。这些蚂蚁将暴力与化学魔法相结合,用"恫吓"与欺骗结合的方法捕获其他蚂蚁为自己工作,而且还是不同种类的蚂蚁。一些奴隶主蚂蚁过于依赖它们的奴隶来提供食物和照顾,会失去独立生存的能力。

　　造奴蚁的工蚁大多是"专门受训的海盗"。它们的任务是袭击其他蚁群,屠杀那些蚁群的工蚁,偷走猎物。在某些情况下,"烧杀抢掠的造奴蚁"使用化学武器,从体内喷射特殊化合物,这种化合物储存在它们体内一个叫作杜氏腺的小袋子里。这些造奴蚁就像携带毒气罐子的士兵。其中一些化学物质不是直接把被袭击的蚁群灭掉,而是"杀人诛心"——解除目标蚁群的战斗士气,引发恐慌,接下来"溃不成军"。更糟糕的是,这些毒气攻击会导致受害蚁群分崩离析,互相厮杀[37]。有了这些化学武器,造奴蚁在一个季节里从其他蚁群中可以偷走成千上万的幼蚁。然后,通过气味拟态给这些奴隶幼蚁"洗脑",或者用自己蚁群的气味让它们干脆"获得全身心的净化,来个脱胎换骨"[38]。

　　当我们谈到拟态,尤其是贝茨拟态,指的是动物模仿植物等静态物体的能力。此时,欺骗的第二定律仍然适用。但在这种情况下,没有大脑的植物成功地欺骗了长着大脑的动物——无头脑骗了有头脑。

　　我们在第1章提到,近1/3的兰花采用欺骗手段获得授粉机会,即假装雌性昆虫,然后欺骗雄性昆虫与花"约会"。兰花是有花植物中种类最繁多的一个科,有不少于20 000种,约占地球上已鉴别的有花植物的 7%。假冒昆虫获得授粉机会，这一手段在兰花中十分盛行，数量之大令人震惊。换言之，兰花是利用欺骗的第二定律，大规模地使用"免费生育服务"。

通过诱骗传粉昆虫交配实现受精并不是植物唯一的欺骗手段。许多植物用欺骗来躲避或阻止天敌。非洲南部干旱地区酷似鹅卵石的石质植物，就是一种隐身术。大金钱草和野芝麻叶子甜香，但它们用拟态让自己看上去酷似浑身长满毒刺的荨麻，包括人在内的动物都知道荨麻不好惹——碰一下叶子上的刺儿，皮肤就会起泡，火辣辣地疼。大金钱草和野芝麻就用这种办法让食草动物远离自己的。

南美洲的百香果绝对可以获得植物拟态领域最奇特奖。红袖蝶幼虫在发育的时候会啃食百香果的叶子，严重损害百香果的植株。南美百香果对付这一虫害的办法竟然用的是神奇的"读心术"！你没听错，南美百香果能"读懂"红袖蝶的"心思"。什么心思呢？那就是红袖蝶不会让自己的幼虫宝宝出生在"内卷"的环境中，确切地说，红袖蝶不会在已经有虫卵的叶子上产卵！理由很简单：资源充足的地方，能给后代提供足够多的食物。有鉴于此，南美百香果进化出看上去仿佛已经落上蝴蝶卵的叶子！一棵植物，就以这样的方式成功地阻止了红袖蝶在其植株的叶子上产卵孵化[39]。

我们再谈谈真菌。如果你像我一样特别喜欢蘑菇，你可能会注意到不同的蘑菇气味不同。蘑菇不同的气味会吸引不同种类的昆虫，比如蕈类蚊蚋，蘑菇依靠它们来散播孢子。但气味并不是蘑菇用来吸引昆虫的唯一诱饵。有些蘑菇如南瓜灯，会在黑暗中发光，吸引昆虫来为它们散播孢子。正如我们在第 1 章看到的，松露释放假的交配信息素来引诱野猪刨地为其传播孢子。

食虫植物，如猪笼草、茅蒿菜和捕蝇草，引诱昆虫的手段多样：通过自身花蜜的香甜或模拟某些花的颜色和气味，或模仿昆虫爱吃的食物的颜色和气味。马来西亚婆罗洲的巨型猪笼草可以长到40厘米高、20厘米宽。一株猪笼草可以含有超过半加仑（大约近2升）的消化液，这些消化液足以消化掉一只老鼠。有些热带猪笼草在紫外线照射下发光，吸引昆虫[40]。更让人瞠目结舌的事情是，猪笼草甚至能忍住立即吃掉昆虫的"诱惑"，让陷阱暂时不活跃，从而捕获更多的昆虫，再关上盖子[41]。哪怕是人，经受"延迟满足"的考验也不是一件容易的事啊！

有些植物还会假死。当你碰一下含羞草，它们就会装死。自然界中，含羞草最大的敌人是草食的昆虫，如喜欢吃新叶子的蚱蜢。触碰一下鲜嫩欲滴的叶子，会引发一系列反应，这些反应在含羞草体内特定的细胞中传递。先是产生一个微弱的电信号，然后这一信号就像动物的神经信号一样被传递到叶片上，接着含羞草假装枯萎，突然"枯萎"的含羞草会让蚱蜢没了胃口。

在前一章中，我们了解了一种最常见的欺骗方法，可以称其为欺骗第一定律，其实质就是制造假消息散布假消息。欺骗第一定律在同物种成员之间的交流中很有效，不过，在不同物种之间比较少见。多数情况下，第一定律并不适用——除非一个物种破译另一个物种的通信密码，就像前面提到的游光子萤火虫、蓝带毒牙虫和爱尔康蓝蝶。

在这一章中，我们在物种间欺骗的世界大开眼界，发现了我们称作欺骗第二定律的生物界行骗新方法，即利用欺骗对象的认知漏洞。动物、植物和真菌都会利用欺骗第二定律来损人利己。而令人惊讶的是，受害动物的认知系统往往比加害它们的生物要先进，例如植物和真菌作为加害方，压根没有神经系统和大脑，却可以欺骗长着大脑的动物。所以自然界，欺骗者和被欺骗者之间的进化竞赛极为复杂精妙。植物、真菌和动物的拟态、伪装、虚张声势、假死无不令人惊叹。

在自然界，诚实经常被同一物种的其他个体或不同物种的个体所利用。你可能会问，既然如此被动，那么诚实存在的意义是什么？答案是，像欺骗一样，诚实也是生命体的进化动力，并且这一价值提高了生物进化的适应度。虽然违反直觉，但事实是，当周围有很多骗子时，诚实就是一个特别成功的策略。接下来，我们会看到诚实是如何推动大自然发展繁荣的。

第 4 章

两性关系中的背叛与忠诚

2009年夏季的一天,我10岁的儿子孙想和他的朋友在屋外的空地上打高尔夫球。孩子们本来玩得正高兴,突然,笑声停了下来,接着是诡异的寂静。一只球飞过篱笆,打碎了一栋老房子的后窗,从我们的后院能看到那栋房子的红漆已经剥落。除了孙想,其他孩子都跑了。一个男孩转身向孙想喊道:"快跑!快跑!"

孙想没有动,在那里站了一会儿,然后凑过去仔细看了看那扇破窗户。房子里一对老夫妇生气地骂着,不停地诅咒。孙想走过去,敲门,主人开门后,他向他们道歉解释。

就在我要过去时,那个女人打电话到家里,没有一丝愤怒,这让我松了一口气。挂电话时她说:"修补费用我会告诉你的。"

几天后这对夫妇亲自送来账单,但坚持由他们分担,还夸孙想诚实。他们离开时,面带笑容。这对夫妇很善良:这笔钱对于他们来说,其实也不是小数,但是他们愿意承担[1]。

孙想的这段经历从此成了我们家人的谈资,这件事充分展现了诚实的价值。诚信是如何在充满重重竞争压力、波谲云诡的大千世界里让其持有者受益的呢？简单地说是让欺骗付出代价。如果欺骗对行骗者来说代价足够大，那么"诚实为上"这句格言就更接近真理。

事实上，大自然的进化动力是让这个世界逼近并实现这一目标。我们在前几章已经看到一些例子，如许多蚂蚁、蜜蜂和黄蜂使用独特的监测体系来探测和摧毁某些工蜂秘密产下的卵。可以想见，当种群内部监督惩治不严时，一些工蜂就会产卵并逃之夭夭[2]。

然而，搭便车的欺骗行为往往很难被发现，也很难受到惩罚。例如，很难判断在狩猎群中最远的那只狼是偶然地落后了还是在逃避责任。搭便车在动物种群和人类社会中为何如此普遍？如果搭便车的后果严重，以至于威胁到种群的共同利益，那就可能会触发监管和惩罚机制。这正是生物学家李·艾伦·杜加特金（Lee Allen Dugatkin）在孔雀鱼和棘鱼等小鱼种群中观察到的。

对许多掠食性鱼类而言，孔雀鱼和刺鱼就是一种零食。那么，这些小不点鱼怎么能自己捕到食物，而不是成为别人的盘中餐呢？进化给出了最优方案，如同《孙子兵法》里"知己知彼，百战不殆"，要打败敌人，你要先静静地观察。但对于小鱼来说，靠近一个颇具威慑力的捕食者去打探信息就是一场死亡冒险。在这样的间谍式的任务中，一条孔雀鱼和刺鱼存活36小时的概率不到50%，相比之下，如果一条鱼待在原地不动，死亡的概率要小得多[3]。那么一条小鱼如何降低这种风险？

办法是联合起来，利用"人多力量大"的优势。即使两条鱼一起去窥探，每条鱼所担的风险也会减少一半。然而，这种策略有一个小缺陷：领头的鱼将自己暴露在更高的风险中。如果其他鱼不继续合作，让领头鱼自生自灭，那么领头的鱼的风险就更大了。很明显，自然选择并不青睐领头的鱼，而是青睐那些说"你先走"的鱼。但如果没有一条小鱼愿意带头，那么窥探的任务就会搁浅。为了使这一"冒险事业"得以进行，风险须由一群鱼均摊。这些鱼是如何处理这种两难的问题的呢？

尽管脑容量不大，孔雀鱼和刺鱼却想出了一个真正巧妙的解决办法。当两条鱼去监视捕食者时，领头的鱼可能会突然转向，这样就与打后阵的鱼交换了位置[4]。结果，后面的鱼成了领头的。这一招儿使得头鱼的风险得以分担。这种行为被视作强制遵守契约精神的一种方法，就是让打后阵的鱼不能逃避分担风险的责任[5]。

孔雀鱼和棘鱼只展示了用来让骗子付出代价的众多方法中的一部分。在本章的剩余部分，我们来研究动物控制和应对欺骗的各种策略。这些诚实案例，会让我们对自然界的进化规律有更深层次的理解。

我们从欺骗无处不在的一个领域开始来认识这些案例，人类在这个领域也能产生共鸣：那就是雌雄两性的繁衍关系。性欺骗在动物中很普遍，大大小小，五花八门，从令人不可思议到匪夷所思。因此，不忠是两性关系中的一个大问题。为什么会这样？

简短的回答是，尽管雄性和雌性在后代中拥有相同的基因份额，但繁殖意愿和利益各不相同。对雄性有益的东西不一定对雌性有益，反之亦然。为了理解两性之间利益冲突，我们必须回到大约20亿年前：第一批雌雄两性在浩渺的宇宙诞生之时。

当时，几乎所有形式的生命都在忙于无性繁殖，也就是用自我克隆的方式让基因得以传承。这一繁殖形式使得生命体可以快速繁殖并传播远。尽管克隆效率很高，但有一个主要缺点——不能增加遗传多样性。由于不良突变的积累以及令人难以招架的寄生虫和病原体的不断攻击，某个血统很容易发生整体灭绝性事件。在当时，这可能是真核生物难以避免的灾难，直到产生了雌雄配子细胞，两个单细胞原生生物融合在一起，奇迹便发生了[6]。

这个看似微不足道的事件在进化史上却是一个革命性的事件：它标志着性的起源。就像在你开始一场新游戏之前洗一副牌一样，每当雄性和雌性交配并产生后代时，性就会对基因进行洗牌组成。结果，在一般情况下积累有害突变的基因会被淘汰出局，那些对寄生虫和病原体没有抵抗力的基因也一样。然而，这一史诗般的事件带来了无法预料的后果。把雄性和雌性吸引到两场长期的战争中：一场是雄性和雌性之间的竞争，另一场则是雄性和雌性分别与各自相同性别个体的竞争。

第一场漫长的战斗是为了一个看似微不足道的问题：生殖细胞或配子的大小。起因就是搭便车作弊。在有性生殖的开蒙时代，融合的两个配子在各个方面都是平等的：大小、基因比例、物质和能量投入。但不久之后，其中一个配子发现，通过偷工减料，即为每个配子提供更少的物质和能量，便可以获得进化优势。这样做可以让它产生更多的配子，这反过来意味着有更多的机会与异性配子融合。结果，作为遗传回报，其自身适应性得到了提高。进化适应性提高的优势使其他配子效仿——于是加入了搭便车的行列。因此，随着时间的推移，越来越多的配子被马马虎虎地造出来，每个配子变得越来越小，其中储存的物质和能量越来越少。最后，除了基因和一些线粒体之外，几乎没有留下什么了。线粒体是产生能量的装置，是推动配子运动以实现受精至关重要的力量源泉。最终，这个贫穷的小配子变成了精子，而它的制造者就是雄性个体。

然而，这些精打细算产生出来的数量庞大的精子也不个个都是"精兵强将"。随着对每个雄配子的投入减少，其期望产物——受精卵的死亡率就会上升。这为另一种类型的配子创造了一个新的机会，反其道而行之，即储存更多的物质和能量来提高生存机会。结果，这些配子变成了卵子，而它们的创造者即雌性。（如果一个鸡蛋的大小仍然不能令人印象深刻，试试鸸鹋蛋或鸵鸟蛋。一个足够你我两个人吃一顿大餐了[7]。）所以，当这场漫长的两性之战接近尾声时，实际上并未分出胜负。相反，二者达成了妥协——如同进化史上的大宪章——宣布雄性和雌性在有性繁殖方面旗鼓相当，同样成功。

和平？还远着呢！第二次史诗般的性别之战发生在雄性和雌性出现之后，这是一场雄性和雌性分开竞争的战争。这场斗争是关于谁能在自己的性别中贡献更多的基因。虽然精子小而多，卵子大而少，但是一个精子和一个卵子就可以孕育一个新的生命。由于这个原因，当你把你的进化适应度与异性同伴的进化适应度抗衡时，你在遗传上是不会有净收益的。一只雄性猕猴首领可能会用武力从雌性猕猴手中抢夺香蕉，但与雌性猕猴作对，对其进化上的适应力没有任何好处。这是因为它的进化适应优势是要在与其他雄性猕猴的比较中显示出来，即击败其他雄性猕猴而不是击败雌性猕猴。就像男性短跑运动员不可能通过比女性运动员跑得快而赢得百米赛跑一样，雄性也不可能通过提高与雌性的较量来赢得进化的竞赛。第二次性别之战就像大多数体育运动一样，两性需要分开比赛。

在追求个体进化适应力最大化时，雌雄两性所采用的策略明显不同，这缘于雌雄在繁育潜力上的巨大差距。摩洛哥苏丹伊斯梅尔·伊本·沙利法（Ismail Ibn Sharif）生了877个孩子，创造了吉尼斯世界纪录。实现这一壮举，靠的是无情地维持一个庞大的后宫，为此为他赢得了"嗜血者"的绰号。与伊斯梅尔相比，那些进入吉尼斯世界纪录的女性在这方面所取得的成就黯然失色了，尽管她们的生育成就也令人惊叹。18世纪，在俄罗斯一个鲜为人知的村庄里，费奥多尔·瓦西里耶夫（Feodor Vassilyev）的两个妻子共给他生了 87 个孩子。第一个女人生了 16 对双胞胎，7 组三胞胎，4 组四胞胎，共 69 个孩子，第二个女人生了 6 对双胞胎，2 组三胞胎，共 18 个孩子。87 个孩子中，只有 3 个夭折，远低于当时的平均死亡率[8]。这两个女人能把这么多孩子养活，再加上明显来自她们的丈夫的不寻常的基因，足以让她们在人类生育史上赢得一席之地。

这些人类生育能力轶闻趣事的世界纪录揭示了动物界的一个普遍趋势：雄性进化适应力依赖于它们能与多少雌性交配。因此，雄性动物在进化道路上的这场游戏规则通常要建立在获得尽可能多的雌性的基础上，至于采取什么手段并不重要。相比之下，对雌性来说，只要有足够的资源来抚养后代，其基因就会得以传承，那么与很多雄性交配则不太有利。由于雌性产卵的数量很少，非常珍贵，那么雌性的繁殖策略则围绕着找到像农民瓦西里耶夫这样，可以为后代提供足够的资源和/或良好的基因的雄性。因此，进化适应性的性行为的黄金法则是，雌性追随资源，雄性追随雌性。这就是著名的贝特曼法则，以安格斯·约翰·贝特曼（Angus John Bateman）命名，他在 20 世纪 40 年代在对果蝇的研究中发现了这种模式。

这种繁殖策略上的差异表明为什么女性在选择配偶时不审慎、过于匆忙就会受到惩罚。另一方面，雄性如果不抓住每一个交配的机会，就会遭殃。这就解释了对于求偶，人们有一个经典的刻板印象：挑剔的女性一直在等待着找到合适的男性，而男性则努力地追求每一个他们能找到的女性，而且可以不择手段，包括勾引和连哄带骗[9]。为了在这个过程中获得优势，男女都准备好并且愿意欺骗。这就是为什么说谎和欺骗在有性繁殖中普遍存在的原因。因为欺骗总有可能引发反欺骗，性欺骗掌握着诚实进化的秘密。这就是为什么性欺骗值得我们在此特别关注。

一夫一妻制的动物出现不忠行为时，人们首先想到出轨的是雄性。尽管雄性不忠是出了名的，但许多物种的雌性也会背叛一夫一妻制。当两性的利益不同时，雌性没有理由盲目地忠于雄性。事实上，在许多物种中，雌性会通过欺骗来获得性，以提高自身的进化适应性，而且它们通常在最有可能受孕的阶段这样做。这在鸟类中很常见[10]。

传统上，人们认为，鸟类，尤其是鸣禽，是一夫一妻制的。因为它们中的大多数都是成对繁殖。然而，在 20 世纪 80 年代，人们长期持有的信念被打破了——强大的 DNA 指纹技术使研究人员能够确定雌性与之交配的是哪些雄性。现在我们知道，大约 90% 的成对结合的鸟经常进行配偶关系之外的交配，就是背着配偶出轨[11]。很明显，鸟类的一夫一妻制并不是缘于基因，而是动物的一种社会行为。

社会性一夫一妻制在哺乳动物中远比在鸟类少见。研究发现，许多成对结合的哺乳动物存在配偶之外的交配。以土拨鼠为例，一个土拨鼠群落通常由一对成年土拨鼠和它们的后代组成。基因亲子鉴定显示，20% 的后代实际上是由其他种群的雄性所生[12]。同样，在许多猴子种群中，地位高的公猴通常会垄断与雌性交配的机会。然而，母猴经常会背着这只大权独揽的公猴与低等级的公猴发生关系。

为什么在鸟类和哺乳动物中，配偶之外的交配很常见？最能让人理解的答案是，这些动物的卵子是在雌性体内受精。与大多数鱼类和两栖动物的外部受精不同：雄性可以看到精子与卵子相遇，体内受精在交配与精卵结合之间产生了一个时间延迟。这使雌性可以与多个雄性交配，从喜欢的雄性中选择精子来给体内的卵子受精。与此同时，雄性可能对雌性的性史一无所知，这增加了其作为父亲的身份的不确定性。雌性之所以在配偶之外的交配上能够欺骗雄性，是因为后代父系中的信息不对称给予了雌性显著优势。但是，为什么雌性会出轨呢？雌性从中获得了什么好处呢？

一些生物学家认为，雌性在配偶之外的交配是雄性寻找出轨机会所带来的反噬效应[13]。然而，大多数人认为雌性可以从这些秘密关系中获益。性欺骗可以让雌性在另一只雄性的领地里获得额外的资源，比如食物或住所。

然而，在许多情况下，雌性并没有从配对之外的交配中得到直接的回报。那么是什么驱使雌性偷偷摸摸搞事呢？主要有三个原因：其一，雌性也许与一个可能拥有劣等基因的雄性形成了主要的配对关系，而后，通过追求与更有吸引力的雄性的秘密联系，雌性可以赋予后代更好的基因遗传[14]。这可能会使它们的孩子（包括儿子和女儿）更好地生存，或者使它们的儿子（而不是女儿）对女性更具性吸引力。例如，在社会性一夫一妻制的黑眼灯草雀中，非婚生的鸟比一夫一妻配对生出的鸟会多产出85%的后代。这个例子说明，产出更多的第三代确实让雌性的秘密性交获得了丰厚的回报[15]。

有配对之外性行为的雌性获得的第二个优势是生育保障。正如我们所知，卵子很少，极为珍贵。如果卵子不能及时受精，许多物种中的雌性将损失巨大，甚至错过整个生殖周期。在季节性繁殖的鸟类和哺乳动物中，它们可能会错过整个繁殖季，这通常意味着整整一年。这样的损失是不容易弥补的。这就是为什么在一些配对交配的物种中，如天鹅，如果最初的繁殖失败，这对夫妇可能会分手并分别寻找新的伴侣。这在寿命较短的物种中更为常见，因为它们所面临的最后期限更为紧迫。通过与几个雄性交配，雌性更有可能使其卵子受精，以防配对的第一个雄性不育或基因不相容。

雌性出轨的第三个原因是为了让后代具有来自不同父本的基因。

这就避免了把所有的鸡蛋放在一个篮子里的风险。多元化也是金融投资的基本原则，所以这并非巧合。如果你把所有的钱都押在一家公司上，它失败了，你可能会失去一切。同样，动物会因保持基因同质而满盘皆输，因为基因同质可能会降低对抗各种细菌和寄生虫所需的免疫力。历史上，一个著名的例子是19世纪40年代中后期，爱尔兰的马铃薯大饥荒，那是由马铃薯枯萎病引起的一场持续4年的庄稼绝收灾难。而最近，北美香蕉种植园所遭受的巨大损失就是一例，因为缺乏遗传多样性，一种因为感染真菌所引发的巴拿马病，会让整个种植园全军覆没。所以说，进化过程中的多样性，在农业生产管理和金融投资中也一样重要。多样化是一种强有力的工具，可以用来对冲失去一切的风险。

然而，雌性的不忠也有其不利之处。出轨的雌性如果被发现，可能会遭到她们那被戴了"绿帽子"的配偶的报复。在许多鸟类中（如我们在第2章提到的谷仓麻雀），当一只雄鸟看到它的"妻子"试图与另一只雄鸟交配，它会用暴力惩罚雌鸟。许多种类的雄鸟不会承担对雏鸟的养育职责，或干脆抛弃巢穴，让雌鸟自己孵化和哺育雏鸟[16]。这种情况下，出轨的雌鸟会遭受更严重的损失，雏鸟死亡率会很高，甚至整窝死亡[17]。

在哺乳动物中，雄性动物采用多种手段防止雌性出轨。其中最严重的是杀婴，即杀死非婚生子女——换句话说，那不是自己的孩子。雄性杀婴行为在灵长类动物中极为普遍，以至于在大猩猩中每10只新出生的小猩猩就有超过3只会被杀死，而在叶猴中每10只新生叶猴有6只会成为杀婴行为的受害者[18]。由于杀婴对雌性来说是毁灭性的，孕期的雌性都会在一定程度上采取各种措施来防止杀婴行为。

其中一种策略是终止妊娠，而不是足月分娩。如在小型啮齿类动物中，怀孕初期的雌性动物闻到不是来自其配偶的其他雄性动物的气味时，会让子宫内的胚胎流产。这种现象被称为布鲁斯效应，这是生物学家希尔达·布鲁斯（Hilda Bruce）在1959年发现的[19]。在啮齿类动物的化学语言中，奇怪的雄性气味的出现会被雌性小鼠理解为她的伴侣被打败了或已经死亡。这就预示着在不远的将来它的新配偶将不可避免地杀婴。堕胎虽然不利于雌鼠的基因传承，但这要比失去已经出生的幼崽好。尽早结束失败的投资，雌性可以避免赌徒式的幻想，节省宝贵的时间和精力，迎接更有希望的孕育，这似乎展现了雌性对沉没成本的天才般的理解[20]。

雄性如何意识到雌性的不忠？一个明显的线索是后代出生时间。但是，还有其他手段吗？答案是肯定的。我很幸运，在导师迪特兰·穆勒·施瓦兹（Dietland Muller-Schwarze）的指导下有机会在做博士课题的研究中观察到这一切。

在20世纪90年代初，我在纽约西部的阿勒格尼州立公园（Allegany State Park）对海狸采样，从300多只海狸的粪囊和肛门腺中收集它们的信息素[21]。然后，用气相色谱法和质谱法计算这些分泌物样本中化学物质的种类和数量。利用这些信息我可以构建一个化学组分的轮廓，一个轮廓就像一张脸，代表实验中每只海狸的身份。接下来，就像比较家庭照片一样，从这些轮廓看看近亲是否比远亲有更多的相似之处。（当时还没有DNA研究，家庭成员之间的关系是基于10多年来对单个可识别的海狸的连续诱捕和观察数据构建的。）第一个阳性结果出现的那一刻，我激动地有点发癫了。实验结果让我兴奋不已，以至于在圣诞节前夜，我在导师兼朋友史蒂夫·蒂尔（Steve Teale）的锡拉丘兹实验室（Syracuse lab）继续工作。（我要说，科学研究会让人上瘾的！）

狂喜过后，我又变得清醒了。虽然这些轮廓给出的关于亲缘关系的遗传信息是明确的，但并没有告诉海狸是否对此加以利用——这是一个有待探索的问题。所以，我决定做实地采样。用三年时间收集数据，从大量的数据中，我得出结论：海狸确实可以用肛门腺的分泌物来嗅出另一只海狸是亲戚还是陌生人，还能区分近亲和远亲。后来我把这些化学物质命名为亲缘关系信息素[22]。亲缘关系信息素也存在于蝌蚪等动物的亲缘关系识别。

事实证明，海狸并不是唯一使用亲属信息素的哺乳动物。业界同人张健旭和刘定震研究发现，大熊猫和一些小型啮齿动物也分泌亲属信息素[23]。这些发现可能是一个预兆，意味着一个更大的图景将被揭开：亲属信息素可能广泛存在于动物中，尤其是那些嗅觉敏锐的动物。不幸的是，我们人类所属的类人猿灵长类对气味的敏感度相对较差。

为什么动物知道它们的基因特性是至关重要的？从传统观点来看，这让动物可以解决两大挑战。其一是裙带关系，这在动物世界很常见。了解基因身份有助于动物在自己的亲属关系中互助，而不是无端地利他，随意对陌生人做出善行。另一个是配偶选择，因为在基因的近亲或远亲关系中配对，可能会降低其对伴侣后代的进化适应[24]。显然，亲属信息素可以满足这两种需求。

更重要的是，掌握后代的基因特征有一个重要的作用，就是针对雌性的不忠。这可以让雄性阻止雌性伴侣出轨来确保自己的伴侣地位，对于海狸这样的动物尤其重要。在海狸中，雄性和雌性是长期的伴侣关系，雄性在生育后代方面有巨大投入。如果其后代并非亲生，而是配偶与另一雄性"隐秘爱情"的结晶，那么这只雄性海狸的进化适应力就损失惨重。

俄罗斯的一项研究证明了这一点，在这项研究中，使用DNA指纹技术进行的亲子鉴定显示，欧亚海狸没有任何配对之外的交配迹象[25]。而一个截然相反的结果来自对生活在伊利诺伊州南部的北美海狸的研究。使用类似的亲子鉴定方法，刘志伟（Zhiwei Liu）和他的研究小组发现，来自同一种群的一些幼龄海狸，其父本是不同成年雄性海狸[26]。这是雌性海狸做了配对之外交配的证据吗？答案很可能是否定的。当生活在高密度的环境中时，海狸可能不再保持由一对成年夫妻及其后代组成的典型核心家庭模式。相反，海狸经常会构建复杂的家庭，家中有三个或更多的负责繁殖的成年海狸，以应对不同的生态条件。此外，家庭也可能允许来自其他群落的近亲一起生活一段时间，就像人类社会中的客人。所以这就不奇怪了，在同一个种群中的小海狸有不同的父亲[27]。

中国有句俗语叫作"男怕入错行，女怕嫁错郎"。尽管这种想法在现代人类文明中已过时，但是对许多雌性动物来说，没有什么决定比选择合适的伴侣更会对其一生造成更大的影响了。尽管雄性动物在求偶期间都会甜言蜜语，但在质量上却差异很大。有些是好父亲，有些则不然。有些雄性基因优质，可以使下一代更强壮，更有吸引力，而另一些在这两方面都很差。体内受精的物种，雌性在关于父权的信息战中有优势，但雌性在选择时对于雄性的质量没有把握。那么，雌性如何分辨雄性质量高低和真假呢？那就是依靠雄性本质特征，因为这方面难以伪装。

例如，在仙琴蛙中，雄性在泥中卖力地挖洞筑巢，这是雄蛙的"房产投资。"雄蛙会在挖好的洞里纵情高歌吸引雌蛙。这些巢穴对受精卵也会提供保护，所以70%的雌蛙会爱上有巢穴的雄蛙，而不是没有巢穴的雄蛙。因为雄蛙在洞内和洞外的叫声频率不一样，因此雌蛙会根据雄蛙叫声频率的变化来区分雄蛙是否有巢穴。一只没有巢穴的雄蛙根本捣鼓不出来那种令雌蛙心心念念的音色——缠绵悱恻地低吟一首情歌来宣称自己实际上并不拥有的"房产。"[28]雌性长尾小鹦鹉对雄性鹦鹉的行为也观察得细致入微。雌鹦鹉会挑选那些具有解决难题技巧的雄性鹦鹉，这可能意味着鹦鹉的智力对于它们生存于复杂环境或应对不可预测事件非常重要[29]。这两个例子都表明，雌性是根据雄性是否具有直接或间接有利于后代的行为特征来选择配偶的。关键的一点是，这些特质很难伪装。

关于费奥多尔·瓦西里耶夫一生的历史资料很少。但是，如果他成功的生育记录能告诉我们什么的话，那就是他必须有足够的资源（也许还有良好的基因构成）才能创造难以匹敌的世界纪录。这无论是在现在还是他那个时代都是显而易见的。通常说来，在人类社会中，是资源和领土的所有权；在仙琴蛙世界里，是在泥塘里有一个"家"；而长尾小鹦鹉看中的是智力——解题能力，诸如此类，总之是要以某种方式公之于众的。公开展示为雄性和雌性提供无差别的信息，使得在交配角逐中的雌雄在信息上是对称的，可称得上是大自然的公允。

然而，更多的情况是，关于雄性素质的基本信息——未来成功的潜力、履行为父职责照顾后代的可能性、基因的优越性等——雌性只能部分地获得。由于这个原因，性别平等的公允很容易被伪造。所以说雌性其实是处于劣势的，被迫在信息不完整的情况下进行不对称的交配，这让雄性占尽先机。

请记住，正如贝特曼法则所假定的那样，雄性的进化压力在很大程度上在于需要与尽可能多的雌性交配。于是，采用欺骗便成为达到目的的一种手段：即尽可能快速地、成本低廉地获得雌性。我们应该对我们人类这一物种中的情况非常熟悉。例如，一个身无分文的大学生可能会借一辆宝马敞篷车来吸引约会对象。在《了不起的盖茨比》（*The Great Gatsby*）中，杰伊·盖茨比编造了一个重大的债券骗局，让天真的黛西产生一种他拥有巨大财富的错觉。虽然斯科特·菲茨杰拉德（Scott Fitzgerald）的故事是虚构的，但这样的诡计却是真实的——

事实上，太真实了。因为类似的骗局在我们的生活中随处可见。

在动物中，选择优质的雄性尤为重要，因为在动物繁衍中，雄性贡献的无外乎它们的基因。在孔雀、驼鹿以及许多啮齿类动物中，雄性个体既不提供配对交配的物质基础，也不会在后代出生后担负养育和照顾的职能。所以在求偶过程中，雌性除了选择有良好基因的雄性个体之外，任何其他的考虑都无益于其自身以及基因的传承。现在，假设你是这类物种的雌性，你要从一大群试图说服你"我就是你的真命天子"的人中找出那个雄健伟岸的"健身达人"。你怎么分辨真假？

我们先考虑最糟糕的情况。如果你真的爱上了尽人皆知的"渣男"，你的进化适应力会严重倒退，而且可能无法恢复。那么，在另一半这一问题上，一个人的选择会决定其在关系中的地位和态势。这个场景就暗示了进化对雌性的筛选：那就是雌性获得进化回馈的前提是，她们能想出区分真假高质量的雄性的策略。（这就是为什么那些懵懵懂懂就陷入爱河的女性，在现实中经常会遭受重创的生物学原因。）（那么，什么样的策略会比较有效呢？）女性的"羞怯"是一种自然选择的策略。"羞怯"可以防止女性在没有充分检查审视的情况下过早下结论，这使得女性远没有男性那么冲动，尤其是在婚配的时候。因此，人类社会中存在"害羞女性"的刻板印象，这是有原因的。这给了女性时间和筹码来找到真命天子。（我们也必须敏锐地认识到，刻板印象是对复杂现实的极端简化，是人类思维逻辑上的一种捷径。事实上，很少有物种的雄性和雌性完全遵守贝特曼的规则。）

孔雀尾巴的故事。我们大多数人都对孔雀令人惊叹的羽毛感到敬畏，尤其是那布满彩虹色眼点的长尾巴。然而，达尔文对这种现象的反应却截然不同。1860年，在《物种起源》（*On the Origin of Species*）发表一年后，对于为什么进化会导致如此夸张的图像结构，达尔文仍在努力寻找答案。在给他的美国朋友、植物学家阿萨·格雷（Asa

Gray）的一封信中，达尔文不好意思地承认："看到孔雀尾巴上的羽毛，我就心烦！"为什么？因为他怎么也弄不明白孔雀怎么会有这样一条对自己的生存毫无用处甚至有害的艳丽尾巴。我们能够理解，达尔文的沮丧，因为他的伟大的自然选择进化论无法解释这种情况。

关于孔雀尾巴羽毛的不可思议的图案折磨了达尔文12年之久，直到他的第二部杰作《人类起源》（*The Descent of Man*）出版。在这本书中，他明确了一个观点，即动物对什么是吸引人的东西有一种与生俱来的感觉，或者用他的话来说，"审美品味"。即便如此，达尔文也不完全满意，因为他对动物的这个审美过程的工作原理知之甚少。那么，为什么孔雀长着那条让达尔文心烦的、耀眼的、看似无用的大尾巴呢？

考虑到孔雀的尾巴只用于吸引雌孔雀，那么问题就变成了：为什么雌孔雀会爱上这种没用的东西呢？这一问题后来成为科学界最大的难题之。一个多世纪都没有得到解决，直到1975年[30]，以色列进化生物学家阿莫兹·扎哈维（Amotz Zahavi）提出了一个直观的想法，称为"缺陷假说"，也被称为"指标""好基因""昂贵"或"诚实"信号假说或原理[31]。

扎哈维的逻辑很简单：长着这样尾巴的一只孔雀，其生物学意义上一定是优越的。否则，它可能会因吃不饱而饿死或者被广布的掠食者给吃掉了。所以，大尾巴本身就是雄孔雀健康的表现，是动物版的炫耀性消费。窝囊废和骗子没有能力享受这种奢侈。因此，缺陷假说也很好地解释了为什么雄孔雀鱼身上有橙色的斑点，为什么许多鸟的雄鸟长有美丽的羽毛，为什么雄性麋鹿长出巨大的鹿角。因为这些虚荣饰品需要消耗大量的生物体原料和精力才能长出来，而且会让长有这些具有花里胡哨的外形特征的雄性个体时刻处于风险极高的处境，所以这些东西是雄性品质的显色剂：那些拥有它们的雄性个体在基因上是具有优秀的进化适应力的；而没有的个体则一定是逊色的。

有了这些耀眼的缺陷,雄性无法对自己的品质撒谎,即使它们想撒谎。因此,交配信息战不再是不对称的,雌性与雄性的交配角逐就在同一水平线上了。这表明,尽管许多缺陷看起来无用和浪费,但至少从雌性的角度来看,这些缺陷可以展示雄性的诚实品质——有就是有,没有就是没有。

在人类自身经验的框架下,缺陷假说的逻辑也是说得通的。例如,如果你有智力天赋,则需要展示出来,也就是说通过处理困难任务表现出卓越的能力来证明,比如熟练地演奏乐器,完美地背诵莎士比亚的诗句,解微分方程,或者更好的是,这些全会,样样拿得起来。其实,这些技能在日常生活中可能大多是无用的,但是掌握它们需要时间、决心,最重要的是,需要高水平的智力方可达到至臻至美。这些技能之所以受到广泛推崇,不是因为它们的实用性,而是因为它们可以不掺假地展示了一个人的认知能力,这可能预示着未来的成功。(这也是许多公司希望求职者提供大学学位甚至高考入学成绩或者大学里成绩的平均分的部分原因。)出于同样的原因,在动物界,会有装饰性的羽毛、唱歌、跳舞或者展示解决谜题的能力。这些特征和技能在某种程度上是负担(至少在掌握它们的过程中需要花费时间,并消耗能量),但是能够让女性区分男性进化适应力,即基因质量的高低。简而言之,缺陷特质就像测谎仪一样。

缺陷有很多种。有些是显而易见的,如鸟类夸张的羽毛,如孔雀、翎雉和黑臀巧织雀的长尾巴,更不用说极乐鸟了。有些则是不动声色的或者干脆就是秘而不宣的——例如,高水平的睾丸激素。这是一种缺陷,因为睾丸激素水平高有损于免疫系统,所以高水平的睾丸素存在于体内会让人生病。但是，重要的是"但是"：如果一个人体内能承受血液中有那么多的毒素，那么一定是很健康的。

大多数缺陷都是动物身体的一部分。例如，雄鸟的鲜艳羽毛是免疫系统抵御吸血寄生虫的良好指标[32]。这就是为什么雌鸟更喜欢有着艳丽而色彩张扬的羽毛的雄鸟。然而，在某些情况下，缺陷特征也可能是身体外部的——可以类比于人类所说的，"生带不来，死带不走的东西"。例如，澳大利亚的造园鸟花费大量的时间和精力精心建造和装点被称为"凉亭"的建筑结构，这可不是用作巢穴的结构，除了吸引雌鸟之外没有任何用途。（这个跟某些当代男性富二代找配偶的行径很像："我的钱是给你看的，而不是给你用的。"）在造园鸟中，建造凉亭其实是雄性造园鸟的一个缺陷特征。

有些缺陷不仅是微妙的，不动声色的，而且对人类来说也是难以体会，无法感知的。我是在 2000 年初了解到这一点的，当时我在北京动物研究所的长期科研合作伙伴张健旭研究测试小鼠能否感知雄性同伴的压力。我们预测，如果雌性小鼠能够感知，那么她们会更喜欢没有压力的雄性小鼠，而不是选择有压力的雄性小鼠。实验设计很简单：两组雄性小鼠，让一组暴露在对小鼠来说是一种会引起压力感受的气味——猫尿中，另一组则暴露在兔子尿中——这是不会引起雄性小鼠感到有压力的气味，实验暴露时间持续 8 周。然后我们让雌性小鼠在两组雄性中做出选择。令我们惊讶的是，雌性小鼠不仅能分辨出因接触猫尿而感到压力的雄性小鼠，而且愿意选择这些"历经猫尿折磨的雄性小鼠"。这与我们的预期相反。

这一结果确实让人挠头，我们琢磨了一段时间，想不出到底是怎么回事。后来有一天在午餐时聊天，突然有一个简单的想法从脑子里蹦出来。如果我们将自己置身于老鼠的位置，对此就容易理解了。老鼠的世界每天都在为生存而挣扎，大量的老鼠是野猫、黄鼠狼和猫头鹰等掠食者的盘中餐。所以,如果你是一只雌性老鼠,在众多的雄性老鼠中找到进化适应力最强的一只才是至关重要的,想象一下当一群老鼠调情的时候,雄性老鼠都会尖叫着"我就是你的真命天子"。你会怎么做?如果你不能给它们做智商测试,那么就要识别出一个信号,这个信号可以无误地展现你的潜在伴侣的进化适应度,这将有助于你找到你的意中人。

在小鼠实验中,信号就在雄性小鼠的尿液里。逻辑呢?刚刚经历过压力事件的小鼠体内的许多激素与没有经历过压力事件的小鼠明显不同。这些变化会以代谢产物的形式呈现它们的尿液中,这些代谢产物就像探险节目"奔跑"(GoPro)的视频片段一样,真实记录并讲述了它们的历险经历(例如与捕食者的遭遇战)。雌性小鼠在雄性小鼠的尿液中嗅到了这些信息:"这家伙看来刚刚从战场上凯旋啊,而它的许多同伴可能只是猎物。"因为雄性小鼠尿液中有压力荷尔蒙的标志,雄辩地证明了这家伙作为交配伴侣的质量很过硬。这就是为什么雌性小鼠会迷恋有过捕食经验的雄性小鼠。记者查尔斯·崔(Charles Choi)在他的文章《生活科学》中总结了我们这一发现的实质:简单地说,猫尿"让雄性小鼠显得非常阳刚"。

你可能想知道尿液里的什么东西让雄性小鼠显得威武阳刚。我们深入探究了这个问题,并明确了其标志性特征在不同情况下的变化。4种雄性信息素——α-金合欢烯、β-金合欢烯、3,4-脱氢-异短链丝氨酸和(S)-2(仲-丁基)-4,5-二氢噻唑的浓度在小鼠经历压力后会升高[33]。如果这些名字深奥的化合物让你有点晕,那你只需知道这些化学物质所起的作用就像孔雀的尾巴——压力荷尔蒙越多,小鼠的进化适应力就越高。

让一种特质成为在进化中发挥缺陷特征的"显眼包",并保留下来,成本是很高的。而维持这一特征的高成本本身就是一种手段,因为可以彰显诚挚。这也使雄性小鼠承受持续而沉重的负担，使它们更容易受到捕食者和病原体的攻击，降低生存机会。那么，雄性小鼠能否投机取巧偷工减料，只在最需要的时候使用这些"显眼包"呢？若能如愿，岂不妙哉！

答案是肯定的。在许多情况下，雄性只在需要的时候，才使用这些"显眼包"，化不利为有利。例如，鹿角的形成在生物原料、生物体能量和面临风险等方面都是成本极高，但在交配季具有双重作用：吸引雌鹿并保护地盘和"后宫"。当交配季节结束，鹿角就会脱落，这样雄鹿就不会被沉重的负担所束缚。在白鹈鹕身上也可以看到类似的削减成本的方法，雄性鹈鹕的喙上长着一个角在大白鹈鹕身上。这些结构表明鹈鹕在视力在被遮挡的情况下，仍然可以做得很好。它们是鹈鹕高超捕鱼技巧的真实标志，重要的是，这类结构无论如何是一种负担，只在求偶交配季节有用。正如所料，当交配季节结束后，这些特征就都会消失[34]。

传统上，人们认为生物的缺陷特征除了作为真实和成本高昂的标识信号之外，没有其他功能上的意义，但情况并非总是如此。许多"显眼包"具有非常重要的生物学功能。让我们以最常见的色彩装饰为例。许多动物，尤其是像孔雀鱼和刺鱼这类鱼，以及燕雀和金丝雀这类鸟，都有鲜艳的外表——红色、橙色、黄色——尤其是雄性。明亮的色彩是如何进化为一种真实的信号，同时又有重要的功能呢？

鱼和鸟身上鲜艳的颜色来自它们所吃的食物中的类胡萝卜素[35]。类胡萝卜素是抗氧化剂，可以增强动物的免疫系统，因此，对包括人类在内的动物的身体健康有益。然而，大多数动物不能自身合成类胡萝卜素，必须从所吃的植物中获取。因此，鸟和鱼一身鲜艳的颜色就可以作为健康展示，或告之天下自己有寻找优质食物的能力或转换食物营养的能力，或二者兼具。最新的研究分析了鸟类羽毛的颜色、细胞色素 P450 和基因 CYP2J19 三者的关系，研究发现细胞色素 P450 基因 CYP2J19 的外在表达即为羽毛的色彩[36]。这表明拥有艳丽羽毛的雄鸟可能具有这一基因所包含的其他功能。从这个意义上说，类胡萝卜素相关的着色很难伪造。这也是它作为高质量雄性的诚实信号的另一个原因。

此外，鲜艳的颜色也会让动物更显眼，吸引捕食者的更多注意。即使是人类的眼睛，也很难错过野外环境里猩红丽唐纳雀或金橙橙的小鱼。因此，我们现在理解了外表色彩鲜艳的动物承受着巨大的生存压力。如果外表张扬的你能在捕食者的攻击下幸存下来，那就说明你有优质的基因。换句话说，明亮的"显眼包"是一个诚实的信号，因为它是一个缺陷。这个理由足以让雌性对其做出选择了。

一路下来，我们看到雄性动物获得与雌性交配的机会手段颇多——有诚实的，有欺骗的。一般来说，雌性对配偶的选择迫使雄性表现出三种类型的进化适应力：进化诚实缺陷，即"显眼包"，对雌性认知偏见的利用，以及偷袭式交配。因此，性选择会引发诚实、欺诈以及介于两者之间的一切可能。这反过来又激发动物在形态和行为适应的多样化。

虽然我们一直在描述雌性择偶的驱动力迫使雄性进化出貌似一种缺陷的诚实品质，但这些规律同样适用于检测那些并非以选择配偶的交流的诚实性。只要某一特征难以伪造，就可以作为信号，进而从准备战斗到愿意合作。

不过，无论两个动物何时合作，总是有风险：如果一方行骗，代价就要由另一方承担。因此，获得合作的好处，规避被骗的风险的一个好方法是相互交流。当双方可以沟通时，就可以协商条款并相互评估诚实度。正因为如此，从大自然中生命体互动伊始，信息战就一直存在，也就是常说的"有人的地方就有江湖"。现在我们来看缺陷特征是如何作为诚实信号被使用的。

大山雀是东半球一种与山雀有亲缘关系的鸟，它胸部中间的黑色条纹是一种身份标志。通常条纹越宽，表示这只鸟在种群中的支配度越高。然而，由于这些雄鸟经常互相打斗，那么在种群中地位低的鸟就不能展示宽条纹并出现在更高地位的群体中，因为在下一次的打斗中它很快就会被发现是冒牌货。因为如果一只本来处于低级别的鸟用"虚张出来的条纹"混迹于"上流社会"，那么它在这里将遭受无情的打击。所以，几只大山雀打群架的行为是一种监管机制，是为了检测出假冒伪劣的"高等级"大山雀。

甘贝尔鹌鹑的冠羽表明其统治地位。当它向前伸出时，表示"别惹我！"或"去你的！"但当它向后倾斜时，表示服从——"请不要伤害我！"[37]社会性昆虫黄蜂也是如此。地位较高的个体头上有更多更大的黑点，这是黄蜂在种群中久经沙场的标志，彰显它打败了竞争对手的多次攻击。如果一个骗子黄蜂通过头上长出更多的黑点来巩固自己在种群中地位，它很快就会明白什么叫"吃不了兜着走"[38]。

在所有这些情况下，无论是大山雀大大小小的群殴，还是甘贝尔鹌鹑一对一的决斗，或者是大黄蜂的头盔战，彰显社会地位的徽章的大小与体能挑战级别有关，级别越高，徽章越大，就像拳击比赛按体重分类一样。由于种群中的强制性措施，这些象征社会地位的特征，其成本是高昂的。因此，动物必须诚实地展示自己的能力。不能摆拍，必须有实力。

目前为止，我们看到的例子都是同一物种的个体如何利用缺陷来传递诚实的信息。其实，这一原则也适用于不同物种之间的诚实交流。例如，许多清道夫鱼的客户使用信用评分系统，给不同的清道夫鱼分配不同的信用等级。这使得客户可以密切关注服务质量，这样它们就可以区别对待骗子，尤其是搭便车的鱼[39]。同样，当被捕食者追赶时，许多鹿会展示白臀，羚羊也会跳起来展示矫健的跑姿。它们向追逐的一方发出同样的信息——"我很能跑！""别在我身上浪费时间。"[40]

九

人类也使用诚实的信号。与女性美貌相关的身体特征——细嫩无瑕的皮肤、闪亮的秀发、完美的腰臀比——这些都是年轻的标志。最终，正如进化心理学家向我们揭示的那样，这些都转化为生育能力的标志，这是男性寻求配偶时眼中最重要的特征[41]。

相比现代社会中男性眼中所钟意的女性特征，在人类部落文化中，诚实的信号更为普遍。例如，许多土著社群会举办公开的唱歌、跳舞和摔跤比赛，让年轻人，特别是女性有机会挑选伴侣。比赛中的获胜者更受女性欢迎。现代体育赛事也可以诚实地展示个人技术、优势和能力，这同样源于上述所说的缺陷原则[42]。

在非洲的马里，多贡人（Dogon）在节日期间戴着笨重的面具跳舞。这些面具非常重，必须由几个助手帮着才能戴在舞者的头上。戴着这么重的家伙，人们跳舞时非常小心，因为如果一旦站不稳而摔倒，舞者的脖子可能会折断。所以，只有最强壮的人才能戴着最大的面具跳舞。而孩子则戴小面具，大概是为了体验一下[43]。

在以狩猎为主的社会，男人要追猎动物，他们由此承担了更高的风险，尽管狩猎不一定比采摘为群体提供的热量多[44]。当狩猎提供的蛋白质和卡路里少于采摘时，作为食物供应手段，狩猎就失去其主要功能，而更多地成为男性炫耀技能、英勇、智力或坚韧不拔的一个机会——也就是说，这成了传递优胜个体的一个信号。

大获全胜的猎人把战利品带回来分享是有原因的。他们利用这个机会向社群展示他们愿意与大家共享收获，从而获得社会资本。因此，分享战利品其实属于进化上的诚实缺陷。这一族群互动可以给乐于分享的人带来更好的声誉、更高的社会地位和更强的政治影响力，所有这些在土著社会里都可以转化为更高的生育成功率，从巴拉圭的阿切（Ache of Paraguay）到东非的哈扎（Hadza of East Africa）的部族社会都有这样的范例[45]。

在小规模社会中，狩猎大型猎物并不是展示男性力量的唯一方式。举个例子，我们来看看澳大利亚托雷斯海峡（Torres Strait）的墨累岛（Murray Island）。原住民梅里亚姆人（Meriam）种植山药作为基本的主食。然而，男人和女人耕作方式却大不相同。妇女最关心的是家人是否有足够的食物吃，所以她们挖浅坑种植尽可能多的山药来最大限度地提高产量。而男性对效率和生产力的兴趣要小得多。相反，他们种植山药的主要是为了获得社会声望，通过在社群里举行大个的山药比赛获得荣耀。为了获胜，他们会煞费苦心地挖又大又深的洞，精心照料自己的庄稼——要强调的是，这些都只是为了确保山药长得尽可能大。问题是，这在产量上会付出了巨大的代价：一个男人种一个山药，而一个女人可以种20个。但是男人一点也不在乎，因为他们满脑子想的都是比赛。如果他们赢了，会立刻出名并受到尊重。这反过来会让他们有可能在社群中行使更大的政治权力和社会影响力[46]。所以，对男人来说，山药不是用来吃的，而是他们种植技能的展示，也是获得社会和政治利益的机会。

我对乡下生活很了解，小时候大部分的时间我都在乡下的外婆家，那是一个中国东南沿海的一个村子。全村200多人几乎都相互认识。

在这里，没有什么隐私和秘密，这是一个典型的熟人社会——村子不大，人与人联系紧密。当一个人做了一件了不起的事，比如钓上一只海龟或一条大鱼，或者杀了一条毒蛇，抑或爬上一棵大树的顶端，村里的老老少少很快都会知道。人们会送出一声声"哦""啊"的惊叹。这样的惊叹不会轻易送给拎回一桶蛤蜊或挑了一担大米的人。这种"哇"声效应会让你瞬间成名，人们会在村里谈论将近半个小时。更重要的是，这可以在村民，尤其是女人中引起相当大的反响。于是，一个男人的基因在这里的竞争中获胜的前景是很值得期待的。

在现代化的工业社会中，男性传递成本高昂的信号也并不少见，甚至随处可见，比如法拉利、路易威登等奢侈品，以及各种昂贵的数码产品。这些奢侈的社会身份象征是经济学家托斯坦·凡勃伦（Thorstein Veblen）在一个多世纪前所说的炫耀性消费的核心[47]。另一个例子是，参加派对的大学男生会喝下几瓶酒来证明自己的体力，尤其是当女同学在场的时候。

年轻的男性尤其容易做出各种危险的行为，在同龄人面前展示：疯狂驾驶，参加危险运动，如赛车、跳伞和蹦极。他们是想要证明自己在这些运动中可以毫发无损，证明他们坚不可摧。同样的原则，也适用在犯罪团伙：在那里，各种冒险举动可以赢得帮派中其他成员的尊重，抑或入道时容易被团伙接纳[48]。

求爱时，缺陷原则也是显而易见的。例如，许多男人为了给未婚妻或新娘买一枚钻戒而负债累累，作为真情奉献的象征——通常因为女人要求用钻戒来证明爱情和忠诚。最近的研究表明，钻戒可以代表男性作为伴侣时的质量和价值。与有魅力的男人相比，当女人与没有魅力的男人订婚时，女人更想要更大、更昂贵的钻石。在男女关系中，男性的英俊是一种额外的优势，否则可以用大个的钻石来弥补[49]。

其实，钻石除了用于切割玻璃或制作时尚机械表，尤其是那些炫耀性消费的工具,如劳力士之外,几乎没有什么实用价值。钻石也并不罕见。据估计,仅西伯利亚一个小行星坑里的钻石开采出来就足以供应世界未来3 000年的用量[50]。此外,由于钻石非常坚硬,难以切割,除了典型的几何形状之外,几乎没有艺术设计的空间。在艺术创造方面,钻石无法与玻璃或大多数金属相比。唯一让钻石脱颖而出的是人们对它的认知价值。不幸的是,钻石的市场价值在垄断集团的操纵下被远远夸大,后面的操盘手就是戴比尔斯集团,这是一家控制着世界上80%以上的原钻分销的跨国公司。

抛开钻石的内在价值不谈,有两个主要原因使钻石在东西方社会都成为爱情的象征。其一,它们的高价格使它们成为财富的理想代表。一枚一克拉的订婚钻戒要花费6 000美元,这对普通美国男人来说是相当大的负担。传统上,这样的礼物意味着一个男人有能力赚到足够的钱来养家糊口。另一个原因是,与短期租赁可能负担得起的豪华汽车宝马不同,钻戒是送给未婚妻的。这就是为什么,如果婚约被取消,在大多数情况下,戒指必须归还。一旦把钻石送给一个女人,这个男人就被经济负担束缚住了。不管是否愿意,他都要受到这段关系的束缚。这相当于在亚洲和非洲的一些传统社会中仍然实行的彩礼(由新郎给新娘的家庭,用贵重物品或大量的劳动服务来支付)。

在经济发达、男女平等的现代国家,大量女性不再指望男性来养家。因此,作为资源保障的信号,钻石已悄然变得暗淡。随着钻石作为成本昂贵的提升男性进化适应力的角色被削弱,那份曾经让其价格飙升的理由也成为今天乃至未来钻石价格跌落的原因。可以预见的是,戴比尔斯著名的标语——"钻石恒久远,一颗永流传"——在未来的某一天,再也无人提及。

慷慨作为人类社会中个体进化适应力竞争的一类手段,能以良好的声誉带来重要的社会资本。人们常常竞相表现自己的慷慨[51]。献血就是一个很好的例子。人们普遍认为血液对健康至关重要，相比于西方文化，在东方社会更是视血液为生命之源。出于这个原因，献血便是一个成本高昂的信号，显示一个人的健康和慷慨的同时，还可以赢得社会其他成员对自己的尊重，具有双重效果[52]。

成本高昂的信号特别适合用来表示信任、团结、奉献和信仰。它们可以通过多种方式表达，从巨大的纪念碑，如英国的巨石阵和复活节岛的神像，到精心设计的宗教仪式，等等，都带有情感或经济利益[53]。表面上看，许多宗教习俗似乎是神秘的和让人难以适应的，包括割礼、禁食和处理危险的动物，如毒蛇。但如果我们把这些仪式视为进化适应力的竞争，一切就说得通了：这些都是表达奉献、建立信任、培养忠诚和促进合作的方式，同时阻止信众中有人浑水摸鱼[54]。这为另一个矛盾现象提供了令人信服的解释：越是繁重和限制性的宗教活动，教会成员的捐款越少，出席人数就越多[55]。所有这些烦琐而复杂的仪式都服务于同一个目的的进化适应力竞争——身体力行，而不是光说不练。

相比之下，当一个信号被廉价复制，它往往无法表现出诚实。政客们总是拿着圣经，对着上帝发誓。这些仪式性的操作并不是一种进化适应性竞争力，因为并不昂贵。政客们可以在竞选期间做出许多不具约束力的承诺，而一旦上台，他们就毫无忌惮地忘记自己曾经做出的承诺，结果是，他们往往是为自己服务，而不是为选举他们的民众服务。政客们最常见也是会激起人神共愤的做法是玩"旋转门"游戏，即转换角色跨界任职，利用政治资源为经营性质的公司谋取利益提供帮助，所以他们会在离任时，在商界企业界得到一份高薪的闲差。这就是为什么政治家是当今美国最不受信任的职业之一。

就进化适应性竞争的原则而言，政客的公开声明远不如砍掉小手指的仪式令人印象深刻——切断你的小指的一部分来表示你内心的抱歉，而不仅仅是在言语上。这一仪式是由日本黑帮发明并实施的。如果政治家真的想获得公众的信任，他们应该尝试使用一个真正的竞争手段，比如在离任后的10年内严禁为任何合作的选民工作，也不为他们的亲属提供帮助。只要国会议员有这个意愿，这一合理政策实施起来毫无困难。

本章中，我们首先考察诚实的代价，然后探讨抵消这种负担的方法，由此，诚实可以成为比欺骗更好的策略。我们用缺陷原则来说明诚实如何在性选择中占上风。然后，我们把这一原则的应用从衡量配偶的质量，扩展到评估动物和人类社会互动中各种交流中的诚实度。

在进化中，三个简单明了的反欺骗规则是：

1. 真正依赖于那些难以伪造或花费很多才能够拥有的特质（比如亲属关系、智力和声誉）；

2. 设置竞争来强制表现诚实（比如独身、昂贵的礼物，或者在兄弟会和军事训练营的欺侮仪式）；

3. 确立对遵守和违反规则的奖惩政策。

我们可以很容易地利用上述原则来提升人类社会中的诚实。规则1处理的是自然存在的诚实信号，而规则2和规则3则表明我们原则上可以通过制度手段来促进诚实。这些原则的目的要么是提高欺骗的成本，要么就是降低欺骗的收益，使欺骗的收益低于诚实。这里我们所说的成本可以是任何对人们来说重要的东西，如金钱、安全和声誉。

即使面对挑战，这些规则也容易遵循。我们可以从一种并不非常聪明的动物——吸血蝙蝠——身上获得灵感。尽管它有着可怕的吸血动物的名声，但是它运用三大原则在建设互助社会这方面，是一个典范。

吸血蝙蝠如果连续三天不吃东西就会饿死。面对的挑战就是，寻找血液是不确定的。许多蝙蝠在掠食途中失败。对于那些不到两岁的幼龄蝙蝠来说尤其如此，它们中的1/3会在夜晚的捕猎中失败。为了解决这个问题，吸血蝙蝠采用了一种社保制度，在这种制度下，血液是由那些饱腹的蝙蝠捐献给种群中饥饿的蝙蝠。然而，这种食物共享制度如果被蝙蝠群中大量的"搭便车者"利用，就极容易崩溃。蝙蝠就通过采取以下措施来避免这个问题。

1. 每个种群都是由基因相关的个体组成的，蝙蝠凭借对特定的声音和可能的气味相互识别。显然，亲属关系是很难伪造的。因此，前述的规则1适用。

2. 蝙蝠也允许非亲属加入种群，但只允许那些有回报的可以互利的蝙蝠加入。由于成员密切关注其他蝙蝠的声誉，搭便车的蝙蝠就被排斥在种群之外。因此，前述的规则3适用。

目前尚不清楚上述的第二条规则是否用于加强蝙蝠种群的诚信食物分享制。有迹象表明，在食物分享方面表现很慷慨的个体可能更容易被选择为伴侣，并得到更大的回报，比如更多的食物或梳理羽毛服务。我们可以看到蝙蝠是如何通过采纳至少三大原则中的两个原则来成功建立互助社会的。蝙蝠种群中个体之间的相互关系展示了诚信制胜。

到目前为止，我们探索了欺骗是如何发生的，以及奉行诚实的个体如何在欺骗无所不在的世界中生存和发展。接下来，我们要看欺骗和反欺骗之间的竞赛。

第 5 章

骗术与创新

天下父母都知道，养育孩子是艰难的。你的时间、精力和金钱都花在了孩子身上，所以养育孩子就像是自己给自己找罪受，自我强加负担在身。索尼娅·斯宾塞（Sonya Spence）的歌曲《免费》（*No Charge*）的歌词，说得再明白不过了："我怀了你 9 个月，免费；多年来的付出，免费。"[1]

即使你为此少活十几年，你的付出也不一定会得到回报。忘恩负义或令人失望的孩子绝非罕见。尽管如此，大多数人还是觉得养育孩子的代价和麻烦都是值得的。那么，为什么我们有生养孩子的冲动？为什么我们要倾其所有不求回报地抚养孩子？简单一点说就是我们担起一份生命进化的职责。否则，从父母那里继承的基因就会在你这一代结束传承，也就标志着一种已经生存数十亿年的遗传基因在你这一代终结。

好消息是，你不必为了享受浑身上下一身轻，一个人吃饱全家不饿的人生而放弃生孩子。一个简单的解决办法就是把为人父母的重担放到别人肩上。没有钱吗？没问题！尤其是在你是一只鸟的情况下。

我现在就来谈谈这样的一种鸟——巢寄生鸟。是的！它们在生物学上就是这样被称呼的，因为这种鸟在其他鸟的鸟巢中下蛋。其中，臭名昭著的是杜鹃。不过，与剥削别人的辛勤劳动的坏名声相反，大约60%的杜鹃鸟会自己孵蛋，自己抚养雏鸟。不幸的是，其余40%足以玷污整个物种的名声。

你是否记得第1章开头那个凶残的杜鹃？现在，让我们用耐人寻味的细节让故事更丰满吧。在繁殖季，雌杜鹃会躲在宿主鸟的鸟巢附近伺机而动。一旦机会来了，她便俯冲到巢里，把寄主鸟巢里的一个蛋扔出来，然后迅速把自己的蛋放进去取而代之[2]。她的工作效率之高，令人惊讶——不超过两分钟，有时只需要10秒钟。（世界纪录只有5秒，这是棕色牛鹂的壮举。）杜鹃的这番操作很像在商店里的扒窃，成功的关键是速度和悄无声息，而且这一单做完后，还会旁若无人地向前走，继续寻找下一个目标。

巢寄生绝对可以称得上是一种高利润的繁殖策略。举例来说，一只普通的雌性杜鹃在一个繁殖季节可以连续产下25个蛋之多，远远超过一只普通的鸣禽鸟妈妈在养育自己的雏鸟时所能处理的数量。如果杜鹃不能将育儿的工作"外包"，她繁育这么多小杜鹃是绝对不可能的。那么，杜鹃是如何成功地让其他的鸟免费为她的孩子做保姆的呢？

简单地说，这家伙巧妙地使用了行骗第二定律。她利用宿主鸟的认知漏洞，达到了自己的目的。这些宿主鸟都是在欧亚大陆都很常见的，包括芦苇莺、雪雀、欧洲知更鸟、花斑鹟鸲和草地鹨。然而，为了能在这种明目张胆的骗局中全身而退，杜鹃创新出一套大胆而激进的把戏。下面让我们按顺序追踪一下，以常见的杜鹃和芦苇莺为例来展示它们是如何在这场游戏中角逐的。

在前面的章节中，我们了解到，尽管进化具有强大的创造力，但它不能赋予一个有机体与环境无关的生存技能。许多鸟对自己的蛋的大小是无感的，因为在它们的进化历程中，没有一种选择压力让鸟对此有关注。

诺贝尔奖得主动物行为研究专家尼科·丁伯根（Niko Tinbergen）曾用不同大小、不同形状，以及不同颜色和斑点图案的假蛋，测试和观察鹅和鸽对蛋的反应。他惊讶地发现，这些鸟对自己的蛋的样子只有一个模糊的概念。只要形状差不多，鹅妈妈和鸽妈妈就会把它们放在翅膀底下。更奇怪的是，它们对比自己大得多的鸟蛋有着执念式的偏好。丁伯根的一个学生试着把一个排球放到一个窝里的鹅妈妈面前，这本来是一个恶作剧，但这只鹅竟然试图把这个巨大的圆形物体当作自己的蛋！这个尝试后来成了实验室里被人们津津乐道的轶事[3]！

母鹅完全不知道她的蛋的大小而是教条地遵循一个简单的规则："我窝里或附近的圆形物体就是我的蛋。"在你说这只母鹅是白痴之前，我要说，母鹅的这条经验法则其实包含了深刻的进化智慧，而且一直是奏效的。在鹅的世界里，几乎没有什么东西是蛋形的，所以，它的规则几乎从来没有失败过。因此，关于自己的蛋，母鹅要知道的就是形状，大小则无关紧要。想想看，鹅的家门口有一天出现一只排球的可能性会有多大？

显然，对鹅有效的方法也适用于芦苇莺。这就是为什么芦苇莺遵循的规则与鹅的相似。这些鸟在认知上的卡壳给了杜鹃雏鸟找到免费午餐的机会。

然而，巢寄生的进化路径并非一条笔直的路，杜鹃与宿主鸟之间的关系也并非"有你没我，有我没你"这么直来直去。这是一条九曲十八弯的进化之路。由寄生鸟杜鹃和宿主鸟芦苇莺之间不断发生的反馈循环塑造出来的路。二者相互依赖性选择的频度，最终控制并引导了它们的进化关系。具体地说，对芦苇莺来说，假设她的鸟巢没被杜鹃盯上,那么她拥有一份更敏锐的认知能力就是画蛇添足,而拥有这样的能力需要消耗宝贵的生物资源和体能,这些都是可以派上更好的用场的。所以,对芦苇莺来说,就莫不如没有这样的一份认知力。回顾一下在第3章中,我们看到在墨西哥湾洞穴深处的小盲鱼为什么会进化成"盲"鱼。

然而,如果芦苇莺的巢经常被寄生鸟杜鹃侵害,有一个敏锐的认知机制就非常必要了,关键点在于发现异样的鸟蛋并从巢中剔除来保护自身的进化适应力。从这个意义上说,芦苇莺和鹅不一样,鹅的母性本能会被任何圆形的物体唤醒。而芦苇莺有能力区分自己的蛋和杜鹃的蛋。当芦苇莺频繁受到杜鹃伤害时,这种能力会提高[4]。

进化通常是一个缓慢的、渐进的过程,任何切实的、看得见、摸得着的功能出现或退化都需要几代的演化。对于处于杜鹃寄生威胁下的芦苇莺来说,依靠自然选择来打磨自己的认知能力并不能满足眼前的需要。她必须现在就采取行动,不管手头有什么。在决定是否接受或拒绝可疑鸟蛋时,如何才能把自己有限的认知能力最大程度地发挥出来呢?

一言以蔽之,这是一个概率问题。理论上,如果芦苇莺的鸟巢被霸占的次数足够多,那么窝里可能就真的会有杜鹃的蛋,也就是说没有的可能性很小。芦苇莺会动辄就开火,把巢中任何可疑的鸟蛋挑出来扔了。另一方面,如果她的鸟巢很少被霸占,那么鸟巢里有杜鹃鸟蛋的可能性其实不大,也就是说假阳性结果的概率会很高。那么,冲动地发火可能会让她自己的蛋承受更高的风险,她可能会一股脑儿把自己的鸟蛋也都扔了[5]。

行为生物学家尼克·戴维斯(Nick Davies)研究小组的一项研究显示,芦苇莺在自然界中就是这样做的。如果芦苇莺的鸟巢有30%的时间被杜鹃占据,那么,与很少被寄生的情况相比,芦苇莺非常有可能把鸟蛋从巢中扔出去。然而，当寄生的发生率下降到6%时，芦苇莺会停止扔蛋——除非发现杜鹃在附近转悠游荡[6]。芦苇莺当然不懂概率论。然而，它们会感知并跟踪风险，就仿佛懂得用复杂的数学公式计算概率一样。

在芦苇莺的反欺骗策略的压力下，杜鹃被迫想出新的诡计来智取。杜鹃会怎么做？欺骗第二定律指出了三条可行的路。一是产出更像芦苇莺的蛋，使得芦苇莺检测不出来。这样促使芦苇莺在竞争中升级认知，提高辨识力，而芦苇莺的认知提升反过来又会刺激杜鹃进一步提高模仿艺术。因此，对双方来说，这种进化竞赛就像电竞，当你在一个级别上获胜时，你立即面临下一个级别的竞争。

第二条路径是杜鹃寻找下一个目标宿主，即找到一个新的、认知能力不那么复杂的宿主物种。此举将在杜鹃所处的群落中激起一片进化角逐的波澜，所有相关方都会做出战略调整。随着潜在寄主名单的扩大，杜鹃似乎让最早的受害者——芦苇莺——脱逃了。实则不然！其实，这对芦苇莺来说并不一定是好消息。如果芦苇莺退出进化竞赛，便会失去区分杜鹃的蛋和自己的蛋的能力，那么，她将仍然是杜鹃寄生的主要受害者之一。

巢寄鸟用一系列进化策略来实现其目标。有些是专家，占尽几个选定的宿主的便宜；另一些则是多面手，把自己的鸟蛋放在许多不同的鸟巢中。普通的杜鹃有能力侵占十几种鸟巢，但是，一种杜鹃也只努力钻研如何模仿一种宿主鸟的鸟蛋，然后，尽其所能模仿。这种战略具有针对性，也让杜鹃能够同时解决两个问题。其一是减少来自同类的竞争，这些同类也在有限的宿主中选择寻找免费保姆。另一种是避免成为多面手，如果杜鹃模仿许多不同的鸟蛋，那么她将所冒的风险就是——技艺不精，没有一种技巧足以欺骗成功。

成功地把自己的蛋偷偷放进芦苇莺的鸟巢里仅仅是开始。这是一条步步惊心的路，这就像一个手机品牌的新款发布，你不能把所有赌注押在一个运行速度超快的芯片上。想让产品在市场上生存下去，其他的一切——硬件、软件、外围设备、服务——都要跟上去。同样，为了寄生成功，杜鹃的策略是多样化的。

把蛋偷偷放进芦苇莺的鸟巢后，对于杜鹃来说，接下来最关键的是如何让自己的蛋先孵化出来。如果这个环节失败，她的雏鸟就没有机会与芦苇莺的雏鸟争夺食物。而让这个问题变得更具挑战性的是，杜鹃的蛋有点大，比孵化芦苇莺的蛋需要更多的时间。那么，杜鹃是如何让自己的孩子先声夺人的呢？

有两种方法。其一，杜鹃挑选一只正在产蛋的芦苇莺，这会为孵化赢得时间。第二，杜鹃的蛋加速发育，缩短破壳周期。大部分杜鹃采用了这个方法。一些种类的巢寄生（如响蜜䴕）进化出了第三种更稳妥的办法：那就是先在自己的身体里孵蛋，把蛋产到宿主的巢里之前，便有了一个良好的开始，可以理解为我们平时常说的"绝不能让孩子输在起跑线上"[7]。

接下来是另一个重大挑战。由于杜鹃雏鸟比寄主雏鸟大，胃口也大，特别能吃，那么，它如何从较小的代孕妈妈那里获得足够的食物呢？解决方案是：垄断食物。不过，杜鹃雏鸟的所作所为，可能让我们接受不了。出壳后，它会把所有的寄主蛋从鸟巢里都推出去，这样它就能霸占辛勤打食儿的芦苇莺妈妈带回的所有食物。而杜鹃雏鸟进行这种屠杀时，芦苇莺妈妈则站在一旁，吓得不知所措。这一残暴的行径一旦完成，杜鹃雏鸟秒变一副可爱的、热切的、期盼的样子，叽叽喳喳，抖着翅膀要吃的，直到它强壮到振翅高飞——对养母的付出没有一句感谢。

最后，杜鹃智胜芦苇莺是侵入后者认知系统的一个薄弱环节，而并非关涉芦苇莺的视力。具体的是，杜鹃绕过芦苇莺的一线防御，即从视觉上区分自己的蛋和假冒的蛋的能力。这是杜鹃发现了芦苇莺的认知漏洞后所构建出的一种战术。这就像传统战场上的军事作战。如果无法迎面打击敌人,那么,就进攻其不设防的侧翼。

我们来了解杜鹃的具体做法。像其他大多数鸟一样,芦苇莺用"印记"识别雏鸟,这是一种学了就不会忘的,像照相机拍照一样把知识刻印在脑子里的学习过程,哪怕那个知识是错误的,也是学了就会记在脑子里,不可更改,不可反悔。例如,小鸭子和小鹅会把任何移动的物体(无论是狗还是人)当作自己的妈妈,这就是"印记学习"。

印记学习主要适用于刚出生的小动物,也适用于第一次做妈妈的芦苇莺。一只刚刚诞下初生蛋的芦苇莺看到自己的巢里的雏鸟,第一眼落在了一只杜鹃雏鸟身上,从此这种芦苇莺只会把杜鹃幼鸟当成自己的孩子,而拒绝自己的孩子[8]。如果芦苇莺为此损失惨重,那么自然选择会迫使她找到一种新方法识别自己的孩子。但如果这样的灾难很少发生,芦苇莺可能就永远没有机会进化出区分自己的雏鸟和杜鹃的雏鸟的认知能力。因为她没有由于自己的认知,即任何雏鸟在巢里就是我的宝宝,而受到伤害。

达尔文生长在富裕之家,丰衣足食的他不必为赚钱而工作,没有养家糊口的生存重担,这使他可以全身心地投入科学研究中。达尔文一生撰写出版了25本书。在这些著作中,广为流传,为人们津津乐道的是《物种起源》中的最后一句:

> 生命的伟大在于,它是自然界中几种力量共同作用产生的。当这个星球在万有引力下周而复始地运行,生命在一片寥寂中破

茧而出，随后无数最美丽、最奇妙的事物就诞生了，并且在持续的进化中行进。

达尔文以诗意的语言，概括了进化是如何创造出缤纷多样而繁杂精细的辉煌世界的。通过一系列关系转变：捕食者和猎物，寄生生物和宿主生物，细菌和免疫系统，男性和女性，我们看到了在生命进化的旅途上，多样性达到了怎样的程度。而在进化博弈中，我们对欺骗和反欺骗还未引起足够重视。

那么，欺骗和反欺骗的互动究竟是如何促生多样性和复杂性的？

欺骗和反欺骗的关系如同所有的竞争对手之间的关系，两者永无止境的竞赛（就像猫和老鼠之间的竞赛）丰富了生物的多样性。竞争双方相互超越的需求推动了各自的创新。也就是说，欺骗诡计引发了反制措施，反制措施反过来又引发了反反制行动，就这样"魔高一尺道高一丈"地无穷无尽地向前进化。像下棋一样：每一个新招数都会遇到一个新的反击，循环往复，向前推进，每位玩家都试图占上风。随着时间的推移，从理论上说，在这个过程中会有无数的战术产生。在生物界中，则表现为新的行为特征、新的生理特征、新的形态，乃至新的心理特征，而所有这些，都源于生物个体互动时的欺骗。

一只普通的杜鹃让我们领略了欺骗是如何让一片沉寂的大自然变得惊心动魄的。事实上，地球上超过120种鸟已进化成专业的巢寄生鸟。这些巢寄生鸟遍布世界各地，包括棕色牛鹂、白骨顶、寄生雀、响蜜䴕，甚至南美的黑头鸭也位列其中。

所有由欺骗和反欺骗进化角逐而塑造的物种（如常见的杜鹃和芦苇莺），都会经历一连串的变化、调整，直至最终形成。首先是行为策略，然后是其他生物特征——生理学、形态学和生命周期。尽管在不同的寄生生物和宿主生物之间所涉及的具体的有针对性的生物学特征会千差万别，但进化的主旨大同小异，即趋同，即相似的条件下会出现相似的模式。让我们回顾一下第3章，在人类的文明进程中，轮子在不同的文明生态、不同的场景中被一再创造发明出来，重要的是，都是满足同样的需要。

关于巢寄生有一些值得注意的变化。下面这些例子展示了与普通杜鹃鸟不同的行为。几对大斑凤头鹃寄生喜鹊的鸟巢，一番重大的抢劫行动如同邦妮和克莱德那对留名历史的雌雄大盗打配合一样。如果它们瞄准一个特定的喜鹊窝，而这对喜鹊夫妇专心致志地守护鸟巢和鸟蛋，这时，雄杜鹃就会假装发出攻击以分散喜鹊的注意力，把它们引离巢外，从而给雌杜鹃创造潜入喜鹊巢干坏事的机会[9]。在非洲，响蜜䴕寄生在当地几种鸟的鸟巢中产卵，如小食蜂鸟[10]。不过，响蜜䴕的雏鸟比巢寄生杜鹃雏鸟要恶毒得多。响蜜䴕的雏鸟孵化后，不是把寄主鸟的蛋推出巢外，而是用它们自己的喙钩刺穿鸟蛋或咬死刚出壳的雏鸟，这种喙钩的进化是专门用于这一特殊目的。这样，响蜜䴕雏鸟就能够独占宿主鸟妈妈带回的食物。

巢寄生鸟的雏鸟是天生的骗子。为了满足自己的大胃口，它们会发出更响亮的乞求叫声来唤醒宿主鸟的母性本能。有些种类还会利用养母认知系统的漏洞，用形态结构如亮黄色的斑块，来模仿张得大大的小嘴，一副脆弱的、嗷嗷待哺的小可怜模样儿。例如，日本的鹰杜鹃雏鸟的内翅上就有黄色斑块。雏鸟扇动着翅膀，黄色的斑点也一闪一闪的，好像在不断地乞求："请再多一点！"以此来敦促宿主鸟更加努力地工作。可怜的宿主鸟妈妈有时会对小鸟"嘴"的错误位置感到困惑，会试图把食物喂到翅膀上那黄色的斑块上[11]。

为了对抗这些巢寄生鸟，一些宿主鸟也进化得很聪明，而且不需要复杂的认知能力。在这些行骗高手中，有一种叫壮丽细尾鹩莺的澳大利亚鸟，为将自己的雏鸟和它们的宿敌霍斯菲尔德（Horsfield）棕色杜鹃的雏鸟区分开，每只壮丽细尾鹩莺妈妈会在雏鸟破壳孵化前给自己的雏鸟传输一个密码。在寄生的霍斯菲尔德棕色杜鹃的雏鸟没来得及获悉这一密码之前，细尾鹩莺就完成了对自己雏鸟的教育。小鸟出壳后，鸟妈妈喂食时，如果小鸟不能呼应鸟妈妈的密码，就得不到食物，于是，寄生的霍斯菲尔德棕色杜鹃的雏鸟就会饿死[12]。

到目前为止，我们讨论的都是具有"专业技能"的巢寄生鸟。那么有没有通才巢寄生鸟呢？通才巢寄生鸟是如何成功的呢？作为多面手的寄生物种，通才巢寄生鸟必须适应各种各样的宿主。由于多数宿主或多或少都能识别自己的蛋，那么当越来越多的鸟被列入宿主名单，模仿宿主鸟蛋就会变得越来越困难——直到无计可施。怎样才能骗过宿主而不被发现呢？答案是不能！这时，作为一种寄生鸟，就需要一种全新的方法来生存发展。

现在，想象一下你在硅谷找工作。环顾四周，各大科技公司近在咫尺——苹果、谷歌、脸书。但是，你的特长是没有特长，样样都能做一点。尽管对每件事你都略知一二，但是不具备成为一名技术开发人员所需的编程技能。那么，你能做什么？一种可能是成为一名管事的经理。作为经理，你的主要任务不是自己编程，而是监督别人的工作。你怎么才能做到呢？答案是胡萝卜加大棒——软硬兼施。新手老板可能主要使用胡萝卜，而专横的老板可能经常使用大棒。这是多面手巢寄生鸟的惯用伎俩。棕头牛鹂是这种欺凌策略的大师之一。

牛鹂的巢寄生生活看起来有点"滥情"，之所以这么说是因为牛鹂的宿主多达200种之多——其生活的同一群落的几乎所有鸣禽的鸟巢里都有牛鹂产的蛋。这事儿听上去既让人吃惊又让人感叹！牛鹂是怎么在这种大撒网的做法中取得成功呢？正如前面所说，在如此广泛的潜在宿主中模仿所有类型的鸟蛋是不可能的，所以这只牛鹂就勒索其宿主鸟来抚养她的雏鸟。

以下就是牛鹂所为。首先，她在宿主的鸟窝里产下一个或多个蛋，然后躲在旁边静观。如果宿主把牛鹂的鸟蛋拒之门外，那么牛鹂就报复。方法是破坏鸟巢，雌牛鹂会把鸟窝连同里面宿主鸟的雏鸟一起捣毁[13]。这样的行为让她看上去就像一个黑帮大佬。破坏了宿主的繁衍，牛鹂给宿主留下了两种选择：要么接受牛鹂的蛋，要么直接拒绝牛鹂的蛋，前者会导致宿主鸟竞争力部分丧失，后者则导致其竞争力完全丧失。从达尔文适应度最大化的观点来看，宿主的选择是显而易见的。这就是为什么牛鹂能让众多的鸟为自己育儿。

威胁要毁灭一切是牛鹂的大棒子；而保留宿主鸟孵化自己蛋的机会，是牛鹂的胡萝卜，这也是牛鹂的一种激励策略，宿主鸟渴望做自己的工作。(目前尚不清楚这是否为鸟类版的斯德哥尔摩综合征，即人质愿意与劫持者合作。) 无论如何，宿主鸟的无奈之举似乎也是一种最佳选择。事实上，与那些对牛鹂"千恩万谢"并屈服于它的鸟对比来说，完全拒绝牛鹂威胁的鸟会损失60%的雏鸟[14]。

巢寄生也发生在同一种鸟之间。事实上，在同一物种内发生巢寄生的鸟的数量几乎是不同物种间发生巢寄生的鸟的数量的两倍——有234种之多，而且还在不断增加。苍鹭、松鸡、秧鸡、白骨顶，还有许多鸣禽，如椋鸟、燕子、雀和织鸟，都会在种内出现巢寄生现象[15]。把一枚蛋偷偷放进同类的窝里要比把蛋放在另一种鸟的窝里容易得多，因为无须掩盖行踪。你可以径直在自己的窝里产蛋，然后把它带到一个在无人看管的鸟窝里。对！有些鸟就是这么做的。

尽管对巢寄生的研究主要集中在鸟类身上，但科学家在其他动物如两栖类、鱼类和昆虫中也发现了这一现象[16]，特别是在社会性昆虫中尤为常见。例如，几十种蜜蜂其实是在其他蜂巢产卵。蜜蜂的巢寄生现象既发生在同一物种内部，也发生在不同物种之间。这类蜜蜂被恰如其分地冠以杜鹃蜂的名字[17]。杜鹃蜂通常会选择亲缘关系近的蜜蜂作为宿主。与巢寄生鸟一样，杜鹃蜂是潜入宿主的巢穴，吞噬幼虫，然后用自己的卵来个偷梁换柱。

<hr>

巢寄生展示了欺骗和反欺骗之间的进化竞赛如何导致行为、形态和生命周期层面上复杂生物特性的出现，你也许想知道，竞赛的结果还有什么？答案是社交智力，也就是个体在同物种群体中的生存智慧。

现在，我们先用一个简单的谜题来测试一下，这个谜题被称为沃森选择（Wason selection）。给你四张牌：每张牌一面是字母，另一面是数字。你需要回答以下问题：你必须翻开某张牌来检查一下规则是否成立：如果一张牌的一面是 D，那么它的另一面是 3。

（D F 3 7）

正确的答案是牌 D 和牌 7。另外两张牌不相关。困惑吗？困惑的不止你一个人。超过 3/4 的人都弄错了。即使你以前看过这个谜题，你仍然没弄对。为什么？

在我们回答之前，让我们尝试回答一个不同版本的类似谜题。你在一家美国酒吧，那里有一条奇怪的规定：顾客不允许与陌生人交谈，但每个人都必须出示一张卡片，卡片一面写着自己的真实年龄，另一面写着自己在喝什么。你看到四个年轻人坐在桌旁，边喝边聊。在他们面前是以下的卡片：啤酒、可乐、25 和 16。现在问，你需要翻看哪张卡片来检查他们是否符合饮酒法（酒精饮料只能由 21 岁或以上的人饮用）？

答案是"啤酒"和"16"。容易，对吧？这里，不止你一个会这样说。大约 3/4 的人都答对了这个问题。你可能已经注意到这个谜题的逻辑结构与前一个谜题完全相同。为什么大多数人都做对了这一题，而做错了另一题？显然语境有帮助。第二个问题呈现了一个熟悉的欺骗检测场景，而第一个问题只使用了抽象逻辑，与我们的生活几乎没有实际联系[18]。有趣的是这个谜题可能包含着一个重要的科学问题：智力是如何进化的？

智力——或者更正式地说，认知能力——通常被用来衡量动物学习和解决问题的能力。其驱动力之一是不可预测的环境，不可预测的环境让遗传规划策略无法应对。头足类动物如乌贼、墨鱼和章鱼等在捕食的同时必须避免自己成为别的动物的食物。为了在不确定的环境中茁壮成长，它们必须通过学习来调整和适应。这就不奇怪了——这些动物在复杂的神经系统的支持下，表现出高水平的智力。

头足类动物会更聪明，如果它们也有社会性的话，社会环境的变化可以在一瞬间发生，比物理环境的变化要快得多。因此，群居动物面临着双重挑战，既要适应同伴环境的复杂性，又要同时适应周围环境的复杂性[19]。因此，在任何群居生活的动物身上都可以发现两种智力——个体智力和集体智力。

集体智力主要是在亲属关系密切的动物中进化出来的，正如蚂蚁、蜜蜂和黄蜂等社会性（真社会性）昆虫所表现出来的那样[20]。这些动物的共同的基因利益调和了同伴之间的利益冲突，形成了一个高效的组织，所有成员都各尽所能，担当起工人、护士、女王、雄蜂或士兵职责。由于这些动物个体的进化适应力完全依赖于群体的成功，所以对个体特质和个体智力的评价，就是看是否有执行群体项目的能力，如果没有，那么就都没有价值。因此，毫不奇怪，社会性动物是以集体智力而闻名的，并不鼓励个体智力独树一帜。

个体智力（下文简称智力）在社会中受到青睐，因为社会成员既有共同利益，也有相互冲突的利益，这取决于具体情况。这在社会性的鸟类和哺乳动物中很常见。在这些动物中，社会在很大程度上是其成员追求个人进化适应力的工具，而社会成功的重要性远不如在社会性动物种群所被看重。为了最大限度地利用社会资源，个体需要一个强大的工具来评估、设计和执行与同伴打交道时的策略。这时，大脑开始发挥作用。

社交活动是一把双刃剑。一方面，你可以通过与同伴合作或操纵同伴来提高你的进化适应力。另一方面，你必须小心，因为你可能会沦为受害者，为同伴所剥削。这就是为什么社交智力至关重要。它可以帮助你在错综复杂的人际关系中找到最佳路径，并建立一个支持性的社交网络。因此，灵长类动物的大脑一部分进化是为了满足执行现实世界任务的需要，比如区分可靠的朋友和诡计多端的剥削者；而大脑中用于破解抽象数学问题和解决逻辑难题的部分则发育较差，普通人在沃森选择任务中的表现就充分证明了这一点。

动物的大脑越大越聪明吗？这个问题，不能一概而论，没有直截了当的答案。如果这是真的，鲸鱼会比灵长类动物聪明得多。除了解决环境中的现实问题和社会问题，大脑还有许多其他的事情要处理——调节激素水平、感知环境条件、控制身体运动。就像喷气式飞机一样，导航只是众多功能中的一项，与驾驶舱的大小几乎没有关系。在灵长类动物中，大脑的大小与物种的饮食习性有关；吃水果的动物比吃树叶的动物大脑更大[21]。显然，得到水果比得到树叶更难预测，水果也更难找到，拥有更大的大脑可能会有所帮助。

但是像我们在头足类动物身上看到的那样，寻找食物可能不需要什么社交智力。社交智力对大脑的大小有影响吗？答案是肯定的，但只适用于大脑参与高级认知的部分，即哺乳动物的大脑皮层。有趣的是，重中之重，大脑的这部分结构与寻找伴侣和配对有关。任何有过恋爱经历的人都知道，与伴侣分享生活需要给对方很多的关注和努力。

要沟通、协调、猜测对方的意图、想方设法讨好或欺骗，与此同时，还需要发现伴侣的诡计，而这只是社交任务中的一小部分。正如我们一再强调的那样，无论是合作还是操纵，社会都是实现个体进化适应力的一方天地。

如果与一个伴侣生活在一起需要相当多的脑力，那么与许多同伴生活在一起对大脑的负担又有多大呢？对于灵长类动物来说，答案是需要大量的脑力。在其他条件相同的情况下，由于需要与更多的成员保持联系，所以，生活在数量更大的群体中的动物往往在社交表现上更聪明[22]。在灵长类动物中，大脑皮层的相对大小——即与大脑身体其他部分的比例关系——随着生活群体的规模增加而增加[23]。这似乎应验了社会型大脑发育假说，即大脑皮层的进化可能主要是为了处理社会问题和人际关系[24]。

假设群体生活促进了大脑皮层的扩张，你可能想知道为什么生活在非洲大草原上成群结队的水牛、角马这些动物的大脑皮层相对于它们的大脑来说并不大。这个问题，让我们意识到这个假设成立需要附加的条件，那就是在群体中个体之间关系的相对稳定。而非洲草原上的这些动物只是为了食物、水或安全而暂时聚集在一起，它们从未形成一个彼此认识的永久群体。那么，鹿或海象呢？这些物种通常是由一个占统治地位的雄性带领雌性和幼崽生活。这里又存在另一种需要考虑的情况。在这种形态的群居中，雄性只需暴力击退其他雄性对手来保护自己"庞大的后宫"和幼崽[25]。在这里，动物不需要复杂的认知技能来巧妙地处理其所处社会环境中的问题。因此，如果说配对择偶告诉我们关于大脑皮层进化的任何信息，那就是，大脑皮层的进化有赖于动物与同伴交往的频率和深度。灵长类动物在社会生活互动的这一特质使得其在大脑进化，特别是大脑皮层的进化上，表现得与众不同。

根据社会型大脑假说，大脑承担两项主要任务：区分合作者和骗子，并且同时有效地操纵他人。灵长类动物学家理查德·伯恩（Richard Byrne）因此将社交智力称为"马基雅维利智力"。1992年，他和安德鲁·怀特（Andrew Whiten）合作发表了一篇学术论文，揭示了灵长类动物采取战术欺骗的频率，他们的研究发现猕猴、狒狒和黑猩猩在灵长类群体中脱颖而出[26]。2004年，伯恩收集了更多的证据证明了欺骗与大脑皮层的进化有关[27]。

为了证明灵长类动物存在马基雅维利主义，仅仅证明战术欺骗与大脑皮层有关是不够的，还需要证明社交伙伴确实知道别人在想什么。也就是说，一种能理解别人也有和自己一样的感受、信仰和欲望的能力。这种洞察别人想法的能力被称为心智（心理学家通常简称为"读心术"），在克里斯托弗·克鲁本耶（Christopher Krupenye）最近的一项研究中，心智在黑猩猩、倭黑猩猩和猩猩身上得到了证实[28]。人类中，设身处地思考问题的能力在一岁以下的孩子身上偶有迹象，但是，全面的"读心"能力（包括错误信念在内），直到4岁才会明显表现[29]。

心智很重要，有了心智，聪明的灵长类动物可以有目的地操纵他人。这里有一个有趣的描述：

"我第一次看到一个种群的首领丢面子的情形，它反应的声音之大、情绪之激烈让我大吃一惊。通常它总是一副威严的样子，但是在这次它受到挑战时，变得让人不敢认了。来挑战的黑猩猩想夺权，从背后拍了它一下。而当它反击时，那个拍它的黑猩猩只是一闪。现在该怎么办？让人没有想到的是，在这样的对抗中，这个首领竟然在地上扭动，可怜地尖叫，等待着其他人的安慰：表现得很像个十几岁的、被从妈妈的怀里推开的孩子。是的！就像一个小男孩，在闹脾气的时候眼睛盯着妈妈，看妈妈是不是能来哄一哄，这个家伙此时此刻在留心谁在靠近他。当周围的黑猩猩数量足够多时,它立即恢复了勇气。在支持者的支持下,它重新发起对抗[30]。"

以上片段来自灵长类生物学家弗朗茨·德·瓦尔(Frans de Waal)在对黑猩猩的研究中观察到的。整个场面给人的感觉就像人群中发生的事情,以至于读起来几乎就像一个做民族学研究的人类学家的田野调查记录。黑猩猩首领以"戏精附体"方式发脾气既赢得同情又招募了支持者,简直让人佩服。如果没有很高的社会型智力,它怎么能想出如此狡猾的策略?

尽管马基雅维利智慧假设有一定可信度,但偏于操纵同伴,在竞争中智胜于人。我们知道,在人类社会中,欺骗、不信任他人、忽略社会规范和道德规范——这都是马基雅维利式的人格特征,这样的行为方式做事可能会适得其反,失去社会支持[31]。(事实上,马基雅维利主义、自恋人格和精神病,这三大特征在人格研究中被称为人性黑暗的三位一体,在社会中是不受欢迎的。)

与人们普遍的看法相反,具有马基雅维利式人格的人并不是特别聪明,这从他们在智商测试中的平庸表现就可以看出,而且也不像许多人认为的那样,他们更擅长心理战。相反,这类人有着另类的思维定式。当你向他们提议合作时,他们的大脑不是在想,"是的,这是个好主意!"而是开始盘算怎么才能让自己获得更多,而不是满足公平的分配。这种将社交情绪"冰镇乃至冷藏"的反应让他们显得冷酷且精于算计[32]。乍一看,他们聪明、迷人,甚至有吸引力。但在时间的淘沥下,他们的自私、操纵和盘剥的性情倾向可能会让他们的目标难以实现,到头来适得其反,结果这些人通常不会比普通人更成功[33]。

践行马基雅维利主义的人数甚少,这让我们更清晰地认识到,像所有依赖于欺骗策略一样,马基雅维利主义是一种替代方法——只有少数人会采用的、鲜有人问津的方法。这就意味着社会生活的主要动力不是操纵而是合作。换句话说，社交智力进化的主题应该是建立联盟，包括信任、互惠、妥协、创造和平的环境，以及开展互助性社会活动，实现对社会生活最基本的获益[34]。因此，灵长类社会大脑的进化主要是为了消除社会问题，使社会环境有助于个体进化。如果你把社会进化想象成一场晚宴，那么马基雅维利主义只是一种开胃小菜，而不是那道主菜，主菜是合作。

伯恩本人最近扩大了马基雅维利智力假说的背景，淡化了战术欺骗在社交智力中的重要性：在给有抱负的君主提供建议时，马基雅维利强调了友好、合作、善良和慷慨的重要性——直到你无须这样做。同样，马基雅维利智力假说同样适用于构建友谊、和解、联合和联盟、亲属支持和互惠的利他主义等，也适用于欺骗和过度的政治操纵[35]。

为了合作，有朋友总是一件好事。事实上，越多越好。然而，问题是，当你的朋友圈扩大时，你遇到骗子和操纵者的概率也会增加。那么，如何在降低被骗风险的同时，使合作的收益最大化？一个解决办法是提高社交智力——提高认知，这样就能更准确地区分谁是诚实的，谁是不诚实的。这就是为什么当给定一个具体的场景时，我们能更好地检测潜在的欺骗行为，如沃森选择任务所示。记忆帮助我们避免遇到骗子，因为对骗子的脸记得牢，远远好于对不是骗子的面孔的记忆[36]。

但有一个问题，随着个体数量（n）的增加，社会关系的复杂性会层级增大。仅仅是配对的相互关系（两个以上个体的相互作用暂不考虑）就以 $n(n-1)/2$ 的函数形式上升，接近二次函数的增长。当你立于由三个或更多的人组成的社交网络时，情况可能会非常复杂。我们的社交智力不是无限的，发现识破谎言的能力也是有限的[37]。而社交智力可能永远落在社交规模增长的后面。该如何应对？答案是：限制朋友的数量。你不需要很多朋友；你只需要一个由亲密朋友组成的朋友圈，那些人是你可以信任的。质胜于量。

一个人能够保持稳定、信任的社会关系的亲密朋友可以有多少呢？在回答这个问题之前，我们需要先定义谁可以进入你的亲密朋友圈。据人类学家罗宾·邓巴（Robin Dunbar），亲密的朋友是这些人："如果你碰巧在酒吧里遇到他们正在喝酒谈笑，此时你可以不请自来地加入，并且又不尴尬。"[38] 尽管这个定义有点搞笑，但这个非正式的定义很形象地描绘出谁是你的亲密朋友。你大概率了解他们的年龄、脾气，以及他们与你圈子里其他人的关系，你跟他们可以轻松地开一些无伤大雅的玩笑。基于这一标准，大多数普通的点头之交，工作上的人际关系，如客户、学生和同事，都不属于亲密朋友。在这些条件限制下，一个人的密友还剩下多少？邓巴给出了一个粗略的估计，在 100 到 230 之间，平均数是 150 左右[39]，这个数字称为"邓巴数值"。

有趣的是，邓巴数值的得出是基于对灵长类动物的研究，但似乎很符合部落人群和典型的传统社会的社群规模，如胡特兄弟会（Hutterites）的成员超过这个数字时，一个社群便会分成两个 *。这个数值也接近军队编制的基本单位，古代和现代都适用。甚至在数字时代的今天，多样化的网络关系也大致遵循邓巴数值，如脸书的好友数量、恐怖分子集团的构成、网络犯罪的网罗人数等[40]。

这些情况都落在大约 150 这个数值上，这样的一致性只是碰巧吗？很难这样说。相反，鉴于社会中合作与欺骗的推拉关系，邓巴数值好像是有一定的科学性。很容易理解，一个人不可能和自己萍水相

---

* 1533 年由雅各布·胡特（Jacob Hutter）在捷克创立的基督新教再洗礼派的一支，使用德语，主张绝对和平主义，教派成员经过 300 年的历史迁移，从乌克兰到美国南达科他州以及加拿大，现在广泛居住在加拿大西部。——译者注

逢的陌生人成为知己。如果你把赌注押在"人人为我，我为人人"的乌托邦理想上，你可能很快就会发现自己一无所有。所以，一个人必须谨慎行事，确保与自己结盟的不是那种假装乐于合作，而实际上是利用你的信任为己谋利之人。区分真假同盟者的前提是，你必须有能力了解这些人到底是谁，人品如何，他们的朋友圈是由哪些人构成的，以及当你需要他们的帮助时，他们是否值得依托和信赖。如果你的朋友圈太大，你就没有时间和机会了解、定期评估和更新他们的个人信息。你不太可能有时间和资源来不断地加强你与所有这些人的联系。这就是限制一个人保持亲密朋友的数量的原因。

迎来送往的社交应酬成本是高昂的。邓巴估计，在一个关系紧密社群中，人们可能须将生命中一半的时间用来认识了解其他人以及以各种方式打交道。这样一来，他们只剩下一半的时间用于生产活动。如果将更多的时间用于人际交往，那么时间就会更不够用。这就为一个人可以拥有亲密朋友的数量设置了上线，虽然世界很大，众生芸芸，但是可以与你随时随地无话不谈的人是有限的。因此，150 这个数似乎是成员可以保持社会亲密度的一个群体规模的上限。这就是为什么部落社会、自给自足的村庄和军队编制都接近这个数字[41]。个体与群体的关系也就是子集与合集的关系，告诉我们对那些吹嘘自己有成百上千朋友的人应该持保留态度，不管是现实中的还是在虚拟世界里。可以肯定的是，这样的人不清楚朋友的质量和数量之间的区别。

请注意，社交智力不同于非社交的认知力，后者也被称为可量化智力。可量化智力强调的是解决问题的能力，而不是读心术和揣测他人的行为。这就是为什么有人可以在认知上很聪明，但在社交上却很笨拙——比如典型的书呆子。相反，善于交际的人在校成绩可能表现不佳。这些刻板印象表明，这两种智力的进化可能是截然不同的。然而，在当今复杂而竞争激烈的社会中，那些在这两方面都很擅长的人是最有可能成功的。

幸运的是，这两种智力通常是齐头并进的。问题是就怕聪明反被聪明误，也就是人们常说的高智商没用在正地方。心理学研究表明，认知能力强的孩子更容易说谎，因为他们善于发现机会并加以利用[42]。与此同时，他们也往往善于发现谎言，从而避免被操纵。虽然这种社交智力和认知智力的结合很少导致儿童的犯罪行为，但是在成年人中却有可能。涉及商业、金融和政府欺诈的非暴力犯罪绝大多数（据称）是由聪明和受过高等教育的人犯下的，而且他们通常还会避免惩罚。例如，你有没有想过，在2000年初发生的历时10年房地产泡沫中，多少银行家被起诉和定罪呢？而正是他们与美国金融公司联手搞了大规模合作欺诈[43]。

现在，让我们把话题从社会智力转到择偶偏好上来。择偶偏好是如何影响由欺骗所推动的进化轨迹的呢？具体地说是欺骗这一范畴中的操纵手段是推动力。

在前面的章节中，我们讨论了认知偏差，尤其是发生在雌性中的认知偏差。这些偏见很容易被雄性利用，这种情况在性选择中屡见不鲜。然而，在20世纪80年代之前，研究人员没有意识到这种偏见的存在。生物学家南希·伯利（Nancy Burley）就是其中之一。

20世纪80年代，伯利在伊利诺伊大学从事鸟类研究，她调研雌性斑胸草雀如何选择配偶。她使用标准的鸟环追踪法，用不同颜色的脚环绑在鸟腿上来追踪它们的身份、行为和繁殖历史。令她惊讶的是，这一常规实验方法严重影响了鸟的交配。雌性斑胸草雀对腿上绑有红色脚环的雄雀神魂颠倒，而对腿上绑有绿色脚环的雄雀非常排斥[44]。显然，红色脚环突显了雄雀的腿的橙色，使其更能吸引雌雀的目光。为什么雌性斑胸草雀类会爱上这种自然界中不存在的奇怪的人工制品呢？

当时，得克萨斯州立大学奥斯汀分校的亚历山德拉·巴索洛（Alexandra Basolo）也在努力寻找答案，但是她研究的不是鸟类，而是小型鱼类。巴索洛注意到雄性剑尾鱼从尾鳍开始长出细长的剑状结构。然而，与剑尾鱼的近亲同一属的月牙鱼没有这样的剑鳍。她想知道，如果给天生没有剑鳍的雄性月牙鱼加上一把剑，会发生什么？

巴索洛试着用外科手术的方式给月牙鱼添加剑鳍。效果竟然与伯利的雌性斑胸草雀对绑有红色脚环的雄雀的反应相似：有了这番医美傍身，雄月牙鱼变得对雌月牙鱼更具吸引力。毫无疑问，雌月牙鱼对剑鳍有一种预先存在的偏好，尽管雄月牙鱼天生没有剑鳍。显然，雄性剑尾鱼已经进化出了一种充分利用剑鳍提升自身进化适应力的方法，但雄性月牙鱼却没有[45]。

在意识到对动物的性筛选研究正在发生颠覆性的转变之后，我在20世纪90年代中期做了一次科学朝圣，前往这个领域研究的前沿实验室，位于得克萨斯州奥斯汀的瑞安实验室（Ryan Lab），拜访迈克·瑞安和斯坦·兰德（Stan Rand）。不巧的是，我到那里时，他们一个颇具奇思妙想的研究项目刚刚结束。他们利用遗传标记（如同工酶和线粒体DNA）构建进化树，显示了泡蟾属8种现存物种的分支模式。接下来，他们提取蛙鸣的共同特征，推断出两个关系最密切的物种的祖先使用的交配鸣叫声[46]。一步一步地用这一方法，他们最终找出了泡蟾属所有8个物种的祖先的鸣叫声。为了测试雌性的反应，他们把这些叫声播放给一种现存的物种——舌蛙。不出所料，雌性舌蛙对自己物种的雄性比对其他物种的雄性反应更热情。此外，雌性舌蛙更喜欢来自与它们在基因上更接近的物种的雄蛙的叫声，常常忽略这些雄蛙跟自己基因的渊源有多深。显然，早在相近物种分离前，雌蛙对雄蛙叫声中某些特征的偏好就已经存在[47]。

虽然说我没赶上研究项目的主要环节,但我并没有完全错过。所以说,来早了不如来巧了!我被当时正在读博士的吉尔·罗森塔尔(Gil Rosenthal)做的一个实验深深迷住了,实验设计非常巧妙。罗森塔尔没有像巴索洛那样给鱼做外科手术,而是让雌性月牙鱼观看被他戏称为"鱼类色情片"的视频片段。视频中,雄性月牙鱼的外形被研究人员做了额外修饰,主要针对剑鳍的长度,这是对雌性月牙鱼来说最具有吸引力的部分。他发现,事实上,雌性月牙鱼更喜欢视频里拥有长剑的雄鱼,而不是那些带着小匕首或什么也没带的雄鱼,这再次证明了雌性月牙鱼体内存在的预先偏好[48]。

也许你说一个例子不能说明问题。所谓"一只鸟鸣不是春"。那么好,我们现在来看另外的例子。瑞安实验室的这些引人入胜的发现,告诉我们生物体内普遍存在着预先认知偏差。而这种认知偏差不仅存在于脊椎动物身上,也存在于无脊椎动物身上。例如,科学家在对招潮蟹和水螨的研究中发现雄性个体会利用雌性的感知漏洞达到自己的目的[49]。(你可以在迈克·瑞安在 2019 年出版的《爱美之心万物皆有之》(*A Taste for the Beautiful*)一书中找到更多例子。)

不出所料,利用感官的感知能力漏洞来解决问题达到某种目的,在灵长类动物中也很常见,如前面我们提到的,称为"感官利用"。众所周知,许多灵长类动物都喜欢红色和橙色,这是动物原本所生活的森林中成熟的水果的颜色[50]。出于这个原因,一些物种,最著名的就是南美洲丛林中的僧面猴科秃猴属的白秃猴,会在头上显示红色、橙色等这些鲜艳的颜色来吸引雌性。这些研究的结果揭示了隐藏的感知偏见在自然界的广泛存在。30 年前,这一现象在得克萨斯州奥斯汀初次被观察到,如今在无数的观察和研究中被证实。

当奥斯汀的研究人员用音乐、啤酒和得克萨斯烤肉庆祝他们的发现时,南希·伯利正在加利福尼亚埋头苦干,又取得一项研究突破。1998年,在偶然发现斑胸草雀脚环与求偶之间令人惊讶的相关性的十年之后,她和合作者理查德·西蒙斯基(Richard Symanski)公布了一项新的研究发现。在研究中,他们把羽毛粘在雄性斑胸草雀和长尾雀的头上,发现雌性喜欢白色冠羽的雄性,但讨厌红色或绿色冠羽的雄雀。既然这些雀没有天然的冠羽,那么,雌雀是怎么仅仅因为看到雄雀戴着这些白羽毛,就被这种朋克风的装饰强烈吸引的呢?

他们得出的结论是:雌雀有一种隐藏的偏好,一种预先存在的认知偏见。但伯利和西蒙斯基认为这一解释远远不够。正如达尔文所说,雌性个体可能"天生爱美"[51]。虽然这一点在各类动物的认知偏差没有绝对的相关性,但是有一点越来越清晰,那就是人类文明中存在已久,而且令人引以为傲的绘画,可以从生物进化视角得以解读。

艺术创作很大程度上依赖错觉来产生令人期待的效果,这是利用人的认知偏差和缺陷实现的。也可以说是,利用欺骗第二定律获得成功。如果我们的视觉系统排斥欺骗,如果我们火眼金睛,那么绘画中的许多物体就很难在画布上呈现出来,如火或阳光。人在不同的背景下对事物的视感不同,例如怀特错觉所示,灰色被白色条纹包围时比被黑色条纹包围时显得更亮[52]。黄色,也有着同样的效果。伦勃朗是玩转这类视感错觉的大师。他的用光法已成为肖像摄影中最广泛使用的布光技术,被誉为伦勃朗布光。

视感错觉能被更为巧妙地利用。巴黎人杜朗铎(Durandeau)是一个头脑敏锐的创业者。他观察到,当一个长相普通的女人和一个长相难看的女伴在一起时,那个普通人的样貌会看上去很好看。于是,他有了一个灵感，想到在巴黎一向都有渴望被视为更有吸引力的富有女性，那何不经营一项出租丑女的业务来赚钱呢？说干就干！没过多久，他的生意就兴旺起来了。

看到这儿，你一定忍不住好奇想了解杜朗铎这个人，但你千万不要在网上搜索。上面的故事是法国作家埃米尔·佐拉（Emile Zola）发表于1866年的一部短篇小说《陪衬人》（*Rent a Foil*）里的情节。佐拉在小说最后写道："杜朗铎会被未来几代人颂扬，他为迄今为止一种卖不出去的商品开辟了市场，发明了一种时尚用品，让爱情变得更容易。"

但是佐拉笔下的杜朗铎不是第一个开发丑的价值的人！有一种小鱼要比杜朗铎早几百万年呢！雄孔雀鱼会选择不那么有吸引力的、有较小色斑的雄性孔雀鱼作为自己的护卫陪同，由此一来，相比之下，它们自己对雌孔雀鱼就更有吸引力了[53]。孔雀鱼用这种伎俩提高自己在交配市场上的价值[54]。

你被孔雀鱼的这番操作戏惊艳到了吗？别急！来看看澳大利亚园丁鸟吧。毋庸置疑，雄性园丁鸟的羽毛看上去平淡无奇并不艳丽，但是它们会建造精致的凉亭来弥补这个缺点。凉亭是一种装饰，除了在交配季节吸引雌性造园鸟之外没有任何其他功能。雌性造园鸟会根据雄鸟所建造的凉亭的好坏来选择交配对象。为了给雌鸟留下深刻印象并赢得交配，雄鸟把所有的精力都投入建造自己的凉亭上，而且细致到额外的小点缀。例如当雌鸟被红色或蓝色的东西吸引了，雄性造园鸟就会努力把一些彩色的小饰品收集起来，鲜花啦、水果啦，甚至从附近的人类住所偷来的洗衣夹等塑料碎片，有时也会偷取其他雄鸟凉亭里的饰品来点缀自己的凉亭。

最近的一项研究发现了一件更为令人惊奇的事情：在大园丁鸟中，雄鸟能在造园时利用一种在人类绘画艺术中广泛应用的艺术错觉技术——强制透视，来增强所造凉亭的吸引力。这种视觉技巧应用在绘画中可以使远处的物体看起来更小[55]。

如果说动物艺术中欺骗性的视觉技巧看起来很初级，那么在人类艺术中，这一手法则以更有条理、更复杂的方式呈现出来。自文艺复兴以来，画家们一直在系统地探究光影错觉，他们用这一技术让观赏者在平坦的画布上看到让人垂涎欲滴的水果、开阔的风景或线条优美的人体[56]。这种错觉技法在现代绘画中更为重要，因为它变得更抽象，逐渐从古典绘画中典型的现实生活剥离出来[57]。

19世纪中叶，摄影技术的出现，给现实主义绘画带来了前所未有的挑战。当时，人们意识到绘画被更便宜、更快的照片所赶超似乎只是时间问题。艺术家们感到了危机，而这种危机促使他们探索新的艺术表现，一种超越现实主义的其他艺术表现方式。先驱者中有法国印象派画家，其中最著名的是爱德华·马奈（Édouard Manet）和克劳德·莫奈（Claude Monet）。尽管遭到倡导主流的新古典主义派的让·奥古斯特·多米尼克·安格尔（Jean-Auguste-Dominique Ingres）和雅克·路易·大卫（Jacques-Louis David）和倡导浪漫主义的尤金·德拉克洛瓦（Eugene Delacroix）坚决反对，印象派仍然一路高歌。从那时起，视觉艺术的发展就走向越来越脱离我们所感知的"客观"现实。

抽象艺术只是另一种风潮吗？显然不是。尽管受到传统艺术评论家和鉴赏家的抨击，抽象艺术仍然立足了脚跟，并蓬勃发展成为新的艺术范式。抽象艺术作品的现代感并没有阻止它们在拍卖会上拍出高价，反而常常比更传统古老的写实绘画还要高。我们可以想想蒙克、毕加索、波洛克的作品。这是为什么呢？

抽象艺术之所以卓尔不群，主要有赖于那份毫无羁绊地表达感受的能力。此外，抽象画不能被观者在观看时立即理解，而是需要观者展开想象来解读。这就使得艺术创作与艺术鉴赏成为两个分开的思维活动。艺术家的意图可能与观众的诠释截然不同。于是，艺术欣赏成为一个独立的过程，在这个过程中，意义被重新整合，感觉被重新创造。这使得艺术欣赏本身就是一门艺术。

就我个人经历而言，当我第一次看到毕加索的《格尔尼卡》时，我并不了解其内容，也不了解它背后的故事，但是画面的刺激让我的内心有一种翻江倒海的感觉。这一创造性的心理过程让观众有机会发现自己内心世界，发现那些可能连他们自己都没有认识到的层面。毕加索很清楚这一点。"绘画应该是一种创作，而不是工匠劳作，"他曾经说过，"绘画是魔法，是这个陌生的、充满敌意的世界与我们之间的调解人，它可以让人的恐惧和欲望现形，从而让我们看见力量。"

艺术错觉的实质就是感官利用。然而，不同于南希·伯利所观察到的绑上红脚环或者佩戴白冠的雄雀吸引雌雀那样成功，许多艺术创作并没有得到大众的认可，但这并不妨碍艺术家们尝试新事物。其实在伯利研究中，头顶白冠的雄雀也一样，有的最终会中彩，但更多的会被淘汰出局。从这个意义上说，艺术创作其实是一个不断试错的过程。少数艺术家非常幸运地想出了吸引大多数受众的形式、风格和流派，然而绝大多数是不那么幸运的。现实是很多艺术流派被大众接受都是在历史对其艺术风格的事后确认中实现的，如同"古来多少事，留于后人说"。

我们对音乐的感知也基本上是这样的。我们对声音的感知是通过卷曲在内耳蜗牛状耳蜗中的柯蒂氏器（这是一种纤细的感受声波的组织）实现的。这一结构的基部对高音敏感，而顶部则对低音敏感。因此，在保持所有其他因素（如响度、音色、和声、和节奏）一致的情况下，丰富我们音乐体验的一种方法是通过产生从低音（如大提琴）到高音（如小提琴）的所有声音来激发耳朵对整个音域的感知。人耳如此有条不紊地感知声音似乎是交响音乐随着时间的推移变得越来越丰富复杂的原因之一，从由几个音乐家演奏巴赫和亨德尔的室内乐，到由几十个演奏家演奏贝多芬和瓦格纳的交响曲，再到由上百人演奏柏辽兹和理查德·施特劳斯的大型交响乐。

但是，提高声响扩大音域这种简单粗暴地使用蛮力让听觉体验最大化的做法其实忽略了一个要点：我们认为新鲜、丰富和有趣的东西不仅仅是数量问题。即使内耳耳蜗中的声波感受器的整个音域完全被交响乐所覆盖所淹没，但人对音乐的认知并非仅仅感知那些响彻耳朵外围的声音。对音乐的感知同时也发生在中枢神经系统的两个上层：下边缘神经网络和左额顶神经网络[58]。音乐能够刺激情绪，在这些更高层次的认知中至少有6个心理过程：脑干反射、评价性条件反射、情绪感染、视觉意象、情景记忆，以及期望的产生和幻灭[59]。这就是为什么音乐元素（如节拍、音高、音色、调音、和声与和弦）和整部音乐作品的整体属性会让人产生丰富的审美体验，即激发丰富的感觉，诸如悠扬、平静、动人、美丽或祥和[60]。

不管是古典音乐、爵士还是流行音乐，当我们喜欢一段音乐时，我们大脑中的皮质-丘脑-纹状体奖励回路就会亮起来。如果我们不喜欢音乐，我们的大脑的右杏仁核和听觉皮层会介入，让我们忽略音乐或关闭音乐声响[61]。这就是为什么比古典音乐简单得多的流行音乐仍然能够方得一席之地生存下去的原因，尤其是在20世纪。今天，对于大多数人来说，没有流行音乐的生活是不可想象的。流行音乐是很好地利用了听众未被探索的认知偏好而繁荣起来的。

人的大脑对音乐的认知还有很多未解之谜。因此，音乐创作仍然是一个在大范围的受众喜好中发现最佳点的碰运气的过程。即使有人工智能和大数据的帮助，成功地找到下一个热门的概率仍然极低。

很明显，月牙鱼加长的剑鳍、造园鸟的强制透视、斑胸草雀的冠羽,这些不只是动物的奇怪特征。与这些现象相对应,并对先前存在的认知偏好不断试错,我们可以追溯人类文明中音乐和绘画渺远的起源。

瑞安的感官利用假说认为,感官偏好是静态的,或者说感官偏好本身的进化相对于对其加以利用的性状特征的进化要慢得多,即如果把感官偏好理解为被盘剥的对象,对加以利用的那些性状特征理解为盘剥者,那么盘剥者有足够的时间通过变化各种形式来试验,直到发现最有效的一种性状特征。多数情况下,这一假说是有效的,我们可以这样理解,生命体将某一性状作为一种信号来使用,其进化通常要先于对生命体对这一特征的偏好和眷恋,正如我们在昆虫、鱼类、两栖动物和灵长类动物身上看到的那样。但在学术自由的广袤天地,感官利用假说并非一家独大,不具有垄断地位。

对巢寄生进化的研究让我们看到,当芦苇莺的巢遭受高频率寄生时,芦苇莺会进化出更敏锐的认知能力来对抗杜鹃的欺骗伎俩。并不是所有的感官偏好都会长期停滞不前的,有些可以迅速发展。在雄性动物的性选择背景下,作为信号的雄性性状和响应雄性性状的雌性偏好可能相互协调共同进化,特别是在环境变化的推动下。生物学家约翰·恩德勒(John Endler)将这种性状和偏好之间的进化"双人舞"关系称为感官驱动[62]。

协同进化发生的情况是雄性生物体中的一个性状与雌性生物体对该性状偏好在基因上耦合。例如,雄性个头较大这一性状的基因编码在雌性中表达为对该性状的更强烈偏好。雄性性状和雌性偏好之间的这种正反馈可能会变得越来越不可控,即随着时间的推移,雄性生物体的这种性状会变得越来越夸张，产生令人惊艳的夸张的性状，比如孔雀的尾巴，琴鸟的歌喉，以及造园鸟的精致设计能力。性选择互动驱动关系导致进化失控最早是由英国进化生物学家罗纳德·A. 费舍尔（Ronald A. Fisher）提出的。

在对性选择的研究中，费舍尔进化失控通常被视为一种竞争性的替代假说[63]。二者其实是一致的[64]。费舍尔进化失控只适用于雌性偏好快速进化的情况，而缺陷假设不管偏好的进化速度如何都有效[65]。由于这个原因，缺陷假设对性选择的解释可能比费舍尔进化失控假说更有说服力[66]。

虽说如此，我们不应该低估费舍尔进化失控假说的重要性，这一假说有助于我们对生物进化和文化演变的理解。我是在 2013 年了解到这一点的，当时我读到《经济学人》杂志上的一篇文章，报道称每一枚比特币的交易价超过 300 美元。尽管当时比特币的价格高得离谱，但我还是考虑买几个比特币，只是为了好玩。但当我想到数字货币经常被用于非法交易时，就决定不买了。另外还有一个原因就是，当时在任何一个比特币交易所开设账户都不安全，如总部位于东京的世界最大的比特币交易中心就有很多案例。而接下来发生的事情，比特币的价值缓慢而稳定地攀升。尽管有时会出现剧烈波动，但最终在 2021 年 4 月 14 日突破 64 000 美元的交易价。只要我们直接把比特币的价格上涨和对比特币的需求增长之间的关系替换为遗传关系中的性状特征和对该性状特征产生强烈偏好的关联，就不难看出，费舍尔进化失控完全适用于解释比特币的疯涨和抢购。

一般来说，对于任何一种商品，只要需求增加，它的价格就会上涨，当供不应求时，价格就会飙升。这就是为什么在新型冠状病毒大流行的早期，3M 的 N95 医用口罩的价格会在短时间内价格翻倍。这是经济学基础教给我们的一个基本原则。不过，行为经济学家认为，价格上涨背后可能还有两个心理原因。一种是捐赠效应：当我们出售自己拥有的东西时——无论是一个马克杯、一卷卫生纸，还是微软公司的股票——我们往往会要求一个高于原价的价格。另一种就是市场营销安慰剂效应，即人们对某种东西的偏好往往会随着该商品在市场上价格的增加而增加[67]。*

想看到这个效果，你可以在一瓶酒上贴上 10 美元的价签，在另一瓶装着同样的酒的瓶子上贴上 100 美元的价签，然后在聚会上把两瓶酒送给你的朋友。你的朋友会告诉你 100 美元一瓶的味道更好。如果你能把 100 美元一瓶的酒卖到 200 美元，那么拿到这瓶酒的人可能会更喜欢，以此类推。这就是费舍尔式进化失控。对于比特币来说，世界上只有大约 2 000 万枚的少量供应来满足全球需求，加上对拥有比特币的捐赠效应和市场营销安慰剂效应，比特币的价格一路上扬就不足为奇了[68]。一般来说，一个实体的商品或者创造出来的文化元素如数字货币、艺术奖项、时尚类型和想法与对这些内容的偏好建立起正反馈，那么，就会呈现费舍尔进化失控，就很有可能引发一种热潮。

遵循费舍尔式进化失控轨迹的生物过程和文化过程之间的一个主要区别是人类社会的文化偏好变化得很快。"热潮"，就其本质而言，来得快去得也快。在金融市场上，从 17 世纪经典的荷兰郁金香热潮到 18 世纪那个让牛顿都破产的英国南海公司的南美黄金投资热潮，再到

---

* 捐赠效应是 2017 年诺贝尔经济学奖得主经济学家理查德·塞勒（Richard Thaler）提出的，即人们一旦拥有了某一个物品会赋予这个物品比在拥有前更多的价值。这一现象可以用行为经济学的"损失厌恶"解释，人们对失去一样东西的感受程度往往超过获得这一物品时所获得的收益的感受。那么，为了平衡对损失这一物品的畏惧，在出卖商品时往往要求过高的价格。而高出的这部分的价值即出售者赋予该商品的情感价值，而这些情感价值就放大了该商品的原有商品属性。——译者注

市场营销安慰剂效应最早始于美国斯坦福大学商学院的研究，调查研究发现消费者对打折商品的使用和消费后的满意度远远低于以原价购买时的体验，也就是说，商品的售价给了消费者一个心理暗示——这个商品值这么多钱，在付出这些钱购买使用后，它能够给我们带来这么多的收益。而当商品的价格降低后，即便是同样的商品，那么消费者在以低价格购买后，使用该商品的感受降低。这样的一种效应即成为市场营销安慰剂效应。这种效应衍生出来的消费心理就是消费者会追捧价格不断升高的商品，也就是人们对某种东西的偏好往往会随着该商品在市场上价格的增加而增加。——译者注

21世纪的互联网和房地产泡沫，都遵循着费舍尔式进化失控轨迹。正如经济学家詹姆斯·加尔布雷斯（James Galbraith）2010年在国会作证时指出的那样，我们通常可以在这些泡沫背后发现大量倾销的欺诈计划[69]。在这个循环中，各种价值判断、策略、狂喜以及最终的毁灭都在短时间内接踵而至。

正如我们所看到的，时尚的背后几乎总是存在着欺骗性操纵。对于艺术作品尤甚。例如，2017年11月17日，一幅名为《救世主》（*Salvator Mundi*）的小型画作（长宽分别为65.6厘米和45.4厘米）在嘉仕德拍卖会上以超过4.5亿美元的价格成交，创下了当时绘画作品的新纪录。包括美国著名棒球运动员阿利克斯·罗德里格斯（Alex Rodriguez）和好莱坞的大牌影星莱昂纳多·迪卡普里奥（Leonardo DiCaprio）在内的约2.7万名富人对这幅画表现出极大的兴趣，而他们中的绝大多数发现自己给出的拍价很快就被更高的出价超过了。尽管在此之前对这幅画是否为达·芬奇的真迹众说纷纭，但是在这次拍卖会上，在19分钟内，拍卖就成交了。

然而，真正令人惊讶的是，同样就是这幅画在1958年只卖了125美元（注意，该数字是按照今天的美元计算的）。当时这幅画被描述为"一具残骸，黑暗而阴沉。"2010年，世界著名的收藏家、绘画修复大师和历史学家黛安·莫戴斯蒂尼（Dianne Modestini）花了5年时间，以精湛的技艺对此画进行修复还原。而后，一种说法就突然冒了出来——这是莱昂纳多·达·芬奇的最后一幅画作，此后人们对这幅画越来越关注。有了故事的加持，人们对这幅画的期望也越来越高，于是画的价格稳步攀升，随后暴涨。尽管几番缜密复杂的测试都倾向于认为该画作的真实性，但一些专家仍持怀疑态度。但只要买家相信这个故事是真的[70]，其他的都不要紧[71]。

虽然《救世主》这幅画的价格让人感觉有些离谱，但它的创作者的故事至少有可能是真的。通常，只要需求在上升，真实性就不是一件艺术品价格飙升的必需要素。1961年，著名的意大利概念艺术家皮耶罗·曼佐尼（Piero Manzoni）创作了由90个易拉罐组成的现成的艺术品，统称为《艺术家的排泄物》（Merda d'artista）。这些作品受到博物馆和私人收藏家的追捧。2002年，伦敦著名的泰特美术馆（Tate Gallery）以6.1万美元的价格收购了其中的一件——第四号易拉罐，并与已有的其他几件一起收藏。然而，实际上，这些易拉罐是假的。这位艺术家兼恶搞专家并没有隐瞒，他用意大利语和英语在所有的罐子上贴上了"艺术家的大便"的标签，并明确地描述"内容物30克，新鲜保存，生产和封罐时间为1961年5月"。

曼佐尼认为此举动是"对艺术界、艺术家和艺术批评的嘲讽和挑衅"。即便如此，泰特美术馆的一位女发言人仍然为博物馆的收集购买行为做了辩护，她说"曼佐尼是一位国际级重要画家"，购买004号易拉罐是"用很少的钱购买了非常重要的作品"。如果我们考虑到艺术品交易是多么有利可图的话，这位女发言人也许是对的，而曼佐尼用自己的排泄物深刻讽刺了艺术与交易。时至今日，《艺术家的排泄物》的作品仍然受到艺术家收藏家的追捧。由于这些易拉罐没有经过适当的高压灭菌来对里面的东西进行消毒，随着时间的推移，一半以上的罐头会泄漏和腐烂，这使得那些保存下来的罐子更加昂贵[72]。

在这两种情况下，我们可以看到，只要市场上对一件艺术品的需求不断上升，它的价格就会在费舍尔式进化失控的正反馈中疯狂上涨。不管它是一件未经鉴定的大师杰作还是一罐粪便，失控都可能发生。

这一章揭示了欺骗是如何作为一种催化剂激发出源源不断的进化

和创新的，在各类物种的行为上、生理上、形态上、生命周期中催生出令人眼花缭乱的性状特征，甚至无关乎功能性状，就是纯粹的美。具体来说，欺骗和反欺骗之间的长期竞赛能够鞭策人和动物进化出极具繁杂属性的社交智力和艺术等。如果没有这一刺激和催化，我们的世界可能是沉闷无聊的，也不会有生物和文化的多样性。

其实，我们都对"欺骗"有着复杂的感觉。这是一种让人一言难尽的性状、品质，抑或我们可以称之为特征。我想，我们需要从一个崭新的、哲学的视角来看待它，看看某些类型的欺骗是否可以被法律所认可。但在我们深入研究这个问题之前，我们需要更好地了解人类社会的欺人和自欺。

第6章

欺诈与人性

1971年夏天,一支由8名美国空乘人员组成的队伍,身着靓丽帅气的蓝色泛美航空制服,穿行于伦敦、巴黎、马德里、罗马等欧洲各大城市巡演,领队是一名年轻的飞行员。他们的使命是:提升当时世界上最负盛名的航空公司的形象。航空旅行快速、舒适、优雅,旅客穿着得体,衣着整齐。这是一个令人向往的生活方式,尤其是对于富裕的人来说。在欧洲几大城市的豪华场所穿行,泛美航空的空乘人员每到一处都引起轰动。

然而,整个巡演是一个大骗局,由当时只有23岁自称飞行员的小弗兰克·阿巴格内尔(Frank Abagnale Jr.)精心策划组织的。而空乘人员是他从亚利桑那大学的100名申请者中精心挑选的大学生。他们与泛美航空公司没有任何关系。巡演让阿巴格内尔赢得钵满盆满:不仅是他和他那美艳的同伴有了为期两个月的免费欧洲巡游,而且他还把30万美元装进了腰包(那时候的30万美元相当于现在的100万美元)。在欧洲最繁忙的城市堂而皇之、明目张胆地行骗,这可能是世界近代历史上最大胆的骗局。

如果你读过阿巴格内尔的自传或者是看同名电影《猫和老鼠》

(*Catch me if you can*)[1]，很难不惊叹于他的胆大包天又总能化险为夷、转危为安的能力。阿巴格内尔在自传中写道：

> 讹诈数百家银行；敲诈全球一半的酒店，除了床单什么都要；戏弄天上飞的每一架飞机的航空公司，当然不会错过与飞机上的空姐调情；蒙混过关的空头支票加起来足够给五角大楼做壁纸；给自己颁发高中和大学毕业证；偷窃200多万美元后仍然可以华丽转身，让来自20多个国家半数以上的警察傻眼。

阿巴格内尔是如何一次次明目张胆地实施欺诈又屡屡得手的呢？这正是我们将在本章要探寻的答案。

人类的欺骗行为在动物世界中是不可匹敌的——规模大、花样多，并且波诡云谲。这主要是基于三个因素：语言的使用、高水平的智力，以及人类社会的复杂性。语言为撒谎和欺骗提供新的有力的工具；智力让人在创造和设计阴谋诡计时来得更加得心应手；社会的复杂性则为欺诈提供了源头活水。鉴于这些原因，一本关于行骗的书如果不包括对我们人类本身这一物种中关涉这个问题的讨论，那会让人感觉像是一部没有高潮的戏剧。

当我们试图揭示阿巴格内尔的操作方法时，我们将寻找关于人类欺骗的三个问题的答案：骗子行骗是为了什么？他们的计划如何运作？谁是他们的猎物？在寻找答案的过程中，我们希望找到人类行骗的模式，并弄清楚这些模式是如何在生物界行骗的版图中占据一席之地，运行得顺风顺水的。

如果世上有行骗成就奖，阿巴格内尔必将是最高奖项的有力竞争者。虽然高中就辍学，但阿巴格内尔成功地冒充了泛美航空公司的副驾驶、加利福尼亚的儿科医生、路易斯安那州的律师和杨百翰大学的教授，不一而足。更令人惊讶的是，他的一次次有惊无险基本都是在15～21岁。而他最终在欧洲被捕并被引渡回美国时，当飞机降落在纽约肯尼迪机场，他竟然奇迹般地从厕所逃脱。即使重新被抓、定罪并被送进监狱，他也让狱卒相信他是联邦调查局的卧底特工后走出了监狱。

这就引出了我们的第一个问题：人类中的骗子行骗是为了什么？根据阿巴格内尔种种"壮举"，答案可以归结为一个词：资源。生物学家把资源分成两类：一类是可以帮助生存的（如温饱）和一类是可以繁衍后代的（如交配机会和配偶质量）。两者最终都可以归结为一个特质，即进化意义上的达尔文适者生存的概念。在这一语境下，人类行骗既有其普遍性又有其独特性。论其普遍性，人类行骗的动力同样是由生物本能驱动，而所遵循的两条规则也与其他动物一样。而论其独特之处，则在于人类欺骗的多样性、复杂性和独创性远远超出了任何其他动物的能力范围。人类文化随时间在变化，行骗则与时俱进，尤其是社会习俗和技术创新。

在我们的日常生活中，行骗的很大一部分是为了物质资源，尤其是金钱[2]。阿巴格内尔行通过创造各种虚假角色来行骗，关涉职业、技能、教育背景以及其他有助于其成功的所有重要细节[3]。他伪造支票，用虚假身份在20世纪60年代用支票提现达250万美元。当时的美国，百万富翁寥若晨星，而阿巴格内尔在达到法定饮酒年龄之前就搞到了远不止100万。

骗钱有多种形式。其中包括黄牛票、不诚实的商业行为、挪用机构资金、炮制华尔街庞氏骗局，以及将资金藏在空壳公司。例如，律师和顾问向客户收取过高的费用，医生和牙医对患者过度治疗，有人谎称仍然在抚养已死的家人,以此来逃税。组织级别的欺骗如化石燃料公司通过否认科学事实来驳斥全球变暖,还有政客们的行骗,毋庸赘述,浩如烟海。

除金钱外,人们行骗也为获得非物质资源,例如地位、声誉、社会资历和职业机会——最终这些都可以转化为物质上的收益。例如,大学教育本身没有物质价值,但它是通往职业成功和未来收入能力的渠道。这就是为什么一些父母要伪造考试成绩帮助他们的孩子进入名校,联邦调查局最近的一项卧底调查揭露了大学录取作弊行为,如伪造课外活动,贿赂招生官和校队体育教练。这也是为什么有高达68%的大学生至少有过一次考试和作业作弊。与此类似,在重大考试前一周,有学生告知学校家里有人亡故,"被学生亡故"的大部分是祖父母。奇怪的是,成绩越低,此类事件的发生率越高,呈线性反比关系[4]。

人们使用一系列不诚实的策略来获得认可并提升社会地位,包括自我吹嘘、揽功诿过、讨好上级等。我们几乎每天都在职场或朋友和亲戚之间说善意的谎言,以建立更好的关系。这些是多数人为了增加社会资本而犯下的小过失,而这些社会资本以后可以转化为物质收益。所以说,比利·焦耳(Billy Joel)的歌曲《诚实》(Honesty)中说"每个人都如此虚伪"并没有夸大现实。

对于阿巴格内尔来说,行骗搞钱也许不是最终目的而是通往更基本的生理需求的途径:性。15岁时,他需要钱去约会,但又没啥本事。体力劳动报酬不高,所以他开始用并不起眼的欺诈来赚钱。开局的顺利让他开始走下坡路,很快扩大规模,在诡诈的泥潭越陷越深。到他21岁生日时,遭受阿巴格内尔支票欺诈的受害者遍布美国50个州和全球26个国家/地区。

在这方面,阿巴格内尔并非是独一无二。在人类希冀获得性关系这方面,谎言不绝于耳。其中最常见的是用来吸引配偶的小谎言。例如，在网上寻找约会对象的男性会试图通过夸大他们的收入水平和增加几英寸的身高来提升形象。与此同时，女性则对自己的体重撒谎，平均低15磅[5]。所以，如果你在网上认识了某人，那你一定要对第一次线下见面可能遇到的"惊艳"有所准备。

已婚的人也骗。不忠在人类中那么普遍以至于我们日常用语里"骗子"这个词就带有"感情骗子"（即"性欺骗"）的含义。数据显示每年大约有1.5%～5%的人有婚外性行为[6]。这不是一个可以忽略不计的数字，在普通人的一生中，男性发生婚外性行为的比例高达22%～25%，而在女性中达到11%～15%[7]。注意，这些数据只是保守估计，是基于出轨者的坦率承认得来的数据。实际上，不忠的规模要远远大于这个数字。

虽然有些人认为欺骗是一种耻辱，但另一些人将其视为获利的机会。阿什利·麦迪逊（Ashley Madison）就是这样一家商业冒险公司，它是加拿大一家为已婚人士提供在线约会服务而创办的公司，口号是"人生苦短，艳遇何妨"——这听起来就是在无所顾忌地宣扬不忠。

该公司宣称在册会员达6 000万，特别要指出的是，2015年的一次黑客攻击显示，他们的数据库里绝大多数是男性。佛罗里达州的律师杰夫·阿什顿（Jeff Ashton）、路易斯安那州共和党议员杰森·多尔（Jason Dore）、真人秀节目《19孩子和数数》（*19 Kids and Counting*）中的明星约瑟·杜加（Josh Duggar）等社会名流都是这家公司的会员[8]。事实证明，女性供不应求。为了满足超高的男性需求，该公司使用机器人来冒充女性。因此，骗子反成了被骗者。阿什利·麦迪逊的欺骗生意是成体系的：构成行骗一条龙服务——依靠于骗子，服务于骗子。

如果阿什利·麦迪逊业务的性别失衡向我们揭示了什么，那就是男人和大多数雄性动物一样，有更强的出轨动力。这是数据所证实的[9]。这就是为什么杰奎琳·肯尼迪·奥纳西斯（Jackie Kennedy Onassis）不无遗憾地说："我认为没有哪个男人对妻子忠心耿耿。"然而，我们不应该低估女性婚姻出轨的规模，女性只是倾向于以更微妙的方式罢了[10]。女性在排卵期前后欲望更强烈，女性的自我忏悔清楚地表明了这一事实[11]。这可能与此时较高的雌二醇和低孕酮水平有关[12]。有趣的是，排卵期的女性使用避孕药的可能性要小得多，这表明不忠可能是为了非婚受孕[13]。

生物因素和文化因素——如荷尔蒙、基因构成、智力和传统——都会影响性行为的出轨。这甚至受到宗教信仰影响。研究表明，极端信教和极端不信教人士比中等信教的人士更容易出轨[14]。然而，出轨的这种金钟倒挂型的曲线背后的原因目前仍是未知。

性欺骗也与基因有关。有研究证实，哺乳动物大脑中分泌抗利尿激素和催产素的受体的基因编码影响寻找伴侣的质量，由此会导致大部分的性欺骗行为[15]。最近的一项研究指出女性对婚外性行为的兴趣归因于垂体后叶分泌抗利尿激素的基因变体。关涉女性的多性伴行为有着诸多因素，而单单这一基因变体所占的影响因素就占40%[16]。另一既影响男性也影响女性的变体被发现存在于分泌多巴胺的D4受体的基因上。一个基因变体可以把一个普通的人转变为喜欢猎奇的人——总是寻找新奇事物让生活充满刺激，这其中包括性生活。结果导致，与普通人群相比，携带这一基因的人群中对伴侣不忠的比例和多性伴比例高达50%[17]。

当我们审视人类不忠的各种表现时，会发现一种常见于动物中的模式，那就是男人不忠也是为了增加繁衍机会，而女人不忠是为了获得更多的资源以及（或者单纯就是）为了让自己的孩子获得更好的基因[18]。因此，尽管人类的不忠行为千奇百怪，甚至令人眼花缭乱，但是仍然逃不脱进化论的范畴，最值得注意的就是贝特曼法则（Bateman's rule）。

正如我们从上一章中知道的，在实行单一配偶关系的群居动物中（如大多数鸟类和少数哺乳动物），雌性可能会为了自己的利益而欺骗雄性伴侣。外姓亲子关系，即俗话说的"被绿"或"被布谷了（cuckoldry）"，这一巧妙地衍生于杜鹃也叫布谷鸟（cuckoo）的词形象地道出了雄性动物在进化中基因传承的风险与成本，特别是当其对后代的照顾和抚养做出巨大投入时。因此在自然界，为了对付雌性的这种双重交易，许多雄性动物求助于守卫配偶权以确保自己的基因能够被传承。

人类中父亲不知情的外姓父子关系，每代人中的发生率在传统社会大约为1%[19]，现代西方国家大约为1.7%[20]。不过，这些数值不大的平均值掩盖不了不同情况的显著差异。在某些文化中，外姓父子关系的比例有可能大得惊人。例如，在纳米比亚的辛巴族（Himba）中，这一关系在族群中的比例高达17%[21]。（更不用说强占配偶——即已有配偶的一方被他人引诱离家出走再重新组建家庭的普遍且持续[22]。）因此，守卫配偶权是必须的也是值得的。

人类守卫配偶权的基本形式与许多其他动物相似：离婚、遗弃和暴力。男人出轨，女人通常会离开这个男人[23]，但是女人出轨，男人更有可能使用武力，时至今日仍存的家庭暴力体现了现代的我们对石器时代野蛮人的生物传承。通常，男性会以女性不忠为由对女性实施家暴，如殴打、婚内强奸抑或残杀[24]。强奸和为维护名誉而杀人虽然现在很少见，但令人痛心的是，这些情况在一些文化中仍然时有发生，男人以此来阻止女性发生婚外情。

威胁和报复只是预防婚外情发生的最后的手段。一种预防在先的方法是控制女性的性行为。在父权制社会中,男性在这方面可以做三件事:隐藏女性的吸引力、限制女性的社会流动性,以及压制女性的性欲[25]。这些措施只是服务于石器时代古人守卫配偶权的变体,而且并非人类独有。正如我们之前所看到的,雄性束带蛇会分泌化学物质角鲨烯喷射到与自己交配的雌蛇身体上,使这些雌蛇对其他的雄蛇失去吸引力。但是凭借我们人类独特的语言能力、高智商和社会的复杂性,人类守卫配偶权开始呈现出更具"创造性"的技巧。于是,五花八门且费尽心机的文化习俗在这里找到了用武之地。

例如,在一些传统社会中,男人在妻子最容易生育的时期待在家里。猜测女性什么时候最容易受孕并非易事,因为即使是女性自己也不知道排卵的具体时间。为此,男性采取更可靠的手段。贞操带就是在中世纪的欧洲当男人不在家的时候为守卫配偶权而发明的[26]。许多东方文化在这一问题上则另辟蹊径:男人把女人限制在家中的深宅大院里,切断其与外界的联系。这就是日语里"内人"一词是对妻子含蓄的称呼的来源[27]。

但是不要嘲笑这种让人难以理喻的文化。今天在美国仍然存在一些奇怪的法律,这些法律的根源是男性守卫其配偶权的本能。例如,女性不得穿着无袖上衣或连衣裙进入国会。在亚利桑那州的图森(Tucson)市妇女不允许穿裤子,在俄亥俄州克利夫兰(Cleveland)女性不能穿低胸的衣服[28]。尽管这些鲜有人知的法律很少被遵从,但这些法律的存在提醒我们,这世界仍然处于男人统治的时代。

父权制在西方世界正在衰落,但在许多其他地区也方兴未艾。尽管沙特阿拉伯最近因取消对女性司机的禁令而受到称赞,但是一些阿拉伯国家的妇女仍然不被允许去体育场观看足球比赛或者在没有男性亲属的陪伴下旅行。由法瑞德·帕佐依(Farid Pazhoohi)领导的一组伊朗研究人员系统地研究了这种文化习俗的生物学意义。他们的研究证实了一种普遍的看法，即通过遮盖面部特征和身体曲线，来降低女性的性吸引力，并阻止她们与潜在的偷情者有眼神交流[29]。

男性守卫配偶权中最具争议的做法是生殖器切割，包括阴蒂切除、阴道扣锁和外阴唇切除。即使在现代，也有多达 1.3 亿妇女经历了这种痛苦和不安全的手术，主要分布在 29 个非洲国家。切割生殖器的目的是限制和控制女性的性态度、性欲望和性行为，以降低婚外情的风险[30]。

骗子如何行骗呢？弗兰克·阿巴格内尔的经历也许能帮我们找到答案。阿巴格内尔深谙市井之道，遇事能够随机应变，这是他一系列冒险取得令人难以置信的成功的关键。他不是在声名狼藉的小胡同里偷鸡摸狗，而是在诚实体面的熙来攘往的大街上堂而皇之地行骗。他的天赋在于观察和模仿。如同一条变色龙，他总是可以摇身一变，在他看来，身份就像外衣一样，可以随时随意穿上和脱下。这种社交伪装能力是他成功的关键，也让他能够获得别人的信任。

即便阿巴格内尔的伪装手段精细复杂，其策略仍然不外乎自然界中动物骗子行骗的两种主要方法：第一定律：滥用交流沟通中的诚信元素；第二定律：利用受害者认知系统的漏洞。第一定律和第二定律，是所有行骗者构思、设计和执行欺诈计划的基础。

现在，我们来区分人类行骗行为中撒谎和欺骗之间的微妙差异。说谎是发送虚假信息，归于第一定律；欺骗是利用受害者认知系统中的偏见、弱点或缺陷，属于第二定律。然而，在许多阴谋诡计中，这两项定律都适用，例如奉承是伪造信息（这是第一定律），迎合那些通常喜欢听到关于自己的好话的人的认知偏见（这是第二定律）[31]。有鉴于此，我们将继续使用"行骗"一词来表示撒谎和欺诈。

以下我们讲述阿巴格内尔如何巧妙地应用行骗的两大定律。阿巴格内尔有敏锐的观察力，他基于对人性的洞察，开始了他作为欺诈大师的职业生涯。首先，他注意到人们自然而然地对那些受人尊敬的职业有高度的信任。人类有一种时至今日仍然存在的常见的认知偏见，那就是根据直觉判断陌生人，即基于心理学家将其称为思维机制 I，即快速思考而不进行批判性思考。他还发现在兑现支票时，银行柜员通常除了询问身份证件信息之外，别的什么都不问，而身份证件很容易伪造[32]。他冒充飞行员是通过直接穿着从特殊供应商那里搞到的飞行员制服。在第一次伪造支票成功后，他自得意满地笑着说："根本没人向银行核实支票是否有效。"

随着时间的推移，他进一步利用人们的认知偏差来提高其骗局的有效性。他制造假支票的手段极其专业：使用专门的印刷设备和材料。结果，他伪造的银行支票看起来如此真实，以至于肉眼检查根本看不出来是伪造的。这种对细节的关注使他的空头支票能够一次次通过，而没有被抓。

阿巴格内尔还有条不紊地利用了银行系统的漏洞。他发现一张空头支票花了大约五天时间才被退回。这一时间差让他能够有充足的时间安然无恙地离开支票兑换现场。当被怀疑或质疑时，他善于转移对方注意力，用提供无法立即核实的虚假信息让对方撇开手头问题。这也是他能够带着一支女大学生队进行欧洲巡演的原因。有谁会想到这么大的巡演是假的？即使对于那些可能会质疑它的人来说，他们怎么知道在大公司迷宫般的官僚机构中该联系谁？有一次，当他的欺诈行为马上就露馅时，他伪装成联邦调查局特工溜走了。谁愿意因为质疑其身份的真实性来招惹一位联邦调查局的特工呢？这些巧妙的策略顺利解除了那些有所怀疑和疑虑的人的防御，等他们反应过来时，为时已晚。

你是不是很困惑十几岁的阿巴格内尔怎么会如此擅长模仿专业人士？要知道那些职位都是需要多年培训的！直接的答案是，人们倾向于通过外表来判断他人。阿巴格内尔看起来比他的年龄大得多。为了利用这一自然优势，他在伪造的身份证上添加了10年，将他的生日从1948年改至1938年。这样一来，他的假年龄和异常成熟的外表相得益彰，为他的欺骗增加了可信度。

为了让自己的表现更有说服力，他事先做足了功课。他要假扮什么职业，就事先全身心地沉浸在从事这项工作所需要的知识和行话中。为了假扮飞行员，他在公共图书馆不停地查找，而且还寻求各个书店老板的帮助找相关书籍资料，然后仔细研究所有关于飞行员、飞行和航空公司的材料。为了假装医生，他很快学习掌握了宽泛的儿科常识，足以应付任何关于儿科的普通交流。为了装成社会学教授，他去蹭课，然后堂而皇之给别人上课。在这些情况下，他肤浅的知识甚至足以在负责把关的面试的人员面前蒙混过关，那么外行人被蒙就不足为奇了。

在自传中，他写道，他的行骗由三部分组成：

  首先是个性，顶级骗子穿着得体，散发着自信和权威的气息。他们通常也表现得极具魅力，彬彬有礼，像一个寻求连任的政治家一样貌似真诚。第二是观察力，能够发现普通人忽略的细节和事物。第三是研究。骗子的武器就是他的大脑。我对支票的了解与世界上任何一家银行雇用的任何出纳员一样多，甚至比他们中的大多数人都多。骗子决定用一张根本不存在的支票或精心设计出一张支票敲诈同一家银行，必须仔细研究做这件事方方面面的每一个细节。

正如我们在前一章里所了解到的，欺骗与反欺骗侦察就像猫捉老鼠的游戏，一方试图智取另一方。正如阿巴格内尔所说，作为骗子应该采取的两个最重要的步骤是观察和研究。他自己就亲身应用这些方法在游戏中保持领先一步：发现系统中的可乘之机——人员方面的和机构方面的——设计出新花样，其他人从没尝试过的。换句话说，对第二定律的创造性使用是行骗是否成功的关键。

设计缜密的骗局能越过人们的防线，让人打消顾虑心甘情愿上当，一个很好的范例是庞氏骗局。首先，人们可能会被赚快钱的机会所诱惑。庞氏骗局就是为了迎合这种常见的认知偏好而精心设计的。其运作方式复杂而晦涩，足以愚弄大多数人。这就是为什么伯尼·麦道夫（Bernie Madoff）的 160 亿美元庞氏骗局的大多数受害者都是富人，其中许多人通常精通商业和金融事务。支撑骗局的欺骗性手段从一开始就超出了受害者的理解范围。

21 世纪前十年的房地产泡沫就是一个例子，我们中有很多人卷入其中，尽管大家原本有各自的生活背景，但是现在都要泡沫里挣扎。通常，房地产投资者倾向于保守，寻求低风险的稳定回报。然而，在多年稳步上涨的房价的诱惑下，许多人开始放松警惕，加入了投机的行列，错误地认为房价只会上涨——这是一种严重的认知偏颇。

这种认知偏差被最大化利用，银行助长房地产泡沫，通过降低贷款标准增加贷款量而从中获利。投资公司推出了新的复杂的金融产品，允许抵押贷款像股票一样交易，例如以资抵债，即以房地产等资产为抵押的债务抵押贷款项目[33]。信用评级机构也对此推波助澜，他们给这些产品的基础贷款的质量做高分评价。

在泡沫上升期，骗局随处可见。自称投资大咖的人成群结队地冒出来，提供承诺在房地产中赚钱的"秘诀"的课程。新的复杂的投资产品被推销给养老基金经理和机构投资者，他们对隐藏在产品复杂性背后的风险知之甚少。华尔街最受尊敬的投资公司之一的雷曼兄弟

（Lehman Brothers）都能四脚朝天地倒闭表明，即使是做事老到的投资专业人员也没能认识到把钱投到这些"有毒资产"的风险。金融产品可以设计得如此复杂，以至于超出了大多数人的理解。不过，在真相被揭露前，这往往被认为是不可轻易错过的大赚一把的好机会。

与此同时，公开或隐蔽地违反金融法规和法律的行为极为猖獗。银行将贷款出售给不合格的客户，而投资公司则将这些贷款作为高风险金融产品重新包装并转售给不知情的投资者。然而，这些金融人士几乎不必承担他们那些不负责任、不道德或非法交易的后果。令人惊讶的是，在美国，没有一个华尔街的首席执行官被定罪。这表明，至少在既定机构中行骗往往是安全的。那些责任人要么不被留意抑或逍遥法外。当行骗者的成本极小，又如何制止行骗呢？

今天，阿巴格内尔的一些计策可能已经过时了，但他创造性地使用行骗的两条定律仍然有效，尤其是在数字时代。互联网上的骗局铺天盖地五花八门，但有一个共同的特点就是新奇，这就使得人们防不胜防，明白过来常常为时已晚。

随着越来越多的商业交易在网上完成，数字空间的经济风险越来越高。然而，互联网的庞大而深远的容量为发明新的骗局提供了无限的机会。然而，自石器时代以来，人类识别骗局的认知能力几乎没有提高。使用人类远古的心智对决快速发展的互联网骗局，就像派遣中世纪的骑士向装备有坦克和导弹的现代敌人冲锋一样。显然，我们在防范新一代骗子的侵害上有短板，他们是隐形的、创新的且精通尖端技术的（不过，我们确实有一些反击的想法，但让我们把这个话题留到最后一章）。

骗子是如何选择他们的猎物的呢？阿巴格内尔对其银行支票欺诈

对象是精心挑选的。他会选择那些看起来很天真的人下手，比如年轻的银行女柜员，这些人很容易被他俊朗的外形、轻浮的举止和显然受人尊敬的职业分散注意力。用他自己的话说，"影响出纳员和收银员的不是银行支票看起来有多好，而是银行支票背后的人看起来有多好。"

对受害者的选择可以更加系统化。考虑一下这个情况。我们中的许多人收到来自尼日利亚王子的电子邮件，承诺为合资企业汇款数百万美元。如果你中了这个圈套，您将要求支付几百美元作为处理费。

这个骗局是如此一目了然，以至于你会奇怪为什么天外飞来的王子会三番五次地发送消息。骗子绝对不是愚蠢的。正相反，那些对我们大多数人来说看似虚假的信息，是精心打造用以筛选那些恰恰有心智漏洞的人。逻辑是：如果你在信息中看不到明显的问题，你的判断力存在严重问题，这就足够使你成为潜在的受害者。换句话说，骗子瞄准的是那些缺乏判断力的人——有心智漏洞的人，正因为有心智漏洞，他们便不能注意到显而易见的骗局。不难猜测，他们的大多数受害者都是认知能力下降的老年人。

尼日利亚王子骗局只是一个例子，我称其为个体行骗，这种骗术直接针对人的同胞——配偶、朋友、亲戚、同事、熟人、商业伙伴、完全陌生的人——获取金钱、性别和社会地位等资源。个体行骗不会让任何人感到惊讶，因为大大小小的动物都以这种方式行骗，因为我们都诉诸我们现在非常熟悉的两种行骗铁律。

是什么让人类与其他动物区分开来——包括我们的近亲，包括黑猩猩和倭黑猩猩——是我所说的成体系的行骗。这是在规则和制度层面上欺骗——税收、投票过程、教育考试或商业机会。在这种欺骗过程中，受害者不是活生生的个体，而是冷冰冰的组织和机构，包括公司、学校、非政府组织和政府。这也是阿巴格内尔的银行支票欺诈瞄准的目标。他承认，"我的目标总是大企业——银行、航空公司、酒店、汽车旅馆,以及其他有保险兜底的实体机构。"

人类在社会、经济和文化层面上普遍建立起来的规则和制度为欺骗行为打开一个全新的世界。其实,受害者归根结底还要落实到人,不过,他们的个人身份往往不为人知或难以定义,因此他们不太可能激发人们的同情心。例如,如果美国银行损失 100 万美元,你可能会耸耸肩说那是耻辱。但是,如果从某个人如约翰或珍妮那里偷走了 1 万美元,你的感受会完全不同,在你心目中,他们/她们是一个个笑容可掬和善的人。

因此,对机构的欺骗可能与对个人的欺骗会带来不同的道德冲击,这正如阿巴格内尔所经历的。如果他们所攻击的组织声誉不佳,有时候,行骗者甚至会感到自己是正义的化身,替天行道,如罗宾汉。这些是制度性行骗盛行的本质原因。

一个众所周知的制度性行骗例子是竞技体育中的兴奋剂,即直接在规则上作弊,间接在其他竞争对手身上作弊。最著名的兴奋剂作弊者包括兰斯·阿姆斯特朗(Lance Armstrong)(自行车)、玛丽亚·莎拉波娃(Maria Sharapova)(网球)、迭戈·马拉多纳(Diego Maradona)(足球)和马里奥·琼斯(Marion Jones)(田径)。兴奋剂违反了公平竞争的精神,但赌注甚高——名声和商业利润——这些巨大诱惑促使一些人铤而走险。例如在 2011 年和 2013 年,分别有 18% 和 15% 的职业运动员使用违禁药物来提高自己在世界田径世锦赛上的表现。奥运会和许多职业运动比赛的情况类似[34]。由于兴奋剂使用者通常采用最先进的技术,他们的作弊可能多年都不会被发现。当作弊被揭露时,运动员已经发了财,丑闻大多变得无关紧要。这就是为什么兴奋剂在体育赛事屡禁不止。

搭便车是一种比诈骗更常见的作弊形式,尤其是在大型组织中。当个人贡献与团队努力混为一谈时,在组织里搭便车更是容易。例如,具体某一位教师不能对整个学校的教育质量负责。在多数情况下，当搭便车的影响微不足道时，搭便车是可以容忍的，因为不值得努力去监管。尽管搭便车可能是显而易见的，并且那些忠实做事的人可能对此心怀宿怨，但是机构对此也无能为力。我们中有多少人在工作中没有经历过这样的情况呢[35]？

然而，机构作弊，特别是在内部搭便车会破坏团队精神，在某些情况下，甚至危及团队的其他成员。考虑一下罗伯特·鲍·伯格达尔（Robert Bowe Bergdahl）的例子。2009年6月30日，他背弃自己的职责，在阿富汗擅自离职，做了逃兵。他被塔利班俘虏并被关押了五年，而后在奥巴马政府斡旋下，用他换取被拘留在关塔那摩湾的五名塔利班俘虏。许多美国人对这一交换感到非常愤怒，因为他们认为伯格达尔作为逃兵不值得美国政府做出这样的举动[36]。

逃兵显然是骗子，即使不是彻头彻尾的叛徒。军队的战斗力取决于军中每个成员的绝对忠诚。像伯格达尔这样的流氓士兵会让他的团队成员处于严重危险之中，削弱部队的战斗力。风险如此之高，此类行为必须受到绝对压制。因此，对逃兵的惩罚往往极其严厉，在某些情况下包括即刻处决。

机构作弊也可能由整个组织实施。一个典型的例子是汽车巨头——大众汽车在汽车尾气排放测试中作弊。在2015年，大众的几款车型，包括甲壳虫、捷达、高尔夫、帕萨特和奥迪，被发现配备了一种被称为"淘汰装置"的复杂作弊装置，这一装置能给出低于实际碳排放的仪表读数。在他们被抓到后，随之而来的丑闻使该公司因召回35万辆有问题的汽车而损失74亿美元，而仅在欧洲该公司的市值为800亿美元。由于大众汽车在全球多个市场上市，损失有可能要大得多。公司的经营受到严重影响，全球业务大幅削减，而且需要出售几家工厂和其他资产支付以上费用。

为什么像大众汽车这样的巨型公司会作弊？难道他们意识不到得不偿失吗？答案是组织是由一个个活生生的人管理的。在大多数营利性组织中，许多人因短期绩效而获得奖励，通常以年度甚至季度来衡量。另外，大企业的社会环境促使搭便车行为，一旦出现任何问题，个人所负的责任会被稀释。

设身处地地想一下。每年公司都会对你的绩效进行评估，由此决定你的工资、奖金和晋升。你发现，如果出了问题，你可以很容易地找到一个替罪羊。开始你可能会告诉自己，"我会坚守道德底线做一个诚实的人"，但不久你就会发现你的同事乔伊由于表现出色刚刚获得加薪，而此人因善于使手段，揽功诿过为人所不齿。显然，这一制度对你不利。因此，接下来的事情这简直连想都不用想：作弊后没啥坏影响，那这种行为就会蔚然成风。

如果乔伊成为富国银行前首席执行官约翰·斯图普夫（John Stumpf）怎么办？为了提高表面绩效，富国银行创建了数百万个欺诈账户。即使约翰·斯图普夫本人没有直接下令，这种非法行为至少也是得到了他的批准。丑闻在 2016 年曝光后，该公司不得不支付 27 亿美元的罚款和诉讼[37]。然而，约翰·斯图普夫本人只是被迫下台。

约翰·斯图普夫很不走运，因为这个骗局是在他仍然负责的时候被揭露的。通常情况下，这种企业渎职行为可能多年未被发现，例如在体育运动中使用兴奋剂。当骗局被发现时，公司高管已经退休或离职。他们有什么必要害怕被抓住呢？这就是为什么烟草公司的首席执行官在 20 世纪 90 年代被传唤参加所有国会听证会时都准备撒谎。当被问及尼古丁是否会上瘾时，他们都给出了相同的答案："我相信尼古丁不会上瘾"，尽管他们各个心里明白烟草行业业内研究报告与他们所宣称的大相径庭。这个例子更清楚地表明了机构作弊的另一个方面：如果欺诈行为普遍存在，它就会成为一种风险很小或没有风险的约定。这正是 2008 年房地产泡沫破裂时发生的事情。如果大银行的负责人不得不亲自支付巨额损失或入狱，情况又会怎样？那样他们还会如此"勇往直前"地作弊吗？

机构作弊集体搭便车甚至可以使整个国家破产，2011年希腊政府债务危机就说明了这一点。与其他欧洲国家相比，希腊是一个相对贫穷的国家。然而，自20世纪90年代以来，希腊政府通过过度借贷提高该国民众的生活水平，让越来越多的希腊人买豪宅，开豪车，享受异国情调的假期。此外，政府以堆积如山的债务，构建起极其慷慨的养老金制度，为失业人员提供舒适的福利，并为公务员提供奖金。国家甚至启动了"全民旅游计划"，向低收入人群发放免费资金来度假[38]。靠借贷让老百姓过上用度潇洒的生活，这让政客们在选民中很受欢迎，但它使整个希腊经济看起来像（事实上就是）一个巨大的庞氏骗局，用于不可持续的挥霍[39]。希腊经济在多年搭便车后陷入困境的结局，又有何惊讶呢？

制度性的集体搭便车比许多人想象的要普遍得多。只要存在组织漏洞，这就很常见。这种漏洞可能存在于松散的协会或组织良好的工会、私营公司或公立学校、小城镇或大国。

让我们以美国大学为例。就在20世纪90年代，大多数高等教育机构的行政结构非常简单，通常由一名校长、一到两名副校长和一名教务长担任最高层。而今天，"大学里充斥着职能大军：副校长、行政副校长、助理副校长、教务长、副教务长、行政副教务长、助理教务长……每一位都配有参谋和助手，"政治学家本杰明·金斯伯格（Benjamin Ginsberg）在其著作《学院的衰落》（*The Fall of the Faculty*）中无奈地感叹。更有甚者，这些专业管理人员中的大多数对教学或研究兴趣不大，经验不足，但"将管理本身视为目的"[40]。

金斯伯格写道，在2011年之前的20年里，教职员工和学生的数量增加了约50%，但全职管理人员激增85%。从1997年到2007年，私立大学每 100 名学生对应的行政人员比例增加了约 30%。而同期，一些大学，如叶希瓦和维克森林大学的管理和支持人员的规模增长足足三倍[41]。

伦敦政治经济学院的戴维·格雷伯（David Graeber）对此深表同意，他在 2018 年 5 月 6 日的《高等教育纪事》(*The Chronicle of Higher Education*) 上写道："管理主义的嵌入会使整个学术团队的工作只是为了保持管理主义者的轮盘运转——战略、绩效目标、审计、评估、奖励、更新战略等——这几乎完全与大学教书育人的活动脱节。"为什么会这样？

一言以蔽之是官僚主义，这是一个已经变得如此普遍，以至于经常被嘲笑为寄生虫系统的体制，其特征是由官僚形成的循环关系，正如 19 世纪数学家奥古斯塔斯·德·摩根（Augustus de Morgan）创作的押韵诗歌所描述：

> 大跳蚤的背上有小跳蚤咬，小跳蚤的背上有更小的跳蚤跳，就这样无穷无尽地咬，无穷无尽地跳；而大跳蚤自己也需要更大的跳蚤来让它们咬，而更大的跳蚤又需要更更大的跳蚤让它们跳，就这样没完没了地咬，没完没了地跳……

因为官僚机构可以成为搭便车等机构作弊的主要社会场所，官僚机构通常带有令人反感的意义——效率低下、冗余、官架子的颐指气使，以及不必要的程序等。即便如此，官僚体制本质上并不是坏事。相反，它对于运行任何组织（尤其是大型组织）都是必不可少的。这是 19 世纪末 20 世纪初的德国社会学学者马克斯·韦伯（Max Weber）的看法。

韦伯认为，官僚体制如果运作得当，可以维护秩序、提高效率、消除偏袒，并降低经济中的交易成本。这就是为什么现代官僚体制会出现在公共和私营部门，包括政府行政部门、军事单位、教会、政党、公共和私人公司、学院和大学、专业协会和非政府组织等[42]。韦伯将官僚体制的兴起视为西方文明的进步里程碑。

韦伯对官僚体制的乐观看法并没有得到与他同时代的小说家弗朗茨·卡夫卡（Franz Kafka）的认同，卡夫卡曾在波希米亚工人意外保险委员会担任低级官员。卡夫卡在他的几部小说中生动地回顾了他的经历：在《审判》（*The Trial*）、《城堡》（*The Kastle*）和《在流放地》（*In the Penal Colony*）中的描述最为生动。这三部文学作品揭露了官僚主义的低效、无能、粗暴和职权滥用。卡夫卡认为，官僚主义是官员们搭便车的借口，利用这个制度来促进自己的利益。他最终失去了对各种形式的官僚主义的信心，在深深的厌恶中写道："每一次革命都蒸发得烟消云散，剩下的又是新官僚机构一道道黏糊糊拖泥带水的邋遢轨迹。"

在这两种对立的官僚主义观点之间，韦伯和卡夫卡谁是对的？答案是很难一言以蔽之。韦伯是现代政府的理论家，他认为现代政府可以像一台润滑良好的机器一样运转。他设想一个有效的官僚机构应具备以下5个基本要素，正如社会学家兰迪·霍德森（Randy Hodson）和他的同事所总结的那样：

1）具有清晰指挥链的层次结构；
2）用于管理所有常规操作的、详尽而条理清晰的规则；
3）负责具体运行效率的专业部门；
4）对官僚提供有针对性的正式培训；
5）职责明确，需要官员各司其职各尽其能[43]。

对于韦伯来说，官僚机构应该表现出以下特征："精确、快速、明确、对文件材料熟知、连续性、谨慎行事、统一性、严格服从、减少摩擦以及降低材料和人力成本。"[44]然而，在现实世界中，官僚机构的组成和运作是由有着个人利益诉求的人来完成的，而不是由韦伯所设想的那些冷静、不带着情绪的机械来完成的。有鉴于此，韦伯式官僚体制中每一个元素都可能会以权谋私，滥用职权，或者干脆就以身试法，这使得官僚机构很容易成为机构作弊搭便车的温床。下面就来看一下它是如何产生的。

我们首先来看一下等级制度。从理论上讲，官僚等级制度的建立是为了通过明确定义每个成员的责任和问责制来简化工作流程。但是，个别官僚往往对大局视而不见，而是关注如何在体制中生存并实现个人的职业抱负。例如，官员们可能更重视取悦上级，而不是为公众服务。这就是为什么官僚们可能会显得傲慢和无情[45]。

部门的领导也许会利用其职位，通过争取更多预算和雇用更多人来扩大自己的个人权力和声望[46]。因此，官僚机构的发展往往以牺牲效率为代价[47]，正如英国海军历史学家西里尔·诺斯科特·帕金森（Cyril Northcote Parkinson）所观察到的那样。他在1955年发表在《经济学人》上的文章中写道："为了填满用于完成这项工作所计划出来的时间，工作被不断扩大。"这一发现被调侃为"帕金森定律"。最终结果是，更多的人最终做了同样多的工作。随后，他在1957年出版的书中估算，不管承担了多少工作，英国公务员制度的官僚机构规模以5%～7%的速度增长。推动官僚主义增长的两个根深蒂固的想法是："一个当官的想的是要增加下属而不是竞争对手"，而且"当官的是为彼此工作"[48]。

随着越来越多的人被塞进一个部门，这一工作部门最终会达到一个人数超过工作量的地步。接下来发生的事情就是，当官的和办公室里的工作人员就装着特别忙，这样他们就看上去没有偷懒。但如果你认为搭便车到此为止，那就错了。官僚需要让自己感受到自己当官了，他们要拿出当官的范儿，摆出官架子，体现出自己的重要性。他们获得这样的感觉通常是以让其他人忙忙碌碌围着其指令转。格雷伯写道："在今天的多数的大学里，学术人员发现自己花在学习、教学和写作上的时间越来越少，越来越多的时间用于衡量、评估、讨论和量化他们研究、教学和写作的方式。"他说自己作为部门领导的角色中至少有 90% 的成分都是废话连篇、毫无意义。这种感觉是不是似曾相识？

等级制度也会产生无能。因为等级会带来金钱、权力、特权和声望，无论是否适合担任更高的职位并履行职责，官僚们都将晋升视为衡量个人成功的标准。因此，官僚们会持续不断地在组织的阶梯上一级一级地攀爬，直到力不从心。这被称为彼得原理（Peter Principle），由心理学家劳伦斯·彼得（Laurence Peter）提出[49]。

现在让我们转向官僚主义的第二个要素：书面规则。韦伯认为，书面规则和文档应该被用来保持组织的规律性和透明度。然而，由于两个原因，现实往往与这一理想相去甚远。首先，由于存在歧义或模糊性，政策可能管理不善[50]。这就让那些对情况了解得非常多的官员——尤其是身处高位的官员——能够操纵信息使之为其所用。其次，随着新政策逐渐添加到监管结构中，结构的复杂性也随着时间的推移而增加，新的漏洞也接踵而至[51]。为了弥补那些漏洞，相继又失策地推出更多新的政策。如此循环下去，官僚机构可能会创造越来越多的搭便车机会，即使其初衷是为了遏制搭便车。

现在让我们来看一下第三个元素：部门划分，据称，它是为了提高服务效率和质量。然而，正如我们所看到的，在现实中，为获得更多的权力和掌控力，每个部门都容易滑向扩大地盘的行事风格。这可能导致部门之间的越界，相互权力干涉，导致职能和人员相互叠加越来越严重。以美国情报界为例。由 7 个联邦部门下属的 17 个机构组成，美国情报部门在职能和人员配备方面存在大量冗余[52]。任何人都可能在这样一个复杂而缠绕不清的系统中找到搭便车的机会。

最后，官僚机构的第四、第五要素是专业精神，这个也会被腐蚀。官僚机构中的各个层级的人员应该尽其所能。他们的收入主要（如果不是全部的话）是基于履行他们的专业职责。在官僚机构中供职的人从其担任职位中获得的权力绝对是一种无形的资源，这促使他们利用这些来构建私人关系或者干脆就亲自下场，由此模糊了公私界限[53]。有一个例子就是华尔街与美国证券交易委员会市场监管机构之间的暧昧关系。研究表明，美国证监会更倾向调查回溯期权案件和低风险股票案件。这会大幅度削弱对个人或公司的惩罚[54]。

此外，官僚机构各个层级上的人员既是官僚体制的一分子，也应该是各自领域的专家，他们在这些职位上应该是专业的，更重要的是，他们的工作能力和表现往往超过其主管领导的认知范围[55]。由此一来，他们的工作质量往往难以判断，更不用说监督和谴责其不佳表现了[56]。这样一来，工作做得不好也没什么大不了，因此这些人除了不择手段取悦上级（这其中就包括欺骗），几乎没有动力去真正勤奋地工作。

上层领导推动某一政策，官僚机构中的各个层级的人员就可以想出捷径来人为地提高他们的绩效，目的是让他们看起来不错[57]。例如在得克萨斯州，当用标准考试成绩来衡量一个学区的绩效时，一些学校的管理人员和教师便让表现不佳的学生不参加这些考试来作弊。平均有9.2%的学生被排除在外，但是在个别学区，这类豁免考试比例可以高达35%[58]。这甚至不包括更微妙的作弊形式：教学生以牺牲其他科目和活动为代价，在考试中取得好成绩。

此外，政治漏洞可能并不利于官僚成为其工作领域的专家。例如，一位美国总统可能会以任命权势职位来回报其政治支持者，如任命一个并没有公立教育体制经验的人为教育部长，或者任命一位主张取消能源部的人为能源部长[59]。当许多关键职位被不合格和不称职的人员占据时，政府其实是危机四伏而不自知。作家迈克尔·刘易斯（Michael Lewis）在他 2019 年的同名书中将这个普遍存在的问题称为"第五种风险"。

如果高层官员通过赞助和偏袒获得工作，较低级别的职位也会以同样的方式填充，通常是亲戚、朋友或那些与招聘人员有共同政治观点的人。（今天，许多行政工作都是明确地为上级服务的。如果这不是搭便车，那是什么呢？）

尽管韦伯和卡夫卡在官僚机构的运作方面看上去相互矛盾，但是他们的观点实际上是同一枚硬币的两面。韦伯在第一次世界大战期间担任海登堡 9 家陆军医院的院长，这个职位使他对政府管理有了自上而下的乐观看法。卡夫卡是一个低等级的被边缘化的普通职员。他从悲观的角度来看待官僚主义：效率低下、傲慢和腐败。卡夫卡所认为的现实，正是韦伯所认为的最坏的情况：人的生命可能被困在官僚主义的铁笼子里，束缚个人自由[60]。因此如果说韦伯是一位伟大的设计师和官僚效率的梦想家，那么卡夫卡就是一位医生，他看到了官僚体制中的缺陷。

官僚主义让我想起了我在 2019 年夏天访问华盛顿大古力大坝的大型水力发电项目。在参观发电机房时，我们的导游指着一台巨大的机器，并解释了安装过程中的小问题。他说，"这个问题可以由一位工程师解决，但实际上解决这个问题用了 6 位董事，反反复复开会论证。"当我咯咯笑了的时候，他说"这就是政府的工作作风"。

如何治愈这一官僚病？如果你指望私有化解决这一弊端，你一定会失望，因为官僚主义的低效率是一个系统性问题，大多数情况与谁来管理无关。现在就拿近几十年在高等教育领域行政人员队伍的不断扩大为例。在这方面，私立四年制大学的发展速度远远超过了公立大学。

美国医疗保健系统中尾大不掉的行政办公室也是如此，这一系统是由私营企业主导。今天，当您访问任何诊所或医院时，您必须首先与处理保险问题的专职人员打交道。根据美国国家医学院2010年的一项研究，在病人治病的花费中用于支付诊疗账单和保险相关的费用是实际必要支出的两倍。2017年的一份估计，医疗保健管理的总成本为1.1万亿美元，比医疗管理成本位列第二的法国高出45.6%。按人均计算，美国人每年的医疗管理费用为1 059美元，而加拿大人则仅为307美元[61]。别忘了，法国和加拿大的医疗保健是全民医疗，而且加拿大实行单一付款制度。

这些钱都去哪儿了？根据格雷伯的说法，给了搭便车的人，或者在他最新出版的同名书《磨洋工》（*Bullshit Jobs*）中，他称这些人为"磨洋工"的人。他估计，办公室职员只用一半的工作时间用于工作产出。另一半时间则被卷到在毫无意义的任务中，例如通过电子邮件发送会议和毫无意义的行政工作。在欧洲国家，37%～40%的人认为他们的工作对社会没有任何贡献。这些包括某些职业，如游说、电话营销、公司法以及财务和管理咨询。格雷伯认为，如果所有这些工作中有一半被取消，对社会都不会有任何负面影响。

经济研究表明，许多专业人士确实都是搭便车的，从社会中获取的多于贡献。以下是社会从支付给专业人士的每1美元工资中获得的价值明细（负数表示净损失）：医学研究人员9美元，学校教师1美元，工程师0.2美元，顾问和IT专业人士0美元，律师负0.2美元，广告商和营销人士负0.3美元，经理负0.8美元，金融部门负1.5美元[62]。你可以感觉到搭便车对社会来说是一个多么大的问题！

同样清楚的是，私有化不是解决官僚主义搭便车的办法。相反，它可能会使情况变得更糟。原因让人捉摸不透。当人们的理念中秉承利润至高无上时，任何可以增加公司盈亏一览结算线上的数字的事情都可能被容忍甚至鼓励。一家公司可能会受到利益相关者的压力，在生产过程中试图通过成本外化（包括污染、健康和事故）来节省资金[63]。为了把事情做好，企业主和经理可能会成为令人讨厌的老板，他们会诉诸欺凌策略，例如亵渎、威胁、选择性执行规则或因个人问题解雇员工，这会引发工作场所产生大量焦虑和恐惧[64]。与在劳动保护、性别平等和平权行动方面遵守规则的公共部门不同，私营公司更有可能忽视这些福利和公平考虑。当今私人组织中的官僚机构，正如他们的企业文化所反映的那样，往往更倾向于卡夫卡式而不是韦伯式[65]。

那么，我们该如何应对官僚主义的低效率？要回答这些问题，我们必须找到问题所在。为此，让我们将注意力集中在美国联邦政府身上。

1981年1月20日的第一次就职演说，罗纳德·里根（Ronald Reagan）响应卡夫卡式的民粹主义观点并用一句可以说是"所向披靡"的观点立场号召其追随者，这句话就是堪称经典的"在当前的危机中，政府不是解决问题的办法，政府才是问题所在。"这篇演讲经常被视为对美国联邦官僚机构过度依赖监管的控诉，或者称之为"大政府"，一些保守人士更愿意对其冠以一个轻蔑的称呼。卡夫卡式的观点是否适用于美国政府呢？

毫无疑问，美国政府是庞大的。仅联邦政府就由2 000多个机构组成，有279万公务员。但是美国政府的规模相对较小，而且自第二次世界大战以来相对而言也没有增长。联邦政府在20世纪50年代占总就业人数的5%以上。但今天这个数字已经下降到2%以下，而从那时起，人口翻了一番，国民生产总值增长了7倍多。

因此，如果大小不是问题所在，那么问题出在哪里？当富兰克林·罗斯福（Franklin Delano Roosevelt）在20世纪30年代创建现代美国政府时，它是有效和高效的，很好地应对赢得第二次世界大战的需要。从那时起，政府不断缩小规模并减少资金，其结构变得越来越复杂，僵化的规则和硬性指令使其不堪重负。例如，肯尼迪的内阁部门的行政结构只有17级别。而当特朗普入主白宫时，面对他的是71级的官僚等级制度[66]。面对这个错综复杂部门之间绕来绕去的官僚机构，特朗普做了许多保守派希望他做的事情。在2018年削减了几个机构，不幸的是这其中包括大规模流行病应对办公室。特朗普的做法出了什么问题？

亚历山大·汉密尔顿（Alexander Hamilton）曾经说过："一个执行力弱的政府，无论它在理论上是多么高大上，在实践中一定是一个糟糕的政府。"＊但在正常情况下，很难看出政府是否优秀，只有危机才能对政府效率予以严格的考验。然而，即使在2020年全球疫情暴发之前，美国政府在面临这类考验时也表现得很拉垮。其中包括2005年的卡特里娜飓风，此次飓风造成1 200多人死亡，而2017年的玛丽亚飓风造成3 000多人死亡。

不幸的是，这些危机未能引起人们对美国政府官僚主义问题的足够关注，直到COVID-19大流行肆虐全国，暴露了政府在领导力、准备和应对方面的问题。甚至呼吸机和个人防护装备等基本医疗设备也严重短缺。最荒谬的是，政府甚至无法让美国人在公共场所戴口罩以减缓病毒的传播。美国有线电视新闻网评论员法里德·扎卡里亚（Fareed Zakaria）评论："主要问题是联邦机构人手不足，但因堆积如

＊ 亚历山大·汉密尔顿（Alexander Hamilton）生于英属西印度群岛的纳维斯（Nevis），在其30岁的时候即成为美利坚合众国的制宪代表（1787年），1789—1795年的6年时间担任联邦报纸撰稿人，并成为美国财政部首位秘书，他主张美国应该有强有力的中央政府。1804年7月在与反对派Aaron Burr的决斗中不幸过世。——译者注

山的法规和政治化的任务和规则而负担过重，结果，官员只有很小的权力和自由裁量权。"显然，"两党对此都有责任，从而使联邦政府成为官僚主义低效率的讽刺漫画。"

当官僚机构效率低下以至于无法很好地履行其职能时，整个体制就崩塌了，从而事实上成为搭便车者的理想宿主。也就是说，当搭便车被制度化时，体制内的人可能别无选择，只能随波逐流，尽管许多人可能希望为社会的更大利益做出贡献。因此，不一定是我们的政府太大，也不一定是太多人想免费乘车。这样的体制就是太累赘，无法有效地完成工作。如果我们能理解这个关键问题，解决方案就显而易见了：通过平化等级以此简化结构，减少官僚主义的复杂性，不要不加判断削减规模如特朗普那样。

在本章中，我们通过三个问题研究人类行骗：骗子行骗是为了什么？他们的计划是如何运作的？谁是他们的捕食对象？我们发现人类行骗既有普遍性又具有独特性。就普遍性而言，人类被相同的本能驱使，并使用相同的规则来撒谎（第一定律）和欺诈（第二定律）像其他动物一样。而就其独特性而言，人类行骗与社会文化的变化保持同步，为此，在多样性、复杂性和独创性方面远远超出了任何其他生物物种的企及能力。更有甚者，人类行骗既可以单打独斗，其状态特征与其他动物别无二致，又可以成建制地行骗，这一点是人类绝无仅有的。

为了探究普遍存在于几乎所有组织中的机构作弊，我们聚焦于政府官僚主义，并且尝试了解它如何成为搭便车的避风港，其实我们内心知道这个问题是无解的。不幸的是，如何克服官僚低效是一个太大的话题，无法在这里用几页纸来容纳。因此，我们将把这个问题留给研究社会学的专家学者，特别是研究政府公共行政管理的学者，而是继续讨论行骗的下一个大问题：自欺欺人。

第7章

自欺与自我疗愈

孔子曰："知之为知之，不知为不知，是知也。"

而刻在希腊特尔斐*阿波罗神庙中的神谕"认识你自己"这句话的含义，在古典学者中引发了一场激烈的辩论[1]。但这句古老的格言在美国并没有得到广泛的注意，直到1974年明尼苏达州沃贝贡湖镇成立。沃贝贡湖镇只有900人，但该镇很特别，因为"女人很强壮，男人长得好看，孩子都优于一般的孩子，"正如加里森·凯勒（Garrison Keillor）所说。

2014年，凯勒承认他是在广播节目《草原家庭伴侣》的"沃贝贡湖新闻"编造出这个小镇以及居民的故事，该节目在数百个公共广播电台播出。从1974年到2016年的42年里，数百万人对沃贝贡湖的故事开怀大笑，在这个镇上，人们经常认为他们比实际情况更好，能做超出他们能力范围的事情。

---

* 特尔斐（Delphi）：古希腊文明中的世界中心，特尔斐神谕在此颁布。位于希腊福基斯岛上，列于世界遗产名录首位。

虽然是喜剧演员,但凯勒并不是真的在开玩笑。多数地方的人与沃贝贡湖没有太大区别。这种优于平均值的效应,在心理学上被称为虚幻的优越感,可以在我们生活的方方面面找到。这就是为什么该节目几十年来一直很受欢迎。事实上,凯勒虚构的故事如此真实,以至于他的听众中的许多人都相信沃贝贡湖是真实的。显然,我们中的许多人对自己知识和能力的局限性知之甚少。相反,我们倾向于高估自己。也就是说,我们欺骗了自己。

自欺欺人的盛行确实令人震惊。例如,关于我们的个人健康,大多数人认为他们过着更健康的生活方式,寿命比同龄人更长[2]。超过90%会开车的人认为他们优于平均水平[3]。在社交技能方面,70%的高中生认为自己在领导力方面高于平均水平,25%的人直言不讳地将自己置于前1%的行列[4]。同样,多数人会夸大自己的受欢迎程度,并夸大了所拥有的朋友数量[5]。在学业和工作表现方面,87%的学生对自己的评价高于普通同龄人,90%的教职员工认为自己在教学能力方面处于中上游[6]。对于认为自己可以赢得案件的律师来说也是如此,或者说对于认为自己是业内最好的股票交易员也一样[7]。

在自欺欺人的魔咒下,人们夸大了自己的收入、吸引力、幸福感、技能,以及天生的禀赋和道德品质。人们经常在不知不觉中吹嘘,在学校、工作和网络上选择性地展示自己。例如,在社交媒体上有多少人发布了有关他们生活不利的一面的照片或视频,例如被降级、出现了财务问题,或失恋了?

自欺欺人常常迫使我们将成功归因于自己的努力、技能或智慧,但是,将失败归咎于外部原因或他人的问题。当事情进展不顺利时,我们可能会说犯了一个错误,而不是陈述一个简单的事实,即我们错了,或者我们失败了。即使没有人可以责怪,我们仍然试图寻找替罪羊。我们把自己撕裂为过去的和现在的:然后声称我们过去的自己做得不好,但我们现在的自己做得更好[8]。我们现在是新人[9]。

同样的自恋倾向使我们更喜欢在镜子中看到的自己,而不是照片中捕捉到的自己的形象,这是因为面对镜子时我们所看到的是一种自我欣赏的形象,而你在照片上的形象则是由他人瞬间捕捉到的形象[10]。出于同样的原因,当照片经过人工修饰后比修饰前更具吸引力时,我们会更快地挑选出自己的形象[11]。显然,我们大多数人或多或少都生活在自己的谎言中。

自欺欺人在美国非常普遍,以至于米特·罗姆尼(Mitt Romney)在2012年竞选总统期间曾使用"加入最富有的1%的美国人"的政治口号来吸引选民。[当然,米特·罗姆尼(Mitt Romney)并不是一个例外。大多数竞选口号,从奥巴马的"是的,我们可以!"到特朗普的"让美国再次伟大!",都发挥了同样的作用,那就是提振选民士气和自信]。显然,许多人无法认识到自己能力的天花板,更不用说承认了(我们稍后会看到,女性比男性更有可能淡化自己的能力)。否则,大多数人怎么可能高于平均水平——以至于"平均"一词已经失去了其统计意义。

接下来在本章,我们将尝试回答为什么我们人类(也许也有其他动物)会自欺[12],自欺这种行为是如何在社会中变得既普遍又层出不穷、花样翻新的,自欺这一行为有可能产生的积极影响(如高自尊和治疗中的安慰剂效应)和消极的后果(确认偏差和过度自信)都有哪些,以及我们如何克服过度自信。

自20世纪90年代以来,心理学家一直在努力探究自欺欺人的心理特征和原因。其中一项著名的研究是由康奈尔大学的贾斯汀·克鲁格（Justin Krueger）和戴维·邓宁（David Dunning）完成的。两人招募了65名普通的心理学本科生志愿者做实验，要求他们在知道自己的真实分数之前评估他们回答幽默、语法和逻辑问题的能力。结果是那些表现不佳的参与者对自己的评价远远高于他们的实际表现。这种认知扭曲对那些处于底层1/4的人来说是最糟糕的，这些人把自己夸大了45%以上，甚至接近60%。

克鲁格和邓宁在1999年的一篇论文中发表了这项研究结果，文章的标题是"对自己能力欠缺认知的困难是如何导致自我评估夸大的：其实人们对此既无意识也没有这方面的技能"[13]。这种对自己无知的无知被称为"邓宁－克鲁格效应"，或者，更学究也更时髦一点的表达是"元无知"[14]。也许用粗俗的语言来表达更容易，那就是傻子不知道自己傻[15]。自欺欺人的原因在于我们在自己对自己的评价与同伴对我们的评价之间经常存在巨大差距。用邓宁的话来说，这是一种双重负担，使我们中的许多人无法知道我们为什么会失误和犯错误，特别是对于表现不佳的人[16]。但是，如果欺骗自己对我们没有好处，我们为什么还要这样做呢？

有趣的是，第一个认真回答这个问题的人不是心理学家，而是一位进化生物学家：罗伯特·特里弗斯（Robert Trivers）。特里弗斯早在20世纪80年代就注意到了这一令人决策两难的困境。自欺欺人的代价是明显的。有时，自欺欺人可能会导致家庭纠纷、个人情感上的灾难、飞机失事，甚至开战，第二次海湾战争就是一个令人瞩目的例子。特里弗斯认为，在进化中自欺欺人之所以没有被淘汰而且还能茁壮成长，那么这种行为必须要产生一些生物学上的好处来抵消其成本。那么问题的关键是在人类的进化中，自欺欺人如何增加了一个个体的生存和繁殖机会？

众所周知，当一个人撒谎时，他的行为通常会背叛其意图，尤其是面部表情。当一个人有意识地编造一个虚假的故事时,这活儿其实并不容易。因为人类的大脑并不擅长多任务处理。根据我自己的经验,我说英语或中文没有困难,但一次只能说一种语言。如果我在两种语言之间快速来回切换,我的两种语言的流利程度就会受到很大阻碍。2004 年,我在中国合肥举行的中美联合研讨会上担任翻译时,就发生了这种情况。我经常结结巴巴,因为我的大脑经常突然变成一片空白,特别是当我试图想出另一种语言的确切单词或表达方式时[17]。

故意撒谎时也是如此。当你在完全意识到自己在做什么的情况下撒谎时,你就会强迫你的大脑同时扮演杰基尔博士(Dr. Jekyll)和海德先生(Mr. Hyde)。*这项任务远比在两种语言之间找到相似之处要困难得多:你必须处理现实和你嘴里说出来的话之间的矛盾。为了压制真相的输出,你的大脑必须应付一项额外的工作,这个叫作认知负荷。认知负荷会让你过度控制你平时会做的事情。结果,你可能会紧张起来,表现得过于僵硬。你说话的音调更高,你可能会在说话中停顿更长时间,你坐立不安,做手势和眨眼比平时少。这些和其他特征,如不寻常的面部表情和行为,很容易把你给供出来。

刑事调查中的测谎即刑侦语言分析,能够最好地说明什么是认知负荷。罪犯——即使是那些仔细排练过自己说谎的人——经常在调查期间暴露自己。他们可能会非常紧张,因为他们完全意识到自己的罪行,所以在做测谎时的说话用词与平时不同,说话的模式也与正常状态不同,他们会使用更多的否定词,较少的限定词。当受到追问时,

---

* "杰基尔和海德"(Jekyll and Hyde)是英国作家罗伯特·路易斯·斯蒂芬森(Robert Louis Stevenson)在其小说《化身博士》(*Strange Case of Dr Jekyll and Mr Hyde*)中所塑造的文学史上首位双重人格形象,后来"杰基尔和海德"(Jekyll and Hyde)一词成为心理学"双重人格"的代称。——译者注

他们经常脱口而出他们努力隐藏的东西。

2017年10月7日，佐治亚州的一对夫妇克里斯托弗·麦克纳布（Christopher McNabb）和科特尼·贝尔（Cortney Bell）报告说，他们两周大的女儿卡利亚（Caliyah）被从家中带走。这对夫妇恳求社区帮助。以下是这对夫妇单独被留在警方调查室的部分对话：

> "我爱过……我爱她，她是我的孩子，"麦克纳布对贝尔说。
> "冷静。你为什么这样做？"
> "做什么？"
> "你为什么这样做？""你为什么这样做？"
> "你刚刚说过'爱过'。"
> "我不知道。康尼，她在哪里？你以为我跟这烂事有关？"
> "在我心里，没有。我只是希望你没有。我的心告诉我不。"[18]

这对夫妇没有意识到，他们谈话中的两个词给了警察暗示。你意识到这两个词了吗？当谈话开始时，他们使用了动词的过去式表达自己如何爱女儿，这表明他们知道他们的宝贝女儿已经死了，而此时调查还没有进行。尽管麦克纳布很快纠正了自己的下意识口误，但贝尔的反应是明显的，她对其潜在的后果感到震惊。

警方搜查了这对夫妇移动房屋附近的林地，发现卡利亚的尸体被包裹在一个束带耐克包里。多处颅骨骨折表明她是被残忍地殴打致死。后来的结果证明，这对夫妇有暴力史，并在吸食冰毒时杀死了自己的孩子。他们被指控犯有多项谋杀和殴打罪，于2019年5月14日被定罪，麦克纳布被判处无期徒刑，贝尔被判处30年徒刑[19]。

你不需要亲自尝试犯罪来理解认知负荷的负担。由内部矛盾引起的冲突在日常生活中很容易被人们识别出来，尤其是那些非常了解我们的人。例如，我们中有多少人即使不高兴时也试图微笑。这种强迫的面部表情被称为社交微笑，与诚实的杜切尼微笑（Duchenne smile）形成鲜明对比。杜切尼微笑是根据19世纪法国神经学科学家纪尧姆·杜切尼（Guillaume Duchenne）的名字命名的，杜切尼对情绪表情有深入研究。

有没有办法减轻认知负担，这样你就可以成为一个更好的骗子？答案是肯定的，秘诀是相信自己的谎言。如果你这样做，你的思想将不再被真实与虚构之间的冲突所累。你的表情和行为不是背叛你，而是通过保持正常而成为你谎言的帮凶。这种思路使特里弗斯假设："我们更善于欺骗自己。"[20] 换句话说，自我欺骗演变为"使欺骗更难被发现"，特里弗斯写道。当意识不清醒时，就会发生自我欺骗。因此，定义自我欺骗的关键是，真正的信息优先被排除在意识之外，如果并没有排除，也是处于不同程度的无意识状态[21]。

更进一步地说，即使你的谎言被揭露，如果你自己相信，也更容易捍卫你的清白和真诚。如果你无意撒谎，你就不会失去信誉。因此，与欺骗他人不同，欺骗自己几乎没有社会后果。

事实上，当你相信自己的谎言时，你的思路会更顺畅。脑部扫描显示，当人们认为自己比别人更可取（也就是说，他们被自欺所迷惑）时，他们的内侧前额叶皮层活动水平更高[22]，而他们的眶额叶皮层和背侧前扣带回皮层关闭。显然，大脑这些区域的协调活动负责认知控制[23]。毫不奇怪，这些标志性的大脑活动在一群特殊人群中表现得与众不同，这些人就是一直对自己抱有一种自大的看法的自恋者。

回到邓宁-克鲁格效应：自欺这种现象比你想象的要普遍和广泛得

多。撇开高估自己考试成绩的学生不谈，现实生活中的许多地方，人们通常都会高估自己的能力，例如学生阅读文章的理解力，猎人安全枪支的能力，实验员的实验操作技能和知识，医生对患者病情的诊断，工程技术人员的实操技能，运动员的竞技能力。当我们意识到整个社会中普遍存在自欺欺人时，这可能会大大改变我们对所收到的商品和服务质量的看法。

自欺欺人使我们能够创造主观的自我形象，以提高自尊和自信。例如，许多女性使用化妆、香水、整形手术或隆胸来让自己看起来更年轻、更有吸引力。另一方面，男性倾向于求助于外部增强：从他们使用的剃须刀到驾驶的汽车，他们要让自己看起来像霸道总裁。人们的公众形象中还剩多少是真实的？

照片编辑工具提供了另一种方法美化人们在互联网上的形象。在数字版的沃贝贡湖中，男人往往显得不切实际的英俊，而女人则显得华丽得要死。许多看到这种不切实际的、美化后的形象的人都对其心驰神往，并相信自己对这些俊男靓女能触手可及。

自我欺骗可以使人们创造一种主观现实，而不仅仅是在物理上或数字上改变自我形象。例如，许多人认为，当肉类产品被贴上"95%无脂肪"与"5%脂肪"的标签时，这类肉更健康。当同一瓶葡萄酒的价格为90美元而不是10美元时，这瓶酒会更受欢迎。甚至参与选择葡萄酒的大脑眶额叶皮层也表明对价格较高的葡萄酒有更高的热情[24]。

人类发明了术语和叙述来改变我们和他人的世界观。委婉语的广泛扩散展示了这一点。"反堕胎"变为"支持生命"，"全球变暖"转换为"气候变化"[25]，"平民伤亡"成为"附带损害"，"刑讯逼供"被称为"强化审讯"，"擦枪走火"变成"友军开火"，"绑架"变为"不平常的刑侦演绎"，"大屠杀"变成"最后的解决方案"，等等不一而足。同样充满正能量的改头换面在公共服务活动中也可以看到，例如像

"不要乱扔垃圾"这样的路标变成了"我爱纽约"的这样花哨煽情的表达，或者变成了一个粗暴而强硬的警告"不要惹得克萨斯州"。

虽然自欺欺人可以促进自尊和自信，但自欺欺人也会增强我们的傲慢与偏见，当事实与我们的愿望和偏好相悖时，会导致我们否认事实和蔑视现实。在一项简单的研究中对此做出了很好的说明：实验要求参与者向纸条上吐吐沫，并观察颜色的变化。结果表明，那些认为变色是好事的人比那些认为变色是坏事的人观看条带的时间延长了60%，以此希望看到改变真的会发生[26]。

正如特里斯弗指出的：人类大脑的进化是为推动自己的利益：在某种程度上，当欺骗是到达这个目标最有效的手段时，大脑就会启动欺骗。因此，人的记忆可以被创造、重新创造、编辑或操纵，以服务自己的目的。这就是为什么爷爷们经常念念不忘"过去的美好时光"[27]。

这就是为什么我们倾向于记住更多关于我们成功的细节而不是失败的细节。根据心理学家卡罗尔·塔夫里斯（Carol Tavris）和埃利奥特·阿伦森（Elliot Aronson）的说法，记忆可以成为"我们个人的、与己相伴的、自我辩护的历史学家"，"从胜利者的角度"改写历史。此外，记忆以各种方式在自我修缮美化的方向上扭曲。男人和女人都"记得"伴侣比实际拥有的要少，而且他们"记得"使用避孕套的频率比实际使用避孕套的频率更高。人们还"记得"在他们没有投票的选举中投票；他们"记得"自己投票给了获胜的候选人，而不是那些他们实际投票的政客；他们"记得"对慈善事业的捐赠比实际的要多；他们"记得"他们的孩子开始走路和说话的年龄比实际开始做这些的年龄更小[28]。

因为一个人不能同时是一个充满激情的活动家和一个冷静的观察者，记忆在促进我们的利益和保护我们的感受方面注定要完成的使命，使得它失去了作为可靠的信息存储的资格。与计算机的硬盘不同，我们的记忆可能会扭曲，例如有些人声称各种奇奇怪怪的经历并且描述得活灵活现：诸如灵魂出窍的经历、前世、上天堂或被外星人绑架。错误地回忆投票或向慈善机构捐款的历史，这些记忆会让人觉得自己是慷慨和负责任的公民[29]。同样，当坏事发生时，我们可能会在事后声称"我说过"或"我警告过你"。而实际上，我们从未说过这样的话。记忆是如此的容易操纵，以至于你可以在别人的脑海中植入虚假的叙述，他们会相信这是真的。你可以让人们相信一个捏造的故事，只需招募他们的一个近亲作为帮凶来确认其真实性[30]。

虽然这些常见现象可能看起来无害，但是基于虚假记忆或供词的法庭证词可能是毁灭性的。最近一项对诸多案件的回顾显示，证人记忆的可靠性存在重大问题。这种情况在以儿童为目击证人、性虐待史和目击证人身份的案件中尤其棘手[31]。儿童特别容易受到暗示的影响，包括反复强化重复地提问、建议猜想一下、来自其他证人的压力，以及引入新信息[32]。

我们中的许多人可能会使用虚假的描述愚弄、安慰自己，或为自己找借口。特里弗斯为我们解释了这个过程的来龙去脉：

> 虚假的历史叙述是我们互相告诉对方的关于过去的谎言。通常的目标是自我荣耀和自我辩护。不仅我们很特别，我们的行为和我们祖先的行为也是如此。虚假的历史叙述就像群体层面的自欺欺人，只要许多人相信同样的谎言，那一段虚假的叙述就会被相信。如果绝大多数人可以在同样的虚假叙述中长大，那么你就有一股强大的力量来实现群体团结[33]。

我们对集体身份的看法也往往被高度夸大。例如，许多美国人认为美国是地球上最伟大的国家，是自由的土地，是勇敢的家园，美国是最繁荣的国家，美国人是世界上最慷慨的人，所有美国人生而平等，美国梦生生不息[34]。试着把"不"这个词放在这些资格的前面，看看人们的反应[35]。（注意：如果你是从政的，千万不要这么做！）

这种集体膨胀或群体自恋在其他国家也很常见。借用瑞士精神分析学家卡尔·荣格（Carl Jung）的话，群体自恋是由集体无意识支撑的：集体无意识遍及所有文化群，无论是古代的还是现代的，无论是部落还是工业化社会。这就是为什么对于任何文化来说，内部人员的观点都可能与外部人员的观点截然不同。这就是为什么人类学家倾向于接受——内部和外部——两种观点，以避免偏见和扭曲。

自欺欺人会强化妄想效应，这反过来又可能导致迷信。产生这样的结果是因为我们的认知偏颇，而这种偏颇来自为适应环境而产生的进化。如第3章所述，当听到草丛中有沙沙声，我们的第一反应是蛇，不仅是蛇，而且是毒蛇。尽管现实在草丛中出现致命蛇的可能性很小[36]——除非你身处澳大利亚——我们的恐惧反应源于这样一个事实，误报的成本远远超过漏报的成本，也就是说，因为粗心大意被毒蛇咬一口而丧命的成本远远高于因为大惊小怪而沦为笑谈的成本[37]。

同样，人的大脑会进化到可以欺骗自己看见并不真正存在的东西。这就是为什么我们有时会看到新闻报道说有人在一杯泡沫咖啡里或者一片面包片上看到了耶稣基督。这些妄想伪影来自我们过度使用的大脑。当大脑过劳时，人就会见到不存在的东西，或者对一些随机事件搭建因果关系[38]。

当我们知道自欺欺人是多么容易导致妄想和迷信，就不会吃惊于看到在赌场上人们对着一排老虎机大喊"来吧！来吧！"，他们寄希望于对机器的加油鼓劲让自己中大奖。众所周知，当鸽子啄食斯金纳盒子上的按钮以获得不确定的奖励时，甚至会展现仪式性的舞蹈。*据报道，黑猩猩种群也有迷信仪式，例如雨舞，这表明人类与其他动物在迷信方面的潜在进化关联。

从社会进化的历程来看，迷信并非一无是处。一个主要好处就是自我修复。在人类的族群文化中都有祈求神灵治愈疾病的行为。有时，"奇迹"确实是通过"神奇力量"的干预而发生的。对于我们这些生活在工业化社会中的人来说，更熟悉的是安慰剂，它已被广泛用于减轻身体或精神症状。

我自己就经历过一次特别难忘的与安慰剂的不期而遇。那是1981年在中国的老家乡下的事情，当时我还是一名高中新生。我阿姨给我看了一瓶液体，这是从欧洲回来的船员送给她的，上面写着"德比（Derby）"的字样。她告诉我，这东西很神奇，喝一勺可以治愈一系列疾病，包括咳嗽、胃痛、腹泻、头痛和中暑等——村里人也都深信不疑。由于周围没有人懂英语，我阿姨希望我能告诉她瓶子里装的是什么。而那时我的英语水平有限，看不懂瓶子上的标签。这种标有"德比"的液体的神奇效果持续流传在村民中，直到那个瓶子被喝空[39]。

安慰剂不仅仅是一种物质，就像我阿姨拿出来的那瓶无色无味的神秘液体，它更像是一种治疗仪式，能使患者相信这东西用上就会起效[40]。尽管安慰剂确定在各种医疗状况和身体条件下产生效果，但安慰剂的实质是基于一种普遍的心理效应，具体地说就是自欺欺人。正

---

* 斯金纳盒子（Skinner box）是在动物心理学研究中用于测试动物行为的一种装置，由美国著名心理学家伯哈斯·弗雷德里科·斯金纳（Burrhus Frederic Skinner）发明。——译者注

如证人的记忆很容易受到律师在法庭上的暗示性操纵一样，我们的精神状态会受到安慰剂的影响，其机理是巴甫洛夫条件反射、社会学习、记忆和动机等心理反应。这反过来又会激活具有实际生物学效应的真实药物释放的遗传、免疫和神经反应[41]。这就是为什么非活性物质、言语、仪式、体征、符号或治疗，会引发安慰剂效应，进而对病情有益。

安慰剂以改善人类的许多疾病而闻名，包括睡眠、情绪、各种疾病和性生活。研究疼痛的科学家发现，安慰剂起作用的主要途径之一是点燃希望，这反过来又可以减少焦虑。它可以激活大脑中多巴胺介导的奖励中心，从而减轻了患者的疼痛[42]。当与有效药物（如止痛药瑞芬太尼）一起使用时，安慰剂可能会进一步增强药物的效力。

安慰剂效应非常强烈，有时甚至比药物中活性成分的作用更强。例如在帮助患者改善症状方面，抗抑郁药的实际疗效仅占25%，而安慰剂效应（包括自发缓解）占75%[43]。有趣的是，即使患者被告知医生正在给他们实施安慰剂治疗并没有真正做手术，安慰剂效应仍然发挥作用[44]。

然而，并非所有人都对安慰剂有反应，预测哪些患者会有反应也并非易事。然而，对于那些做出回应的人来说，一般的模式仍然很明显：与安慰剂对应的药丸或治疗越贵，治疗效果越好，或者治疗的侵入性越强，效果就越好。安慰剂效果也适用于患者对治疗中医疗权威的感知[45]。另外，安慰剂胶囊的外观也起着重要作用。深色药丸对治疗疼痛相对更有效，温暖和明亮的颜色药丸都是兴奋剂，蓝色有助于睡眠，绿色则用于镇静[46]。想知道其中的原因吗？

学习建立治疗与疗效之间的联系在安慰剂效应中起关键作用。除了药丸的颜色、形状和味道，其他因素，例如诊所、医疗器械和医疗保健用具的外观，医生和护士在病人面前的谈吐，医患之间的互动，所有这些都有可能产生或增强安慰剂反应。这些设置可以在心理上向患者暗示"治愈即将到来"[47]。患者接触医学界的这种提醒越多，安慰剂反应就越强烈。患者会与自身的免疫系统一起，对这种治疗方式做出反应[48]。这也许可以解释为什么患者即使在被告知他们正在接受安慰剂治疗后仍可能做出积极反应。

为什么我们的大脑会把原本无用的安慰剂转化为可以治愈身体的物质？一组研究人员曾经用电击法和热刺激让参与研究的志愿者产生疼痛感，然后用惰性乳膏治疗，并要求他们回答问题。不出所料，参与者感觉明显好转。脑部扫描显示止痛药作用是真实的。与减轻疼痛相关的大脑区域称为疼痛矩阵（一个复杂的网络，包括脑岛、丘脑和前扣带回以及其他部分）在接受安慰剂治疗后活跃[49]。

此外，安慰剂可以增加伏隔体（大脑中一种特定的小结构）中多巴胺和内啡肽等神经递质的活性。有趣的是，如果你用金钱作为奖励来激活这个系统，安慰剂止痛效果也会增加。而且钱越多，安慰剂效应就越大[50]。金钱确实可以治愈！学习活动涉及大脑前额叶皮层，当不能控制大脑前额叶皮层时，对安慰剂的反应也会停止[51]。

整个替代医学和治疗实践行业——如草药、针灸、冥想、脊椎按摩疗法和芳香疗法——大体都是基于安慰剂效应[52]。针灸是最著名和最广泛使用的替代治疗方法之一。中国的针灸师已经从事针灸已有3 000多年，我们很难质疑针灸的有效性。但是，针灸为什么起作用，仍然是一个谜。

研究人员曾经做了3 500多次临床试验，也没能揭开针灸的效果之谜。因此，解释为安慰剂效应[53]。研究人员曾经对接受真针灸治疗（当针头在正确的经络点上使用时）或假针灸治疗（当针头在不正确的经络点上使用时）的患者（患有偏头痛和慢性疼痛）做严格的随机对照试验，他们发现，治疗与假对照之间没有统计学差异。

此外，患者对针灸治疗的反应也是安慰剂的典型反应：期望越高，止痛药的作用就越强[54]。相同的结果适用于一系列健康情况：偏头痛、紧张性头痛、慢性腰痛、膝关节炎[55]。显然，这种疗效来自针本身的刺激，而不是传统中医所假设的经络传导。从现代医学角度看，针灸可能是有史以来最好的安慰剂之一，可以检查人类心理：一种疗法具有足够的侵入性，而且你相信它的魔力，又不会冒不必要的风险。

一些科学家强烈诋毁替代医学疗法，将它们等同于蛇油。把针灸基础的假想经络系统贴上"前科学的官样文章"的标签[56]。我认为这种观点是偏颇的。毕竟，医学既是一项科学研究，也是一种治疗实践。作为一门科学，医学研究必须通过严格遵循临床试验中的科学程序来找出药物或治疗是否有效以及为什么有效。但作为一种治疗疾病、治愈伤口和缓解症状的做法，医学的主要关注点是某种药物或治疗方法是否有效，而不是为什么有效。

正是在这种实际意义上，替代医疗方法应该得到应有的地位。尽管它们可能主要是安慰剂，并且在大多数情况下可能无法治愈疾病[57]，但是它们在加速愈合或为那些做出反应的人提供缓解上发挥作用。因此，当没有有效的药物或治疗方法时，它们可以发挥重要作用。因此，安慰剂的效应不应被视为子虚乌有[58]。如果一个进化机制有益于治疗疾病，但仅仅因为我们还没有完全了解其工作原理就把它弃之不用，那不是太傻了吗？

替代医学或治疗方法（例如传统中医药里的某种草药）是否有用，往往会引发激烈的辩论。"有用"这个词会引起很多困惑。在人们日常交流的表达中，这个词意味着在改善条件、减轻症状、加速愈合过程等情况下起作用的东西或方法。根据这个定义，安慰剂无疑是有用的。然而，在科学上，有用意味着除了安慰剂效应所显示的积极效果之外，还有积极的作用。根据这一科学定义，除非一种药物在统计学上被证明比安慰剂更有效，这种药物才是有用的。减少混淆的一种方法可能是将"有用"替换为"特别有用"或"比安慰剂更有用",以此用来宣称一种有效的治疗手段。

关于使用安慰剂的真正担忧在于医学伦理问题。医生和治疗师是否被允许欺骗患者?如果愈合是目标,那么充分利用安慰剂效应在临床上就变得相关且在伦理上是可以接受的。然而,这样的一些行为也明显违反了知情同意原则,并被认为是破坏了医生和患者之间的信任。如果医生给你开了一种治疗背痛的药物,而没有告诉你这只是一颗糖丸,你会满意吗[59]?如果安慰剂对你不起作用,或者更糟的是,在所谓的反安慰剂效应中对你不利怎么办?更糟糕的是,当你发现它时,你可能已经错过了可以得到真正治愈的窗口期。由于这些原因,是否应该以及如何使用安慰剂仍存在争议。然而,我们都可以同意的是,当别无选择时,应该尝试安慰剂。

在自我欺骗的背后也许有着许多类似于安慰剂效应的心理益处,包括降低压力、提升自尊和改善心理健康[60]。例如,相信自己智商很高,即使不是真实的,那也可以让你对自己的生活更加满意[61]。通常来说,自欺欺人可以让人自信,这反过来又会激发乐观情绪,使你能够过上更长寿、更快乐的生活。研究表明,与悲观主义者相比,乐观主义者更有可能将困难视为挑战。结果乐观主义者往往在社会和经济上更成功[62]。这就是为什么人们喜欢那些乐观的人,以及为什么乐观的情绪可以在人群中迅速传播。难怪我们很少看到政客走上讲台,向选民宣布"我是一个悲观主义者。"如果是这样的话,那么竞选活动甚至在开始之前就会结束。

问题在于,自信很容易陷入过度自信,进而导致错误的决定。一句老话道出了关键：骄傲就会摔跟头。事实上，2012年春假期间，当我们一家人在佛罗里达度假时，过度自信几乎让我丧命。当时我在迈阿密开车。

"老爸，科罗拉多州的首府是哪里？"我的大儿子孙想向我发起第一个挑战，部分原因是为了在长途驾驶中活跃车内的气氛。

"博尔德（Boulder）"。

"你确定？"

"确定！""我以人头担保！"我以一副很牛的语气回答他。

他在他的智能手机上查了一下。"老爸，科罗拉多州的首府是丹佛（Denver）。但我们不会要你的人头哦！"全家人都笑了。

回想起来，如果我当时不是一心多用，我会答对的！当我专注于路况时，只有一部分意识可以腾出来处理我从未被问过的问题。博尔德是科罗拉多大学的所在地，这让我对州首府应该在哪里有一种错误的感觉。我最大的敌人是对这座城市的过度自信，其实除了几年前在机场短暂停留外，我几乎不了解这座城市。

好在对于这次的尴尬，孩子们并没有揪住我不放，我松了一口气。但是我小时候那次逞能可让我差点没活下来，当时自己只有9岁，还不能在深水里游泳。有一天下午，我打算游过河。出于对自己游泳技术的极度自信，我想"小菜一碟！没什么大不了的！"当我一下子滑入水中，就发现河水的边缘比预期的要陡峭，而且河底很深，我的脚根本够不着。我惊慌失措，忘记了我刚刚学会的游泳技巧。幸运的是，另一个男孩看到了我的挣扎，他大声呼救。我被碰巧在附近的表哥救了出来。

在我们继续之前，有一个简短的测验。你知道以下是什么吗？深奥的演绎、农业贸易法、货币管制、汤普森钻头、巴乔莱特奶酪等。如果你不知道它们是什么，它们听起来至少是那种熟悉的，对吗？但这些都是捏造的不存在的东西的混合物，不过，是一堆不存在的东西经过东拼西凑后造出来的子虚乌有的玩意。仍然有相当数量的人声称知道它们是什么，尤其是当这些术语散布在拿破仑或神曲等熟悉的词语中时[63]。同样，那些认为自己对金融问题有很好的掌握的人，更有可能声称他们知道根本不存在的金融概念，而那些认为自己擅长地理的人更有可能声称他们知道不存在的地理位置[64]。

正如达尔文在1871年指出的那样，"无知比知识更能产生信心"[65]。过度自信会使人无法认识到自己的弱点，从而自恋地声称他们并不真正拥有的知识[66]。例如，大多数人认为他们知道门锁、直升机或抽水马桶等是如何工作的。但如果你要求他们解释，没有多少人能说得清楚[67]。同样，人们通常认为他们了解通货膨胀和利率等基本金融概念。但是，如果你用一个简单的金融问题来测试，只有56%的人能正确回答[68]。出于同样的原因，许多运动队的球迷——如切尔西足球俱乐部、纽约洋基队或休斯敦火箭队——声称他们可以比教练做得更好。

在大多数情况下，缺乏对马桶冲水方式的了解不会造成真正的问题。然而，当一个人完成其工作所必须掌握某一领域的知识时，这就是一件很严肃的事情了。例如，医务人员、财务顾问和法律顾问等专业人士可能没有足够的知识来处理他们工作中出现的问题，从而对其病患造成身体伤害或给客户带来经济损失。例如，近40%的一年级医科专业的学生不能完整充分进行心肺复苏的操作，但是只有不到3%的人认为他们没完成[69]。如果你的生命取决于他们的知识和技能，你会不会担心？

特里弗斯写道："过度自信是最古老、最危险的自欺欺人形式之一，既存在于我们的个人生活中，也存在于全球决策中，如发动战争。"[70]过度自信，对于人类石器时代祖先而言可能只影响个人或部落，而在现代社会，则会引发重大灾难。例如，泰坦尼克号被船长和许多其他人认为是不会沉没的,直到不可想象的事情发生。许多飞机失事也是如此。战争中最糟糕的史诗级的失败和排山倒海一样的巨大损失有拿破仑大军兵败于俄罗斯,第二次世界大战中惨败的德国和日本,美国兵败于越南和第二次海湾战争等,不一而足。所有这些都源于对自己国家军事实力的过度自信,以及对对方实力和顽强意志的低估。

在现代社会中,大规模的灾难通常源于领导层的错误和糟糕的判断。研究表明,职级、年龄和经验并不能保证卓越的表现。请记住上一章提到的彼得原理。然而,这些品质仍然可以激发信心[71]。这就是为什么领导者容易过度自信。例如,公司里自恋的首席执行官特别容易自我膨胀。当受到媒体的称赞或获奖无数时,他们会大胆地承担更高的风险,而忽略了绩效的客观衡量标准[72]。

是什么导致过度自信?荷尔蒙在其中发挥了重要作用,这一点并不令人惊讶。众所周知,睾丸激素可以增强信心和冒险行为[73]。这就是为什么与女性相比,男性更容易厚颜无知地傲慢和自大。男性也更有可能寻求刺激,如超速、赌博、使用消遣性药物,以及参加跳伞和蹦极等危险运动。结果,更多的男人死于事故(对我来说这是真的,只需增加一个统计点)或者暴毙于狱中。同样,睾丸激素水平较高的首席执行官更倾向于在经营业务时承担风险。因此,他们公司的股价往往波动更大[74]。另外,从统计学上讲,男性在股票市场上的交易频率更高,但相对女性,表现则较差。

除企业和组织领导者外,过度自信和自我膨胀几乎对所有人都有害。与这些自欺行为相伴的衍生物会让我们变得心胸狭窄,无法发现自己的错误和弱点,同时抗拒好的建议和更明智的意见。例如,与不吸烟者相比,吸烟者不太愿意接受有关吸烟危害的信息。另外,有些人以"我不知道的东西不会伤害我"的态度避免谈论艾滋病毒检测[75]。

认知漏洞对自我欺骗具有强化作用：确认偏差。这是一个心理学术语，表示人对符合自己世界观的想法和事实的偏好，同时避免或过滤掉与大脑中的信念相矛盾的信息。这种偏见又通过维护自尊、骄傲和自我意志强化自欺欺人的行为。即使客观因素表明情况并非如此，有些人仍然抱有希望，认为证据可能是假的。

确认偏差是一个认知弱点，可以大规模利用。很少有人能与弗兰克·阿巴格内尔的欺诈本事相媲美，直到加密货币女王——鲁亚·伊格纳托娃（Ruja Ignatova），一位36岁的女性2016年6月在伦敦突然出现在人们的视野中，正如英国广播公司BBC的一篇令人震惊的报道那样[76]。在公共场合被称为鲁亚博士，她在最负盛名的网球场馆温布利竞技场粉墨登场，向全世界宣布，一种新的加密货币"一枚硬币"（One Coin）将成为比特币杀手。"两年后，"她告诉一群疯狂的拥趸说，"没有人会再谈论比特币了。"

像所有疯狂的金钱邪教一样，当她向世界各地兴奋的人群讲话时，人们相信她，跟随她。从2014年到2017年不到三年的时间里，人们购买了价值超过45亿美元的"一枚硬币"金融产品。许多人把辛苦赚来的钱一股脑地买了她公司出售的理财套餐。当人们看到"一枚硬币"的价值悄然上升时，他们高兴地计算着自己的财富。这些人不仅自己购买了加密货币，而且还将自己的朋友和亲戚拖入了这个"千载难逢"的机会。鲁亚博士的故事引人入胜，以至于一个搞传销的骗子，重新自我定位为多层次营销大师[77]，都被说服将数百万美元投入"一枚硬币"的项目中，他认为他的财富很快就会超过比尔·盖茨。

但这样的好事情不会发生。真正的鲁亚博士是一位来自德国的全职妈妈。她精心设计的这些公司由一家神秘的公司经营，该公司总部位于保加利亚首都索非亚的一栋公寓大楼内。鲁亚的商界女领袖的资历是由保加利亚版《经济学人》封底的一则付费广告打造出来的。最奇怪的是，备受吹捧的加密货币"一枚硬币"甚至从未存在过。

挪威研究区块链的专家比约恩·比耶尔克（Bjorn Bjercke）在快钱狂潮中嗅到了腥味。他联系了一些受害者，警告他们有关该计划的信息。令他大吃一惊的是，他努力地揭露欺诈行为，常常要与拒绝相信他所说的话的受害者大喊大叫。他甚至收到了死亡威胁，显然不仅来自那些从该计划中获利的人，而且来自一些受害者。是啊！人们在投入了这么多钱，连同自己的信仰、激情、声誉和豪情倾囊而出之后，怎么能就此认输？"一枚硬币"理财项目背后的公司太了解人性的弱点了，他们敦促利益相关者兼受害者取关对"一枚硬币"持怀疑态度的人，并在网上辱骂那些批评"一枚硬币"这个项目的人。这对比耶尔克来说尤其令人沮丧，他认为自己是在为社会做好事。他在接受采访时说，"如果我知道我必须经历什么，我永远不会吹哨子。"

直到2017年10月，当鲁亚博士未能出现在葡萄牙首都里斯本进行大肆宣传的公开演讲时，人们才意识到这一切都是弥天大谎。2019年11月5日，她的哥哥康斯坦丁·伊格纳托夫（Konstantin Ignatov）在纽约出庭作证时证实了这一欺诈行为，声称就连他也被妹妹骗了。英国广播公司BBC报道如下：

> 鲁亚博士发现了社会的几个弱点并加以利用，她知道会有足够多的人，要么足够绝望，要么足够贪婪，要么足够困惑，会在"一枚硬币"上下注。她明白，当网上有这么多相互矛盾的信息时，真相和谎言越来越难以区分。她发现社会对"一枚硬币"的辩护——立法者、警察以及社交媒体上的民众将很难理解正在发生的事情。

如果说一枚硬币的故事告诉我们什么，那就是在信息时代，信息会伤害我们，除非你知道信息的准确性和可靠性。确认偏差是人类认知的一个主要问题，而人类对自己喜欢听的东西又具有特别的、微妙的、让人欲罢不能的偏好。事实上，"一枚硬币"的骗局非常成功，因为它利用了人们的确认偏差。这个骗局鼓励人们挑选迎合自己的虚假信息，同时拒绝保护他们免受欺骗的真实信息。

确认偏差可以让我们心甘情愿地困在一个与客观现实隔离的舒适的自制茧房中，驱使我们走向邓宁-克鲁格效应的最极端表现——以至于我们可能不再认识自己。今天，由人工智能和大数据驱动的互联网，可能比你更了解你自己——你的年龄、性别、教育、婚姻状况、爱好、政治倾向、艺术品位等——包括私人信息，如财务状况、个人痴迷和性幻想——这些信息原本是除了你自己，谁也不知道的。

亚马逊网站知道你想买什么，奈飞知道你喜欢什么电影和节目，谷歌知道你喜欢读什么和看什么。这就是为什么你会得到关于新闻文章、视频和电影、要买的东西和约会的人的推荐。当你花钱时，他们获利。原则上，这些针对个人的营销策略类似于"一枚硬币"骗局，因为两者都旨在利用我们的认知偏差——也就是行骗的第二定律。然而他们是合法的，因为他们没有撒谎。两者之间的主要区别在于，除了第二定律之外，"一枚硬币"还通过撒谎来利用第一定律，这是非法的。

纳粹德国宣传部长约瑟夫·戈培尔（Joseph Goebbels）的一句经典名言是："一个谎言重复足够多次，就会成为真理。"正如我们所知，简单地重复同一个谎言（也就是采用行骗第一定律）可能不是一种有效的方法。为了给群众洗脑，你也需要利用认知偏见，即诉诸第二定律，尽最大可能使人们心甘情愿地盲目而狂热地追随你。但这一切都源于认知漏洞中的确认偏差的回音室效应。

我们这个时代最顽固的回音室效应之一属于疫苗会导致自闭症

的错误信念。这一切都始于1988年安德鲁·威克菲尔德（Andrew Wakefield）在英国医学杂志《柳叶刀》(The Lancet)上发表的一篇欺诈性论文。今天仍然有一群人继续坚持这一错误的信念，虽然为数不多但是他们不断发声，甚至在威克菲尔德因在论文中伪造结果以获取经济利益而被禁止行医多年后，这群人仍一如既往地坚持。

回音室关闭了我们的思想，鼓励我们只与那些坚持相同想法的人交往，即使他们是虚假和有害的。因此，回音室效应如同堡垒，把我们与先入为主的观点不一致的信息隔离开来。在诸如堕胎、移民、环境变化、枪支管控或者死刑这些热门问题上，朋友或亲戚的观点与你不同时，你可能已经知道左右他们的思想是多么困难。

不幸的是，与物理听觉模拟不同，信息回声室不能将"回声"保持在其密闭空间内。人们传播文字和想法，这使得在一个回音室中相对较小的声音能够被放大到整个社会中成为响亮而无处不在的噪声。最新研究表明，少数人确实可以对假新闻的扩散产生巨大的影响。那些包含虚假信息的推文，当被设计得新颖、可读性强，而且令人吃惊时，传播速度比真实的推文快6倍。此外，虚假信息更有可能传播开来，传播到远远超过10 000名网络用户。相比之下，真实的推文很少能覆盖超过1 000[78]。这正是2016年美国大选期间发生的事情。占比总量近80%的假新闻来自仅0.1%的人，这些人大多是对政治感兴趣的老年保守派男性[79]。更令人惊讶的是，2021年反数字黑粉研究中心对推特和脸书的分析表明，65%的关于Covid-19疫苗的虚假信息最初仅来自12名反疫苗者。而在这12名造谣者的首位人物是佛罗里达州整骨医生约瑟夫·默科拉（Joseph Mercola）。据报道，他通过销售天然保健品（如维生素补充剂）赚取了数百万美元，他声称这些保健品是疫苗的替代品[80]。

确认偏差是持有不同意见的人之间进行建设性讨论的主要障碍。最近的一项研究表明，即使新闻媒体对以前发表的虚假信息进行了更正，那些相信它的人仍然拒绝改变自己的观点[81]。更糟糕的是，无论是向自由派还是保守派表明与他们不同的观点，都只会让他们在其原有立场上越陷越深[82]。在危机时期，即使大家都努力寻求能够带来真正解决方案的信息，他们也可能仍然选择那些能够支持自己先入为主的想法的信息，而忽略相反的信息[83]。显然，否认现实是维护心理健康的一种应对机制，特别是在处于压力、恐怖和悲痛的时候[84]。

这种从众心态经常被党派利用。许多政治战略家都能够设计出最大限度地利用选民认知漏洞的竞选策略，而选民的这些认知漏洞就是集中在社会、经济、文化和军事问题上的确认偏差。这就是为什么每个问题都可以被政治化的原因，包括转基因生物、气候变化、移民法、枪支管制，甚至是否使用口罩来对抗COVID-19，每一个话题都被极端政治化。因此我们无须惊讶那些大喊大叫而缺乏实质内容和效果的政治辩论。

媒体进一步促进了党派之争，媒体是利用人的确认偏差来牟利的。一家新闻媒体明确地宣传，承诺为受众提供"可以达成一致的新闻"。一些有线电视新闻频道的播出时间不提供新闻事实，而是充斥着各类无所不知的专家，他们支持各种挑衅性观点、极端意见，以及毫无根据的阴谋论，以此迎合和影响观众。有些人甚至在那里胡编乱造，做完全与真相无关的虚假叙述。他们不是在从事新闻工作，他们唯一关心的是收视率，因为只有收视率才能让他们从赞助商和广告商那里获得资金。当一家媒体公开称政治对手为"人民公敌"或者COVID-19大流行为"骗局"时，那就意味着它似乎已成长为成熟的宣传机器了。

正如本章开篇引用的孔子早在2 500年前所说的话，缺乏对自己的了解是很常见的，这一直困扰着哲学家和思想家。大哲学家尼采在他的一部作品《关于真相与谎言》（*On Truth and Lie*）中感叹道："人对自己到底了解多少？"随后，他提出了一连串的问题：

"一个人甚至能完全感知到自己，就像在一个发光的玻璃柜里一样？大自然不是对一个人隐瞒得最多吗？甚至关于一个人的身体，自然把人束缚并限制在一个骄傲的、欺骗性的意识中，甚至远离对自身的感知；肠道的蠕动、血液的快速流动，以及纤维的震颤？"

在尼采的时代，也许没有人能够回答这些严肃的问题，但现在，有了邓宁-克鲁格效应的知识，我们可以做得更好。这就是为什么表现最差的人对自己的表现感觉越好，他们知道得越少，他们就越有信心，他们越没有安全感，就越有可能拒绝与他们的观点相矛盾的信息。这些都可能把人们锁在自己制造的陷阱里。因此，自欺欺人是自我提升的主要障碍。这就是为什么理查德·费曼（Richard Feynman）在1974年加州理工学院的毕业典礼演讲中警告大学毕业生："第一个原则是你不能自欺欺人，而你是最容易被愚弄的人！"说得好，但怎么做呢？

幸运的是，答案也在邓宁和克鲁格斯的研究中：表现出色的人往往会低估自己，这一结果也已在其他类似研究中得到证实。例如，感到更有安全感的人更愿意吸收与他们观点不同的信息[85]。这反过来又可以使他们在生活的许多方面取得进步，从而取得其他方向的正反馈。所以就是谦虚和谦卑会让我们变得更好，而骄傲和虚荣的观念只会让我们退回到自恋的幻想和自我构建的壳中。

因此，智者变得更聪明，因为他们保持谦虚和自我批评。这就是孔子、苏格拉底、达尔文、爱因斯坦等圣人以谦虚著称的原因，谦虚激励他们从错误中吸取教训并克服自己的弱点。我们普通人是不是要找一个说得通的理由，来辩解我们难以像他们那么做？答案很清楚，但如何破局？

最明显的方法是听从明智和成功人士的建议。以下是一些名言，可以用作座右铭或提醒。你熟悉其中哪一个？

1. 比你的同胞优越没什么可值得骄傲的，真正的高贵是超越以前的自己。

2. 对自己的智慧过于自信是不明智的：再强大的人也会衰弱，再聪明的人也会犯错。

3. 伟人也有醒醐的一面。

4. 一个真正的天才会承认自己知之甚少。

5. 三件东西值得紧紧抓住并珍惜：温柔；节俭；谦卑。而谦卑能让自己与他人和睦相处。

6. 一个人永远不应该羞于承认自己错了。承认自己错，换句话说，其实是今天的他比昨天的他更聪明。

7. 自私自利的人挣不了大钱，顾影自怜的人成不了大事。

8. 谦卑是一切美德的基础[86]。

鉴于自我评估和同伴评估之间的差距，我们应该明白：外部输入可以带给我们一剂有价值的对现实认知的清醒剂。通过定期向他人询问他们对自己的真实反馈，我们一定会受益。同时，我们也应该为那些被困在邓宁克鲁格效应漩涡中的人提供帮助。然而，由于表现不佳的人更有可能忽视批评，我们需要在方法上巧妙一些。例如，当被提醒吸烟的负面影响如浪费钱或患癌，吸烟者很容易立即反驳。但是，如果你夸他们善良，他们会对反吸烟运动持更加接受的态度[87]。重要的是，在帮助人克服自欺时，不要伤害他们的自尊[88]。

除了大多已故的圣人之外，我们还能向谁寻求智慧的建议？一种可能就是从活生生的人群学到有用的东西，这一群体就是女性。相对于男性，女性更容易淡化自己的能力，有时，她们甚至可能看不到自己的长处[89]。一项研究表明，与男性相比，女性在正确回答的问题数量上低估了自己13%，在表现上低估了17%[90]。女性明显的自我怀疑常常被误认为缺乏自信。在传统的东西方社会中，这种自我怀疑被定型为一种针对性别的弱点，在人们的头脑中塑造了一种错误的执念，即女性不适合担任领导。(记住在莎士比亚戏剧《哈姆雷特》里的一句名言："脆弱，你的名字是女人!")

这种偏见的观点与事实相去甚远。承认一点自我怀疑可以让女性更好地把握现实，女性身上很明显地呈现出较小的邓宁-克鲁格效应。那些我们钦佩的圣人身上所具有的品质，即谦逊、卑微和怀疑，也让女性能够更好地感知客观现实，这些品质对于做出正确的决定至关重要。这些品质应该被看作是领导力的优势，而不是劣势。

这一理论得到了数据的支持。在1990年代初期，加州开始鼓励招聘女性担任上市公司的董事会成员。这一政策最初是为了促进性别平等。一些人对此持怀疑态度，而另一些人甚至直接表示不满，认为这只是在玩性别政治。过了一段时间，人们发现，董事会中有女性的公司往往在财务上表现更好，这被称为女性董事会成员之谜。这只是侥幸吗？

根据最近的大数据分析，这不是侥幸！这项关涉公司领导角色类型与公司财务业绩的关系的分析，考核了11个指标：研究证实了女性领导力的积极影响，而且指出女性明显优于男性的两个具体领域：一个是销售，另一个是董事会[91]。然而女性首席执行官未能超越男性首席执行官。为什么？显然，女性的领导优势在营销决策中最为突出[92]。尽管女性在这些领导职位上与男性一样有能力，但她们在公司内部群体语境中的独特优势不能充分展现。于是，女性董事会成员的谜团解开了。

尽管女性领导力在任何类别中都不逊色于男性，但也不要急于认为女性领导者接管公司就可以使公司的财务焕然一新。统计模式之外，还有个别公司。例如，如果你的公司是惠普公司，你会后悔聘请卡莉·费奥莉娜（Carly Fiorina）担任首席执行官，她是 1999 年第一位领导顶级科技公司的女性。她在关键决策上做了很多的错误决定，以至于在她的领导下，公司损失了一半的价值。直到 2005 年她被赶下台，惠普的痛苦才结束。

此外，没有证据表明女性在所有女性团队中都表现得更好。也许，在商业中，信心仍然是伴随速度和决心完成任务的重要因素。从统计学上讲，男性和女性的混合领导似乎可以提供最好的结果。这样你就可以有足够的信心，但又不会过度自信。不幸的是，如今在财富 500 强公司中，只有 4% 的首席执行官和 16% 的董事会成员是女性[93]，说明我们离充分利用女性心理优势还很遥远。

我们考察了各种各样的作弊，并总结所有形式的作弊都是通过行骗的两个定律完成的——在沟通交流中伪造信息和利用认知漏洞，它们分别是撒谎和欺骗的生物学基础。我们把人类作弊纳入生物世界的大局，同时指出其多样性、复杂性和独特性。在我们这场"认清欺骗"之旅结束之前，我们有一个更重要的问题要回答：我们怎么防骗？

第 8 章

与欺诈共存——无奈且必然的选择

> "谎言无处不在,其实,我们都在这么做,而且,我们必须这么做。"
> ——马克·吐温

西雅图著名的派克市场(Pike Place Market)从来都是人群攒动,熙来攘往。在海鲜摊上,大比目鱼片闪闪发光,螃蟹似乎在摆动它们的爪子。为了增添一些出海捕鱼的韵味和乐趣,小贩在售卖时模仿渔夫的吟唱。在一个清爽的周六早晨,你也走在熙熙攘攘的人群中。一只完美的帝王鲑吸引了你的眼球。它是如此令人垂涎欲滴,以至于你觉得如果你不能拥有它,你会错过一生的美味体验。于是你向小贩询问价格。

"每磅 3.5 美元。哦,我还没有把价格标签贴出来。他一边笑着回答你,一边用眼睛向你示意'你一定要尝一尝哦,这可是绝对的美味'。"

"什么?"你都不敢相信你刚才听到的。"这个在城里卖 12.99 美元一磅,但质量还赶不上这个。"

"你看,"小贩说到,"鱼上岸已经 4 个小时了。"他指着尾巴上的一个缺陷。"这个地方鱼鳞片也没了。""如果一磅能挣 25 美分,那就足够我维持基本生活了。"

"他是如此真诚,"你对自己说,"我绝对不能占这么好的人的便宜。"于是,你坚持以 12.99 美元一磅的价格来买,而他执意不肯接受你的慷慨支付。既然你们双方不能在价格上达成一致,这笔买卖就没成。

有没有觉得哪里不对?在这个世界上,生意的买卖双方如此诚实,如此关心他人,没有任何欺骗的企图。当然,在真实的派克市场永远不会存在这样的乌托邦生意。

尽管我们讨厌谎言和欺骗,但这一实验证明了商业交易中欺骗的必要性。在这一章里,我们将会看到,与其随处可见人人喊打的恶名正相反,事实上,行骗是我们经济活动和社会生活的不可或缺的要素,而且也是我们的教育和认知发展的关键部分。所以,行骗是否被允许不是问题的关键。问题的关键是什么样的行骗应该被允许,而它又在何时在道义上是公允的,具有道德正义性。而且更现实的是,在一个充满谎言的世界里,我们如何才能生存和发展。在这一章,我们将就这些难题寻求答案。

市场只知道利润不知道良心。亚当·斯密(Adam Smith)在他的《国富论》(*The Wealth of Nations*)中写道:"我们期待我们的晚餐并不是因为屠夫、酿酒师或面包师的仁慈。"没有利润动机,就没有市场,就没有围绕它的任何经济活动。至少在经济意义上,人类将回到石器时代。如果亚当·斯密理论中这只著名的无形之手——利润的激励——被砍掉,就会发生这种情况。

尽管经济学的基础知识告诉我们价格取决于供应和需求，但讨价还价可以让卖家寻求最高利润，买家支付尽可能低的价格。从本质上讲，这是双方为解决长期利益冲突而进行的一场战略游戏。不必惊讶的是，讨价还价和商务谈判充斥着诸如微妙的虚张声势和公然撒谎等战术伎俩，这些都是为了获得更好的价格。事实上，讨价还价和谈判是不道德行为的潜在滋生地，充满了欺骗性的操纵[1]。然而，很少有人认为谈判过程本质上就是不公平的，即使是那些觉得自己被敲竹杠的买家也没有考虑到这一点。人们可以随心所欲地讨价还价，这就是为什么它被称为自由市场。

讨价还价是达成交易的一个重要过程。这是一场心理游戏，在这场游戏中，一方试图用任何必要的手段智取另一方。因此，精明不仅仅是人们所期待的，而且是必要的。如果你想赢，就需要一张扑克脸，就像在那种以虚张声势为基础的纸牌游戏中一样。你会指责一个虚张声势的扑克玩家不诚实吗？同样的，当谷歌在 2006 年收购油管时双方在谈判中都对价格保密。如果谷歌的人员对油管如实告诉自己所掌握的信息，以及他们愿意出的收购价，他们将面临盗窃商业机密的工业间谍罪的刑事指控[2]。在这一案例中，诚实不仅仅要被问责，而且要被追究法律责任。

如果你不喜欢讨价还价，宁愿看价格标签，那么你就失去了讨价还价的机会。无论标价是多少，你都得接受，例如，三文鱼在渔码头以每磅 3 美元的价格出售或者在高级餐厅里以每磅 100 美元的价格出售。考虑以下极端情况。当诺华制药在 2018 年 9 月推出抗癌药物 Kymriah 时，每疗程的价格为 37.1 万美元。这激起了公众的强烈抗议，指责制药商不诚实、不公平和贪婪。但是诺华公司可以轻易地把这些指控怼了回去：他们声称开发免疫疗法药物花费了数十亿美元，他们需要盈利才能生存。谁该为此负责，公司还是不平等的社会经济？

即使在每件商品都标有价格的超市里，欺骗仍然会发生，因为商品的摆放常常会故意利用你的认知偏差。商店的设计是为了迎合你的感官，包括环境灯光、背景音乐，以及环境里的芬芳气味，由此，你可以享受你的购物经历，"享受购物"其实质就是超市以犹抱琵琶半遮面的姿态让你打开你钱包。特别是货架摆放，是许多商店采用的一种微妙的策略，在结账区附近展示的商品可能比普通货架上的同类商品要贵得多。你在等着结账的时候，为如此"便利"的商品付费。零食盒子可能被陈列在较低的架子上，而不是在眼睛的高度，因为孩子们能更好地看到它们，并能扭动他们妈妈的胳膊来得到他们想要的东西。知道了商品的货架摆放位置对消费者的心理影响，生产厂家会与零售商谈判协商他们的产品应该摆放在哪里。

简而言之，营销就是心理学——通常利用消费者的认知偏见，包括框架、锚定和损失厌恶，这只是一长串中的几项。这里所使用的店内营销的例子统称为"胳膊肘推揉式促销"简称"肘推促销"，这一专业术语是由行为经济学家理查德·泰勒（Richard Thaler）和法律学者卡斯·桑斯坦（Cass Sunstein）创造的[3]。"肘推促销"是一种认知攻略，旨在引导人们的思维状态，进而做出操纵者想要的决定。因此，营销人员对尖端神经影像学研究非常感兴趣，目的是通过吸引我们的大脑反应模式来设计和宣传商家的产品。

那些企图欺骗我们的感官或利用我们认知偏见的市场营销活动显然是欺骗。尽管我们倾向于接受它们。我们真的能控制市场营销的实施吗？或者我们也许会问，欺骗在此重要吗？

人类的行为受制于法律和道德的控制力。然而，这两种力量并不一定导致同样的结果。人们的行为方式可以完全合法，但同时又完全不道德。正如亚当·斯密指出的，一个完全不受监管的自由市场是不道德的。利润动机促使生产者和销售者将商品和服务带到市场上。这也给了他们诉诸欺骗伎俩的机会。这就是为什么几乎没有人对市场上普遍存在的战略欺诈感到惊讶。事实上，获利的不确定性越高，就越有可能在讨价还价中使用欺骗性的策略[4]。即使你不认可这样一个愤世嫉俗的观点，但是如果你认为市场上所有的人举止都是诚实的、善良的、有强烈的道德感，也未免过于天真。

事实上，市场只知道什么是合法的，什么是非法的。道德无关紧要。经济学家米尔顿·弗里德曼（Milton Friedman）信奉自由放任的资本主义，认为企业的责任是尽可能多地赚钱，同时遵守社会的基本规则，包括法律和道德规范[5]。这里所指的"道德规范"是指行业惯例，通常还没有被法律法规所约束，但在行业中一直被践行。

虽然近几十年来，商业和营销中的道德问题越来越严重，但它还没有延伸到定价或讨价还价的实践中。目前，营销的道德问题涉及产品成分的真实性透明度，这些关涉消费者健康、环境影响、财务问题、隐私和安全问题等潜在风险[6]。然而，广告商只需要提供真实的信息，也就是说，他们不能说谎（说谎属于行骗的第一定律）。然而，这仍然为广告商使用欺骗性策略（通过使用第二定律进行欺骗）留下极大的空间。大多数有争议的营销策略（有些在某些国家甚至是非法的），如轰炸式叫卖、上钩调包诱惑营销法、客户发展金字塔计划、病毒营销等，都属于欺骗第二定律。他们利用消费者的认知漏洞以达到目的，通过夸大的语言和诱人的设计，或者通过培育和煽动某种文化风潮迫使人们跟风消费[7]。

底线是销售人员从不使用诚实的负面语言来描述他们的产品或服务。他们不会说，比如，这些产品含有5%的不良事实，或者这个投资机会可能会让你破产。只有在法律强制的情况下，制造商才会添加警告标签（如所有烟草产品上的警告标签）来提醒消费者潜在的风险。即使如此，他们还是尽量使用小字体，把它藏在包装的隐蔽处，以确保只有最细心的消费者才会读到它。因此，在商业世界里，诚实和正直是相对的——也就是说，根据现有的规范和标准做法。

　　上述情景将我们带入一个道德未知领域。这迫使我们必须面对几个现实的困境：我们能生活在一个没有欺骗的社会中吗？某些谎言和欺骗是被允许的吗？如果被允许，那么又是什么样的谎言和欺骗呢？最后，我们如何在欺骗中生存并最大化利用它？

九

　　你可能会问，如果我们所有的人都能一直诚实，不是很好吗？中国作家社会评论家鲁迅在他写于 1925 年的短文《立论》中讲述了有一家人给他们刚出生的男孩庆祝百日，展示给众邻里乡亲的故事。在庆生期间，人群中有一个人说："这孩子将来要发财的。"他刚说完，就获得了这家人的重谢。第二个小伙子插话说："这孩子将来要做官的。"于是这个人也收到了这家人的厚礼。第三个家伙实事求是地嘟囔着，"那孩子将来要死的。"于是这个人立即遭到了谴责、诅咒，以及众人的殴打。

　　当然，无论是发财，还是升官，都是这个男孩未来的低概率事件。特别是在鲁迅那个时代的中国，尤其如此。两者都是近乎谎言的赞美。但是，在未来，死亡是不可避免的，对于每个人来说都是确定的。然而，说真话的人被认为是社交尴尬和恶意的，而两个奉承的说谎者则因善意和善良而受到社会奖励。

　　如果你发现自己处于这种情况，你能做什么？如果你想说实话又不失礼，根据鲁迅的说法，最好的方式是"嘿，看！这个男孩是如此的……哇！或哈哈！"但是即使你拐弯抹角，含糊其词地回应一句"哇"或"哈哈"，你仍然不诚实，因为你因为害怕冒犯别人而隐瞒了真相。换句话说，你是一个伪君子。这个例子说明，在某些情况下，没有老老实实、体面地解决问题的办法。

这是一个常见的场景，诚实受到惩罚，谎言——尽管可能是善意的谎言——会受到奖励和鼓励，并被认为是得体的社交。这就是我们今天的世界，一个世纪前的鲁迅也是这样看的。我们也没有理由相信在东方孔子时代和西方苏格拉底的时代会有所不同。你能想象一个没有这种欺骗的社会吗？我们总是说些善意的谎言，说些好听的话让别人感觉良好，即使这些话大部分都不是真的。相反，缺乏这种社交技巧的人——也就是说谎的人——会被认为是粗鲁或笨拙的。

鲁迅的故事也说明了一个典型的例子，我可以称之为"诚实的危险"。诚实，除了在沟通中明确的定义外，也是一个社会规范，在不同社区和文化中有所不同。换句话说，社会中的诚信更多的是关于当地的社会习俗、惯例和标准，而不是个人道德行为或道德信仰的固定体系。例如，在美国社会，无论是华盛顿（他著名的说法是："我不会说谎"）还是特朗普（他声称："如果我能，我会说实话"），似乎都与绝大多数公民实践的规范不同步。第1章提到的苏格拉底也一样，他可能想用自己的一生为促进社会中的信任和诚实树立榜样。实际上，他为了坚持个人的道德标准而献出了自己的生命，而这种道德标准是雅典人既不接受也不欣赏的[8]。他失去了自己的生命，而世界也过早地失去了一位哲人。这的确是一场双重悲剧。

同样，如果你申请一份工作，寄出一份列举自己所有弱点的简历。虽然你很诚实，但你的简历保证让你无论到哪都遭到拒绝，因为你把个人的道德标准和社会规范混为一谈了。你不仅是在作践自己，而且是在用一种不合时宜的方式推销自己。你会尝到诚实的苦果。换句话说，社会在判断哪些诚信标准是应该坚持的，哪些是应该抛弃的时候，有其判断标准[9]。

正如"危险"一词所指,诚实可能带来灾难性的后果。想象一下,你是一个中产阶级的妻子,15年前嫁给了一位英俊的丈夫。一天晚上,你的丈夫要参加一个正式的公共活动。经过20分钟的精心打扮和试穿衣服后,他走到你身边问:"亲爱的,我看起来怎么样?"他期待着你像往常一样说:"太棒了!"但是那一刻,你决定你再也不想说谎了。于是鼓起勇气,突然诚实地告诉他:"哦,你看上去就那么回事!一般般吧!"然后你又补充道:"你又秃又胖。我们的邻居杰克的身材健美,像个运动员。对了,我们老板刚刚买了一辆新的四驱越野车。"即便你在说实话,但这番话对你和你的丈夫有什么好处呢?如果你对亲朋好友也同样"诚实",那你注定会被社会孤立。如果别人只是给你贴上"格格不入"或者"怪人"的标签,那已经是你的幸运了。

以上场景是假设的,但英国广播公司BBC决定在2018年用真人做一次尝试。在纪录片《一周不说谎——诚实实验》中,三名志愿者——一名牧师、一名油管网红和一名广告高管——被招募参加一项实验,他们不允许说任何谎言,哪怕是善意的谎言。虽然他们似乎很高兴报名参加测试,但参与者很快发现过完全诚实的生活是多么残酷。其中一人甚至请病假来回避在工作中与他人互动。

BBC的实验说明了在我们的社会生活中诚实是多么危险。显然,如果没有善意的谎言来表明我们是富有同情心的,愿意给予他人支持的,并非心怀恶意的,那么我们会被视为不关心他人感受和幸福的具有反社会人格的人。这再次说明诚实是社会可以在我们身上看到的某种品质,而不是说出全部真相的行为方式。

诚实的危险告诉我们在社会生活中欺骗的必要性。例如,如果你去律所找律师代理官司，而律师穿着T恤衫和拖鞋迎接你，你会请他吗？如果律师穿着睡衣出庭，法官和陪审团会怎么想？同样的逻辑适用于银行家、财务顾问或公司高管等商业人士。如若他们不设法在外表将自己与街上的普通人区分开来，那么他们如何做才会被视为成功人士？如果一个投资大佬留着一头乱发，穿着一条破旧的牛仔裤，开着一辆叮当乱响的老爷车，你会有信心参加他的项目吗？你会相信让他来管理你的毕生积蓄吗？

我们经常抱怨人们以貌取人甚是肤浅。现实是，人类的栖居不再是小社会状态，即生活在紧密联系的社区，可以直接凭借声誉来了解彼此，而是在一个开放的社会，特别是大城市，人们来来往往。牛津大学研究人类社交行为的教授罗宾·邓巴总结出的150邓巴定律表明，人类相对稳定的社交联系不会超出几百人。然而，由于各种各样的原因，我们却必须一直与陌生人打交道。这迫使我们时常要做出快速判断，因为人们没有时间或机会去了解彼此。因此人们交往的同时，必须要经常当机立断。虽然以貌取人可能无法确保准确性，但是你会反其道而行之么？关键信息：当没有其他东西可以用来判断一个人的时候，我们肉眼能看到的就变得非常重要了。这就是为什么包装设计在今天的商业产品营销中如此重要，无论是书籍、葡萄酒还是洗发水。

因此，在我们这个快速发展的社会中，第一印象变得极为重要。不管我们是否意识到，人在公共场合的穿着和表现是为了吸引别人，而这又需要人花费了大量的时间、金钱和精力。这些包括发型、衣服、鞋子、女士香水或男士古龙水和汽车。对于女性来说，即使穿着中等高度的高跟鞋走路都可能很痛。使用各种形式的社会伪装——装成与我们真实身份不同的人——成为社会生存的必要条件[10]。这就是为什么我们对专业人士看上去应该是什么样以及举止表现有着刻板印象，这就是为什么我们在约会或公共活动中精心打扮自己，这就是为什么我们以炫耀性消费来让别人相信我们在公众面前的人设是真实的。在大多数情况下，我们其实都在阻止自己与他人交流真实的信息，这是我们在第4章中探讨的一项进化原则。

即使是最有名望和最富有的人也免不了装一装。对于名流如杰夫·贝佐斯、埃隆·马斯克以及名声显赫的体育明星或电影明星来说，他们穿阿玛尼还是李维斯，开奔驰还是雪佛兰，可能没什么区别。但是，他们通常也有东西要避开公众的审视：秘密恋情、性格缺陷、不幸福的家庭生活或可疑的商业交易。

当我们提升自己的公众形象时，我们掩盖了自己在身体、技能、智力和社会经济地位方面的弱点。在东西方社会中，许多女性经常使用化妆品来改善她们的原本的容貌，以便让皮肤看上去更光滑、颜色更鲜艳、眼睛更大、嘴唇更红润。服装的设计是为了突出女性的曲线美，紧身衣和牛仔裤是为了突出身体的下半部分，尤其是腿部；腰带则是为了强调腰臀比例。在一些竞争激烈的亚洲城市，人们必须在公共场合展示自己最好的面孔，似乎成了一种社交礼仪，甚至连男人都化妆[11]。

如果人们不在乎自己的公众形象，我们的世界会变成什么样子？每个人都会为了保暖和舒适而穿着保暖的衣服。没有化妆，没有商务装，没有婚纱，没有晚礼服，没有美甲，没有美发。时尚和个人护理行业，尤其是高端行业，将会死亡。当风格、品味、时尚都已不在，高级时装定制也将失去存在的理由。因此，某种谎言和欺骗不仅是不可避免的，而且对我们的经济和文化至关重要。

欺骗也是文学的支柱。读者对小说所讲述的故事愿意信以为真，尽管大多数都有坚实的现实基础，还有回忆录、自传等。但是其中多数都充斥着不真实但又让人欲罢不能的细节推动着故事的发展。即使是基于事实的非虚构作品也可能包含虚假的信息。

马尔科姆·格拉德威尔（Malcolm Gladwell）是当代最受欢迎的作家，他的《引爆点》（*The Tipping Point*）、《眨眼之间》（*Blink*）和《异类》（*Outliers*）极为畅销。在发现格拉德威尔是在经过一番精挑细选之后才决定写作主题后，心理学家克里斯托弗·沙布利（Christopher Chabris）提出一个设问："难道没有一种道德来要求作品更加忠实于真相么？"[12] 格拉德威尔则反驳道，"沙布利应该冷静点儿，我只想说，所有关涉社会科学的创作无须呈现学术的正式和精确。在一片混乱中，总有一席之地让我们来讲故事。"[13]

故事和情节——不管是真实的、半真实的，还是完全虚构的——都会激发我们的情感和主观体验，没有这些，我们的智力活动会非常贫乏。这就是为什么我们珍视各种各样的文学形式——诗歌、小说、戏剧——因为它们具有创造力和想象力。同样的道理也适用于神话和宗教故事。如果所有的写作都局限于枯燥的事实，我们只会看到年鉴、编年史和学术研究论文，而这些都不能算作文学。

幻觉和欺骗——甚至有意误导——是艺术作品的关键成分，如绘画、音乐、电影、电视节目和视频游戏。这些都通过视觉图像、声音效果和虚拟现实给我们提供了观察生活的新视角和异域风情的体验。例如，电影、电视屏幕和电脑显示器都通过连接一系列的静止图像来欺骗我们的眼睛，这些图像再现了连续的运动，就像它们是真实的一样。它们已经成为我们生活中一个重要的部分，没有了这些虚构的艺术创作，我们可能会感到千篇一律，还未开化，或者说至少是过于拙朴。

欺骗不仅支撑着我们经济、知识、艺术和社会生活的许多方面，它还帮助定义我们所期望的道德价值观。没有谎言和欺骗，谁会在乎诚实？没有背叛，谁会被久经考验的友谊所激励？没有不忠，谁会被一生的爱所感动？没有欺骗，又何必宣扬忠贞、忠诚、礼貌、尊重、声誉等这些支撑着真理和信任的美德?

※

尽管我们憎恨欺骗,但我们自己也时常会去欺骗,不管我们是否意识到这一点。甚至苏格拉底,这个为真理和信任牺牲了自己生命的人,也没有被现实击破幻想。他承认,"在这个世界上,要想荣耀地活下去,最好的办法就是假装成我们心中的那个人。"

除了荣誉、尊严和美德,欺骗还有更实际的原因:欺骗是一种生存战略,既可利用从而从中获得好处,也可用欺骗来抵御欺骗[14]。正是在这种意义上,哲学家和作家戴维·利文斯通·史密斯(David Livingstone Smith)在他的书《我们为什么说谎》(*Why We Lie*)中称欺骗为"人性的灰姑娘,对我们的人性至关重要,但每一次行骗时,人都会矢口否认。"他继续写道:

"欺骗是正常的,自然的,无所不在的。它不像流行的观点所认为的——要将其归为精神疾病或道德败坏。人类社会这样一个'谎言和欺骗的网'会在过多的诚实压力下坍塌。"[15]

既然人类社会脑力活动中欺骗不可或缺,那么在诸如政府、公司、学校和军队等领域,如果不具备这方面的能力,生存下去还真可能无以为计。在社会交往中,诚实往往远远不足以形成和维持人际关系。我们需要快速有效地传达良好的意图,这通常需要积极的态度,委婉语和善意的谎言。讽刺的是,我们不得不采取不诚实的方式来传达信息,让别人相信我们的真诚。

同样重要的是,欺骗可以磨炼我们的认知敏锐度,保护我们不成为骗局的牺牲品。正如我们所知,一个头脑敏锐的人更有可能在芸芸众生中识破骗子,通过观察面部表情、谈话风格和肢体语言。相比之下，失去部分认知能力的人更容易受到上当受骗。研究显示，一般来说，人类并不是特别擅长发现骗子——运气的成分更大，或许能比抛硬币好一点点。不过，专业训练和丰富的人生阅历可以使这种能力得以提高。这就是为什么执法人员、临床心理学家和特工等专业人员在识破谎言和骗术这方面要比普通人更胜一筹[16]。

这就是为什么欺骗对我们的心理和社会发展至关重要的一些原因。显然，欺骗是一种本能，即使不学，在人们的行为中也会出现。我曾震惊地发现，我两个儿子中的一个在6个月大的时候就假装哭了。不过，心理学家几乎不会对这样的事感到惊讶。他们知道在2岁半的孩子中至少大约每小时有2/3的时间会说一次谎。这个年龄的孩子说谎主要是为了自保，尤其是为了逃避惩罚。随着成长，欺骗的本质开始转变，从自私自利转变为为他人着想。到5岁时，孩子已经会说善意的谎言来保护别人的感受[17]。中国有一项研究表明，多达40%的7岁儿童、50%的9岁儿童和60%的11岁儿童，会说这种善意的谎言[18]。

根据心理学家维多利亚·塔尔瓦尔（Victoria Talwar）及其同事的研究，儿童的说谎技能的发展分为三个阶段。在大约两三岁时，他们可以做虚假陈述，或者称之为初始谎言。这些谎言主要是为了逃避违反规定的惩罚。在三四岁时，多数孩子会用谎言来掩盖他们的错误行为。由于这些谎言被用来掩盖违规，这一阶段的谎言被称为二级谎言。最后，七八岁左右，孩子变得喜欢撒谎，这一阶段的谎言被称为"第三级谎言"，即他们可以对谎言撒谎。因此，他们可以编造一系列逻辑上连贯的谎言。现在，很难判断他们是否在说谎[19]。在此基础上，孩子们正学习如何融入成年人的世界，即了解别人的感受，掌握处理复杂人际关系问题的技巧。

换位思考和读心术等认知技能不仅是成功撒谎的必要条件，也是测谎的必要条件。孩子们的身体和心理健康与他们说谎和欺骗的能力呈正相关，这并不奇怪[20]。正如我们在第5章了解到的，聪明的孩子不仅更容易撒谎，而且他们说谎和识破谎言的能力也更强，因为他们的大脑有更好的执行功能——更好的工作记忆、认知灵活性和生活控制能力[21]。然而，自闭症儿童往往在说谎和识破谎言方面有困难[22]。

在社会生存中，欺骗和发现欺骗的技巧是必不可少的，但对孩子来说，这需要长期和广泛的学习。显然，许多儿童游戏都是为了这个目的而设计的，比如躲猫猫、捉迷藏、纸牌戏法、魔术和骗子骰子。有些是有意用来让孩子学习和磨炼发现欺骗的技能，如戏弄、假装、隐瞒和声东击西[23]。说谎可以帮助孩子提高语言表达能力，并辨别单词和句子的意义、语气及语境。一些研究人员认为，在儿童发育过程中，说谎对语言复杂性的发展有重大影响[24]。

现代社会中，孩子在父母、看护人和老师的帮助下发展欺骗和发现欺骗的技能，这是成功过渡到成人世界生活所必需的。大多数孩子在能够推理的时候就开始被告知何时以及如何撒谎。多数情况下，孩子会被鼓励说善意谎言，但是如果恶意撒谎则会受到惩罚。当孩子知道什么样的谎言是允许的，什么是不允许的，他们会逐渐树立一定的是非道德感。相反，没有掌握这些社会和认知技能，没有学习这些道德规范的孩子，可能会表现出不适应成人世界的行为[25]。

九

在人类社会中，欺骗是不可避免的，也是必不可少的。但作为最聪明的灵长类动物，人类要好好想一想我们应该做什么。欺骗在道德上正确吗？要回答这个问题，让我们首先考虑一个场景。

在一个风雨交加的夜晚，你和你的朋友在你舒适的家的壁炉前聊天。电视正在播放一个逃犯正在追杀某人的警告,此时门铃响了。你起身去查看来访者是谁,透过门玻璃看到一个人,你立刻认出他就是电视上刚刚播出的逃犯。他要追杀的正是你的朋友,他问你的朋友是否在房子里。你怎么对这个凶手说关于你朋友的下落?

这个故事是 18 世纪哲学家伊曼努尔·康德(Immanuel Kant)在他的论文《从利他主义动机出发的假定说谎的权利》(*On a Supposed Right to Lie from Altruistic Motives*)[26]中所提出的一个两难境地如何选择的现代版。尽管大多数人选择说谎,但康德的答案是,你不应该说谎。为什么?哲学家雅各布·温里布(Jacob Weinrib)总结了康德列举的三个原因:"谎言腐蚀了权利的来源,违背了诚实的义务,破坏了合同的有效性。"[27]用康德的话说就是,"诚实是一种义务,它是所有以契约为基础的责任义务的根本。""这是神圣而绝对的理性命令,不会受困于权宜之计。"也就是说,说实话是一种"内在责任",不容有任何例外。我们应该说真话且只说真话的原因是,康德写道,"谎言总是伤害他人,即使不是伤害某个特定的人,但它仍然伤害了整个人类,因为谎言破坏了法律本身的根源。"[28]基于康德的指令不容置疑的理论,我们可以说,当一个人的行为遵循道德的时候,他并不是在奉行法律,而是在履行一个人的责任义务[29]。因此,在不撒谎说实话与保护朋友生命的比较中,前者更重要[30]。

然而,康德的理性在实践中是被排斥的。如果这样做了,就会成为诚实风险的序列中最糟糕的一种。谁会为了坚持真理而让自己的朋友被杀,不管你认为真相是什么。那么,这位以思维严谨著称的伟大哲学家到底出了什么问题?答案是:他模糊了法律和道德的视角[31]。至少,他没有将描述性和规范性这两个领域明确区分。其实,人在法庭上的行为可能与在日常生活中的行为截然不同。

康德没有解决的问题,由他同时代的哲学家本雅明·康斯坦

（Benjamin Constant）解答了。康斯坦注意到，权利和义务是相互关联的。因为"伤害他人的人没有权利知道真相"，那么杀手就没有权利知道真相，你也没有义务对他说实话。他写道，

> "说实话是一种责任义务。然而，责任义务这一概念与权利这一概念是不可分割的。其关系是一个人要履行的责任义务是对应于另一个人的权利的。对于一个没有权利享受其相对应的责任义务的人，就没有必要履行责任义务。因此，当我们指出，说真话是一种责任义务时，要明白这一责任义务只需要对有权知道真相的人履行。重点是，那些伤害他人的人没有权利知道真相。"[32]

尽管这种关联理论在今天已经过时，但康斯坦和康德都认为，对凶手撒谎并不是撒谎[33]。因此，这一例子，非但没有解决两难困境，反而引入了更多的问题需要思考。如果对杀手撒谎不算撒谎，那么，如果对一个的朋友撒谎，而这个朋友之后变成一个杀手，那么我们说出的算不算是谎言？如果我们对一个事后可能利用你的信息传播恶意谣言的人说了假话，算不算撒谎？

如果我们把康德倡导的绝对诚实作为我们日常生活的道德指南，这些只是我们可能会遇到的问题的几个例子。康德的"不允许说谎"的观点，过于严苛，不切实际，而且在应用中也有无法解决的难题。而且，对杀手撒谎网开一面，视为"不撒谎"，也违反了对撒谎的客观定义。也就是说，当谎言实际上传达了虚假信息时，你不能宣称它不是谎言。此外，如果你对某些谎言视为例外，那么你将不得不对类似性质的谎言做出更多的例外判定，这是一项既令人困惑又不切实际的任务。对于什么要素可以构成例外，我们将陷入无休止的争论中。

界定允许的谎言和不允许的谎言，一直是哲学家深感"路漫漫其修远兮，吾将上下而求索"的问题。康德哲学思考中最显著的优势是他那类似于严谨的数学逻辑的公理化。基于一套自洽的真理即责任义务，他构建了自己的理论——康德伦理学，因此康德哲学也被称为"责任义务伦理学"（责任义务这个词是从希腊语中派生出来的，其意就是责任或义务）。

康德伦理学的逻辑优势也是其主要弱点。最新研究表明，情绪对人类做出决定和采取行动至关重要。我们长期坚守的道德原则，常常遭到情绪的碾压，尤其是在几乎没有法律后果的情况下，人会任由突然爆发的情绪掌控。因此，情绪超然的责任义务伦理学，虽然在学术和法理上逻辑严谨，但对道德教化的影响有限。

此外，并不是所有的人都认可说真话是他们社会生活中的责任义务。他们只是严格地遵守一套原则行为处事。其实，多数人就是遵循社会传统和习俗来做事，并且不质疑这些社会规范的法理。由于在决定哪些谎言是被允许的这一问题上，各种社会通常是不同的，义务论伦理学很难提出一套适用于所有社会文化的普遍标准，定义哪些谎言是允许的，哪些是不被允许的。我们需要在伦理哲学中找到另一框架来指导我们的日常。

判断谎言是否被允许的一种方法是看它在现实世界中的后果，这种道德哲学的正式名称，当然叫作"后果主义"。这是一种以功利主义为支撑的观点[34]，功利主义的哲学主张就是为多数人谋取最大利益。尽管"后果主义"是由杰里米·边沁（Jeremy Bentham）和约翰·斯图亚特·穆勒（John Stuart Mill）等哲学家提出的，但后果主义的本源可以追溯到古希腊。在 5 世纪，罗马宗教哲学家圣奥古斯丁（St. Augustine）就从后果主义的角度分析了欺骗问题，尽管他没有被后人定义为后果主义者。圣奥古斯丁将谎言从最严重到最轻微分为 8 级，表明谎言的容忍度越来越高：

1. 宗教教义中的谎言；

2. 伤害他人而对任何人没有帮助的谎言；

3. 伤害他人却能帮助到另一个人的谎言；

4. 为了说谎而说谎，即自我吹嘘；

5. 为了让人听后感到开心愉悦的谎言，即善意的谎言；

6. 没有伤害到任何人但是对某一个人带来实际的帮助的谎言；

7. 没有伤害任何人却在精神上帮助到某一个人的谎言；

8. 没有伤害任何人但却保护了某一个人免受玷污[35]。

后果主义方法之所以特别吸引人，是因为所有正常人都有着基本差不多的情绪和感受，这可以激励我们根据后果来决定是接受还是拒绝一种行为（比如撒谎）。正是在这种本能和直觉的层面上，所有人类，不管文化差异，在大多数问题上，对于什么是好，什么是坏，会有共同的道德基础[36]。因此，人们对于欺骗后果主义理论的方法很有可能达成共识。

虽然奥古斯丁的清单不系统，太长而不实用，但它启发我们找到一个更完整、更简单的分类系统来区分什么样的谎言是被允许的，什么是不被允许的。我一直在琢磨，把所有的谎言和欺骗分为三类：

1. 亲社会欺骗：关心他人、意图尊重、帮助或保护他人幸福的行为；

2. 反社会欺骗：自私，以牺牲他人为代价来促进自己的利益；

3. 自私自利的欺骗：自私自利，但对他人没有明显的伤害。

基于这一体系，我们应该做什么的问题的答案变得更加清晰。互助社会的谎言和欺骗应该被允许，当且仅当没有造成伤害，并且要么是说实话要么是说谎，别无他法。在康德的两难境地论述中，对杀人犯或敌人撒谎是被允许的——甚至是可取的，因为在那种情况，它是对社会有利的，而且是别无选择的。这一思考路径也为我们社会生活中的大多数善意谎言开了绿灯，并且当人们的自主决定权得到尊重时，医生也可以使用安慰剂。这一思路同样让我对一件往事释怀——即我在第3章中提道："为了拯救小鸭子，我不告诉助手小廖它们藏在哪儿。"

判断欺骗性的操纵是否有益于社会，关键要看社会成员之间是否互助。因此，下面这些用来操纵人们认知的方式应该是允许的：自助餐厅里食物的摆放应该是鼓励人们吃得更健康，或者利用彩票系统作为奖励来鼓励人们为未来存钱。同样，在奥巴马医改的竞选期间，该计划的成本被淡化，以强调该计划带来的益处是巨大的，尤其是对低收入人群[37]。

请注意，这个实用规则结合了后果主义和责任义务论的方法。除了后果之外，这一实用规则还规定只有在别无选择的情况下，说谎才被允许。因此，当你昨天实际上去爬山游玩，就不应该宣称自己去钓鱼。同样，不符合社会成员亲和的所有条件的欺骗也是不允许的。以印第安纳州学区负责人凯西·史密瑟曼（Casey Smitherman）的案例为例。2019年1月，她用儿子的保险让一名学生在诊所治疗链球菌性咽喉炎。虽然她的行为是亲社会的，但她给她的保险公司造成了损失。她也有不撒谎的选择，比如联系学生的父母[38]。同样地，赞美是与他人有关的一种行为，这使之具有亲社会行为属性，给予他人赞美要比不肯开口夸奖别人好。但与之相反，奉承是一种反社会行为，是一种自私行为，因为奉承是为了自己的目的，而对他人有害，因此是不允许的。

你可能会问，如果别人不认可和接受我们认为对他们有好处的东西，那该怎么办？这确实是在人际交往中判定什么是有益的，什么是有害的一个可能的限制性条款，不同的民族或文化，甚至个体之间都很难解决。例如，在大多数情况下，让人喝咖啡但是告诉你这不是咖啡，是无伤大雅的，但这对摩门教徒来说，是双重冒犯。同样，在诊断绝症（如晚期癌症）时，告知病人真相是美国医生不容置疑的责任。对病人的病情撒谎是违反医患之间的知情同意原则。相反，对于某些国家的医生来说，对病人撒谎被认为是互助性质的行为，因为让病人蒙在鼓里可以防止他们被突如其来的坏消息所摧毁[39]。因此，我们应该保持开放的心态，根据特定社会或文化的规范来判断谎言的后果[40]。

反社会的谎言和欺骗在任何情况下都是不允许的。我们经常提到的"所有的谎言都是不好的"，说的就是这类欺骗。因此，一个政党为赢得选举而采取的不正当做法是不被允许的，因为在像美国这样的两党体制中，以不正当手段赢得选举的做法至少伤害了一个选民群体——如果我们不能说这样做伤害了两个选民群体的话。同样，利用社交网络和电视节目故意传播虚假信息也是不道德的，因为它会伤害信息的接收方——无辜的人。

最难以区分的是自私自利的欺骗，如多数的自吹自擂和商业广告。正如亚里士多德和康德等哲学家所指出的，所有的谎言都会破坏社会诚信。因此，自私自利的欺骗永远不应该受到鼓励。然而，如果欺骗不对他人造成明显伤害，在一定程度上就会被容忍，而这取决于具体的社会或整个人类社会某一历史阶段普遍奉行的道德规范。例如，只要商业广告的欺骗程度符合行业惯例并为社会广泛接纳，就会被允许。不过，社会习俗并不总是对这类欺骗网开一面。21世纪初经济繁荣时期，那些劝说人们购买房地产的谎言和欺骗就应该不被允许。事后我们可以看到，这些谎言属于欺骗第二定律，即利用人们的认知漏洞行骗。不过，当时公众还无法获得这些信息。

　　信息是最棘手的问题之一。伪造或歪曲，甚至为了特定目的而藏匿信息（也称为遗漏式谎言，即我并没有撒谎，但是我也没有告诉你全部真相）都是某种形式的欺骗。我们能过一种道德的生活而不造成伤害或被他人伤害吗？这又把康德关于获知真理的权利的观点拿出来讨论了。于是问题就是，是否所有人都有获取信息的平等权利？

　　我认为，康德可以说是继亚里士多德之后最伟大的哲学家，他出生在东普鲁士的柯尼斯堡（Konigsberg）[现位于波罗的海沿岸的俄罗斯加里宁格勒（Kaliningrad）]，并在这座城市度过了一生。他过着清心寡欲又极度自律的生活，除了在1750年到1754年期间当私人教师外，他一生的外出旅行都没有超出他出生地的10英里之外。他把自己的活动范围限定在自己安静的小社区，那里的居民他几乎都认识[41]。传说他每天下午4点沿着一条固定的小路散步——每天散步的时间都特别准时，以至于他的邻居相信他胜过相信镇上教堂屋顶的钟。因为他从来不用担心成为骗局的牺牲品，所以他自由地与这个熟人社会所有诚实和值得信赖的人交流。

　　然而，"知情权"的默认立场并不适用于所有情况。他意识到在与罪犯或敌人打交道时，这种权利会变得很麻烦，他的解决办法是取消这种权利。但这带来了新的难题：一个人有权利在你不知道他是谁之前，从你那里知道真相吗？就我个人的经验而言，在学术会议的自由交流中，我的实验室有几个研究想法被窃取了。我怎么知道其他实验室的同事会抄袭我们的想法呢？在数字空间，谁有知情权更是一个问题，大多数时候，我们对在商业、科学交流、咨询和许多其他社会互动中与我们打交道的人知之甚少。

今天，对我们大多数人来说，社会远比康德的柯尼斯堡社区大得多。除了经常与完全陌生的人直接打交道外，互联网把我们置于一个与整个世界保持联系的数字社区之中。在这个数字世界中，与我们互动的大多数人是我们素未谋面的，或者甚至是我们永远也不会见面的匿名账号，他们来自我们从未去过也永远不会去的遥远地方。如果我们继续像康德那样自由地向他身边的人提供信息，我们就会让自己成为数字诈骗的目标，不堪一击。出于这个原因，通过任何必要的手段保护我们的私人信息已成为生活在现代世界的重中之重。

虽然并不十分可取，但我们中的许多人在社交媒体如脸书、领英和推特上都使用假生日、假住址，甚至假名字。当我们采用这种防御措施时，就是在撒谎，因为我们伪造了信息。虽然以这种方式保护私人信息本质上是不诚实行为，但可以让你免受伤害。因此，这是对其他无辜的人未造成伤害的以自利为目的的谎言。这是允许的，它属于在我们对谎言欺骗的分类中的第3类。

在同样的意义上，为他人保守秘密在道德上是正当的。尽管这是一种不诚实的行为，被许多人认为是一种负担[42]，但不这样做则是令人不可接受的。甚至对一些专业人士，如律师、医生、银行家和心理学家来说，不保守就是违法的。从某种意义上说，我们颠倒了康德关于知情权的观点，尤其是在互联网时代，保守他人秘密是我们对私人信息的默认立场。也就是说，人们要想知道真相，则需要被授予这种权利。所以，当你的一个朋友向你倾诉并要求你为她保守秘密时，她同时也是在授予你这个权利。即便被赋权，但是未经她允许，你不可将该权利转让给他人。因此，做一个大嘴巴或告密者是不道德的。这一观点与1948年《世界人权宣言》第12条规定的隐私权是一致的。

话虽如此，对于公众信息来说，知情权仍然是默认的。民主社会的本质是公民被自动赋予这一权利。原则上，民主政府是不允许对其公民撒谎的。即使是不应该立即公开的机密信息，也应遵循透明原则在可以向公众公开的情况下适时公布。

✾

对基督徒来说，人生来有罪；儒家认为人性本善；佛教认为人性本苦。随着科学对人类物种的真正本质的了解越来越多，这种笼统的概括太过简单化。其实，作为人类的我们既能成为好人，也能成为坏人，更为复杂。作为一名科学家，我基本上对人性持乐观态度，这一观点得到了研究的证实，这些研究中包括最近由社会科学家阿兰·科恩（Alain Cohn）领导的一项现实实验[43]。

在这项研究中，研究人员在一个钱包里放了一些东西：三张相同的名片（上面有钱包主人的联系信息）、一张购物清单和一把钥匙。有时他们会在钱包里塞进一小笔钱，有时不加。而后，他们把钱包交给随机选的人，告诉这个人这个钱包是在街上捡到的。研究人员在40个国家的355个大中城市做重复测试。尽管钱包的归还率各不相同，但有一个趋势是绝对一致的：那就是钱包里有钱的时候比没有钱的时候更有可能被归还。这表明人们总的来说是替别人着想的。这证明了铭刻在人性中的进化智慧：合作共赢胜过那种你输我赢的操纵输赢。这就是为什么反社会欺骗几乎总是少被采用，无论是在人类还是在和其他动物中。

即便如此，反社会性欺骗仍然造成严重的问题。在美国，仅骗税一项就能导致政府国库每年损失数千亿美元。在发展中国家，腐败和非法金融交易可能造成更大的经济损失，每年可达1.3万亿美元[44]。肮脏的政治、逃税和腐败会进一步打击诚实，导致社会信任丧失[45]。

结果，单单就经济交易而言，人们会付出更高的成本，更何况，生活在低信任度的文化环境中会产生社会分裂。显然，以任何方式打击反社会性欺骗都是值得的。

尽管反社会性欺骗是人类社会历史上一个长期存在的问题，但在今天，它又给我们带来了一系列新的挑战，不仅仅是因为这类欺骗继续存在，还因为它已经以前所未有的速度从现实蔓延到网络世界，无所不在，滋生迅速，影响恶劣。考虑到垃圾邮件的泛滥（每天发送290亿封），一个骗局可能会轻易而迅速地影响到全世界数百万人。美国联邦调查局的一份报告显示，基于互联网的盗窃、欺诈和其他诈骗每年造成的经济损失高达27亿美元。从网络钓鱼到恋爱杀猪盘，我们的认知偏差和心理弱点正被利用到极致[46]。

更重要的是，网上信息的民主化刺激了虚假信息的产生和传播，使我们所有人都成为潜在的受害者和加害者，不管有没有恶意。由于虚假信息和假新闻都可以取代准确可靠的事实，那么无论在个人和社会层面上，我们做出正确决策的可能性就会降低，例如选举。由于黑客可以通过社交媒体操纵信息，产生超乎寻常的影响力，所以民主程序的规则和规范业已成为被数字科技挟持的傀儡，不再是大多数人意志的守护者[47]。后果可能是严重的。

2018年，法国外交部的智库政策研究室发出了一个严重警告：利用人类认知漏洞对信息加以操纵，尤其是确认偏差，已成为对全世界民主的重大威胁[48]。警告发出后仅两年多一点，这个警告便在美国成了事实。2020年1月6日，数千名暴力分子冲进国会大厦，同时高喊"绞死迈克·彭斯（Mike Pence）！"暴徒在国会大厦里打砸抢，驱赶着国会议员躲起来逃命。两个多世纪以来，美国民主从未受到如此严重的挑战[49]。这一切竟始于一个讹传——2020年大选真正获胜的是特朗普。有谁能料到虚假信息会一下子成为美国民主是否能存在下去的重大挑战？结果，打击虚假信息成为美国公民一项新的紧迫责任。

如果说历史能告诉我们什么，那就是它在打击欺骗方面的错误做法。长期以来，我们试图用各种方法杜绝欺骗：法律、道德、宗教教义和哲学理论。例如，圣经中的十诫中有四条是关于说谎的（通奸、偷窃、作伪证和贪婪）。佛教的五戒之一就是讲真话。在东西方文化中，我们都是从很小的时候就被教育在任何情况下都不应该撒谎。小时候大人总告诉我们，如果撒谎我们会受到惩罚被雷击或留长鼻子。然而，你能想出来人类文明的哪一个历史时期是人人说真话、处处无谎言、没有骗子、没有说谎者吗？我们中有多少人真的相信欺骗可以从社会中杜绝？彻底根除欺骗的崇高目标实际上使我们陷入死胡同。纵观历史，我们不无震惊地发现，人类一直走在反对欺骗的错误道路上！

彻底摆脱反社会欺骗必输无疑，并不意味着人类的文明注定乌云密布、愁云惨淡，重要的是我们必须对方法重新思考，而不是把时间和精力投入完全消除欺骗的不可能的任务上，也许我们应该转向一个更可行的目标。

许多专家为打击诈骗提供了实用的建议。例如，法学教授塔玛·弗兰克尔（Tamar Frankel）在她的书《庞氏骗局之谜》（*The Ponze Scheme Puzzle*）中提出了几种有用的方法来识别危险信号和防范欺诈（主要是"不要相信天上会掉馅饼"）。她还建议将情感和信仰与生意分开，以防认知漏洞被利用[50]。

虽然有用，但这些基于案例的、针对特定地区的打击欺诈的方法还远远不够，因为今天的网络环境使我们所有人都暴露在各种各样的新奇骗局中，而不是像过去那样只有一种类型。我们需要一种通用的工具，就像一把瑞士军刀，来应对各种各样的虚假信息，无论是垃圾邮件、骗局还是假新闻。

开发这样一种工具的一个新想法是参照人体免疫系统对付传染病，基本原理就是先接种，然后再对抗虚假信息。也就是说，先让我们自己接触一种削弱版的欺骗性信息，把这视作疫苗，让我们的认知力得以增强。这样一来，当一个真骗局或真正有害的假新闻来袭时，我们已获得一定程度的抵抗力，可以对抗其操纵和蛊惑[51]。

这个免疫系统启发的想法可能是富有成效和实用的，原因有两个。首先，病原体和骗局不只是表面上相似。在与人类互动时，两者具有共同的基本特征，即它们都采取了军备竞赛的形式。从理论上讲，变异的艾滋病毒毒株对抗艾滋病治疗和计算机病毒对抗抗病毒程序没有区别。我们从对抵御微生物中获得的科学知识原则上也应该适用于对抗数字欺诈。第二，新型冠状病毒大流行虽然是一场全球性灾难，但这样的灾难也让大范围的人群认识了解免疫系统发挥作用的机制。这有助于帮助我们把抗击传染病的知识拓宽到打击各种在线欺诈和信息操纵这个领域。

在处理特定类型的反社会欺诈时，无论是诈骗、欺诈还是任何种类的信息操纵，我所提出的方法都有效地适用于实际。

除了预防手段，我们可以诉诸警务来控制欺诈。例如脸书和推特现在就禁止人们传播虚假信息。即使是特朗普也被禁止使用社交媒体发送虚假信息和传播阴谋论，特别是关于 2020 年的总统选举结果。

"硬监管"有两个明显的缺陷。首先，它是反应性的，主要是在伤害造成之后作为对伤害控制的一种手段。在虚假信息已经在社交媒体上广泛传播之后，这个方法的效果就非常有限了。其次，严厉的监管也会引发这样的问题：网站这样的私人公司是否能够和应该撤销公众言论自由的权利，尤其是当用户试图表达他们的政治观点时。这些问题促使我们寻求积极主动的"软监管"方法，这种方法更容易被接受，也更有效地减少社会上的虚假信息。而这样的理想解决方案存在吗？

答案是肯定的。这里有一个这样的新想法。油管是目前世界上访问量最大的网站，也是虚假信息的主要来源。这在一定程度上是油管主的责任。尽管油管像脸书和推特一样，采取严格的监管措施来控制虚假信息，但是，不出所料，效果有限。一个主要问题在于油管的一项运营政策，叫作合作伙伴计划，即油管主的视频上传之后，网络用户每观看1 000次，油管主就能获得3～5美元的广告收入。所以，如果你发布的视频片段浏览量达到100万，你就可以赚到3 000～5 000美元。这就是为什么顶级油管主每年可以赚到2 000万美元。所以，我们用脚后跟都可以想到，多数油管主会把建立自己的粉丝群作为首要任务。于是，一些人诉诸欺瞒手段，通过发布夸大、激进的故事和编造信息达到目的。这样，他们就可以吸引更多的人观看他们的视频。

因此，一个简单的解决办法就是奖励那些说实话的油管主。为此，油管可以聘请事实检查员或使用程序定期对视频信息的真实性进行评级，并将其与付费费率挂钩。这将奖励诚实的油管主，并惩罚散布虚假信息和阴谋论的人。这样的对内容真实度的激励政策，会容易实施，再减少虚假信息这方面，不强硬，先发制人，而且有效。

尽管有负面影响，反社会性欺骗可以催生创新，这一点无论在生物学意义上还是文化层面上都有验证。如果没有恶意欺诈的存在，网络安全业务就不会像雨后春笋一样萌发、成长和繁荣。在这一情形下，众多受益者中，"众击"（CrowdStrike）这家基于云计算的网络安全公司最初把总部设立于加州森尼维尔（Sunnyvale）。

"众击"（CrowdStrike）于 2019 年 6 月 12 日上市。就在上市的一天前，该公司的股价定为每股 28～30 美元。但人们对该公司投资意愿强烈，以至于在开盘交易前几个小时，公司股价不得不提高到每股 34 美元。上市第一天收盘时，该公司的股价为 50.10 美元，比 IPO 价格高出 70% 以上，公司当日市值为 114 亿美元[52]。

自 2011 年成立以来，"众击"已经取得了几项里程碑式的成就。据传闻，"众击"的合伙人迪米特里·阿尔佩罗维奇（Dimitri Alperovitch）曾吹嘘："世上有两种公司：一种是遭受黑客攻击并知道自己被攻击的公司；一种是遭受攻击但还不知道自己被攻击的公司。"理查德·克拉克（Richard Clark）和罗伯特·耐克（Robert Knake）对此在他们那本《第五领域》（The Fifth Domain）中回应："还有一种就是那些购买'众击'服务的。"据作者说，数字经济增长是传统经济的两倍。然而，网络攻击会对公司造成很高的成本损耗。例如，名为"不是宠物呀"（NotPetya）的恶意软件给在美国和欧洲（尤其是乌克兰）开展业务的公司造成了数十亿美元的损失。

不难理解，网络安全方面，世界范围内的支出出现了飙升，单单 2018 年就达到 1 140 亿美元。在美国，总统预算中的 150 亿美元专门用于网络安全。截至 2021 年，全球网络犯罪造成的损失已高达 6 万亿美元[53]。因此，网络安全公司出现了指数级增长，近年来数量超过 3 000 家。网络保险事业也在迅速发展[54]。如果没有数字领域失控的欺诈行为，像"众击"这样的公司甚至不会存在，更不可能如此之快就达到那么高的估值。

尽管恶意的谎言和欺骗是不可能消除的，尤其是那些基于互联网的谎言和欺骗，但这些负面的东西刺激了旨在遏制它们的技术创新。与之前的非网络时代打击欺骗不同，我们现在夜以继日在抗击的对象关涉所有的人，对我们每一个人都至关重要。

在这本书中，我们深入探讨了所有骗子使用的两个定律：在交流中改变真实信息（说谎的生物学本质）和利用认知漏洞（欺骗的生物学基础）。这些定律在大自然的生物界和人类的社会和文化领域均等适用。了解这些基本原则可以帮助我们设计出有效的方法来抵御对付反社会性欺骗。这就像给自己穿上了盔甲以防御有害生物体细菌、疾病和害虫。两者都是进化竞争的例子。与其试图将它们从地球上消灭（这是一个一再被证明不可能实现的目标），不如与它们共存更为可行。

正如我们所看到的，本书中最令人惊讶的观点之一是，欺骗是创造多样性、复杂性甚至大自然之美的强大催化剂，这与普遍的看法相反。但我们必须承认，欺骗引导生物新奇生存策略、生理适应和形态结构。欺骗为智慧的诞生和成就艺术的精美繁复开辟了一条道路。然而，在人类文化中，欺骗一直被置于负面评价中，以至于我们常常会忘记它在推动生物和文化多样性方面的重要作用。

之前，如果你基于我们社会中普遍存在的恶意谎言和欺骗手段，确实对欺骗持悲观态度，我希望你在读过本书之后抑或会感到些许宽慰。在这方面，我们应该认同德国哲学家黑格尔的观点："理性的就是真实的；真实的就是理性的。"[55] 当然，我们不应该全盘接收，把反社会性欺骗视为好事，但我们可以充分利用它。通过遏制它，我们不仅可以减弱其有害影响，还可以收获它对创新和科学、技术、经济、教育、法律，以及人类文化的许多方面的进步的刺激和推进作用。欺诈和反欺诈将继续诡异地相克相生，它们之间的竞争将持续刺激新的、正面的发展。因此，我们既要以道家的姿态，坦然接受欺骗，不必害怕和绝望，并且勇敢地超越欺骗，在与欺骗的共生中繁盛。

致　谢

10年前我就有写这样一本书的想法。那时我刚完成《公平的直觉》的手稿，很想让自己的写作状态继续下去。不过内容需要改变一下，我希望自己的写作可以从艰涩严肃的话题上转移开来。因此，我想写一本关于欺骗的书也许会很有趣，也会比较轻松。几年前开始这个项目后，我就意识到自己错了，而且是大错而特错，尤其是新冠（Covid-19）疫情暴发后，我感触更深。幸运的是，有效的疫苗很快研发出来了。我以为这些疫苗能立刻让我们从疫情的"狂轰滥炸"中解脱出来。不幸的是，大家却继续遭罪，因为关于疫苗的假消息满天飞，它们就像毒气一样在我们赖以获得信息来源的媒体和数字空间蔓延肆虐。

看惯了政客、公众人物和媒体大咖谦逊、体面、一副彬彬有礼的样子，现在，他们中的许多人却厚颜无耻，信誓旦旦地满嘴谎言，大张旗鼓搞阴谋论。似乎，事实和真相无关紧要，重要的是媒体评级和在追随者面前的受欢迎度。这一切，归根结底是权力和利益。后真相时代社会的一个最严重的后果是政治极端主义。在2021年1月6日前，我从来都没想到美国的民主在虚假信息面前会如此脆弱。

这一系列新出现的问题促使我探索动物欺骗行径中某些新的层面，而这些层面并不在最初写作的计划之列，由此，写作这本书就需要将内容拓宽，也就增加了写作难度。幸运的是，我身处一个优秀的团队，龙队友的存在让我完成这样一项任务并非不可能。因此必须说，尽管本书的作者一行写的是我的名字，但这本书是集体努力的成果，而并非我一个人的成就。

排在第一位的是本书的编辑艾莉森·卡莱特（Alison Kalett）。在众多的选题中，她注意到了这本书的价值，并且在我整本书的写作过程中，从头到尾给予悉心指导。除了以编辑的视角提供意见建议外，艾莉森还孜孜不倦地为本书做宣传，如果没有艾莉森的努力，大家也许现在还看不到这本书。然而，对于这本书而言，艾莉森并非来自普林斯顿大学出版社唯一的幕后英雄。本书的孕育和问世更有赖于哈莉·施弗尔（Hallie Schaeffer）的强有力支持，她在这本书上对我的帮助可以说事无巨细。我还要感谢丽莎·布莱克（Lisa Black），丽莎在版权方面的专业素养使得原本没完没了的版权谈判得以顺利进行。我非常幸运地邀请到了苏珊·马西森（Susan Matheson）作为本书的文字编辑，苏珊不仅让我的手稿表达流畅，而且她把我没有注意到的大大小小的错误都给找出来并加以纠正。我还要感谢吉尔·哈里森（Jill Harris）、戴维·坎贝尔（David Campbell）以及普林斯顿大学出版社的许多其他同事对本书的完成所给予的帮助和鼓励。

为知识型读者写一本科普性质的专业书并非易事，无论我们的读者是具备这个领域知识的专业人士还是这一领域之外的非专业人士，更何况英语并非我的母语。如果我的身边没有语言上特别过硬又愿意热心相助的人，我自己很难克服这一困难。因此，我要向由杰拉德·奥德（Jared Odd）领导下的中央华盛顿大学写作中心的许许多多本科生和研究生致谢。感谢戴夫·达达（Dave Darda）对早期手稿的前三章做出的点评；感谢马特·奥特曼（Matt Altman）在我们就欺骗所关涉的道德问题的讨论中所提出的重要而深刻的哲学思考。

朋友艾伦·霍尼克（Alan Honick）也给予我巨大支持，定稿前，艾伦对整部手稿做了逐行编辑。而我的可以随叫随到的编辑在我们家里，那就是我的儿子孙傲（Orien）。孙傲不仅对我手稿各个版本的所有章节从遣词造句、语法，到书的核心、逻辑和科学内容进行了编辑，而且是我写作取之不尽的快乐源泉和动力。这些让我倍感欣慰，也是我这些年来能够一直写下去的原因。我的大儿子孙想（Shine）是本书第4章中高尔夫球事故的主角，现在他在家里以知识广博、思考深刻而闻名。正是他提出了在数字时代保护私人信息的解决方案，在第8章的讨论中，他颠覆了康德关于"对真理的知情权"的观点。

三位不愿意透露姓名但很有实力的生物学科研工作者对本书提出了颇有见地的评论。有了他们的学养和专业知识的加持，本书所呈现的科学内容严谨性得到了进一步的保障。

如果没有配图，那么这本书就不会很生动。在这方面，许多人非常慷慨热情地对我提供了帮助，寄给我照片或者允许我使用他们的照片。在此，我衷心感谢安德鲁·巴斯（Andrew Bass）、崔建国（Jianguo Cui）、凯文·德鲁（Keven Drew）、萨博克斯·科卡亚特（Szabocs Kokayart）、李金钢、刘定震、迪特兰·穆勒–施瓦茨（Dietland Müller-Schwarze）、大卫·纳什（David Nash）、伊丽莎白·彼德斯（Elizabeth Peters）、吉尔·罗森塞尔（Gil Rosenthal）、魏辅文、魏荣平、杨朝灿、杨悦和张健旭。我还要感谢那些知识共享项目（Creative Commons

Project）的图片库的创作者，感谢他们分享在图片库中的好照片。他们的慷慨让这本书的成本不那么高，让这本书的价格更为亲民。

最后，我感谢我的家人——克丽斯托（Crystal）、孙想和孙傲对我的倾情支持，让我倍感幸福，感谢这么多年来他们承担了全部家务琐事，让我专心写作。

注 释

第 1 章 骗子无处不在

［1］ Ghoul, Griffin, and West (2014).

［2］ 对于一些生物学家来说,只有当一个生物体对合作系统加以操纵,此时的"狡猾"才视为"骗",而当一个生物体的行为只是为了适应环境条件如模仿行为,就不被看作是"骗"。

［3］ Jarsakova, Johnson, and Kindlmann (2006).

［4］ Muller-Schwarze (2006).

［5］ 松露价格不菲,然而,野猪的行为在某种程度上,让人啼笑皆非。在欧洲,白松露的售价高达每磅 4 000 美元。2007 年有一项破纪录的售价,那是产自意大利的一块 3.3 磅(大约 1.5 千克)的白松露售价 33 万美元。松露之所以被如此珍视也许是因为这类真菌的类固醇物质人体同样也有分泌,具体存在于腋下的汗液。据说,闻一闻松露的类固醇可以激起性欲,而且你会对你的性伴侣欲罢不能。看来,松露卖的真是"性"价比啊!

［6］ Strassmann, Zhu, and Queller (2000).

［7］ Khare and Shaulsky (2010).

［8］ Santorelli et al. (2008).

［9］ Griffin, West, and Buckling (2004). Butaite et al. (2016). Bruce et al. (2017).

［10］ Bruce et al. (2017).

［11］ Turner (2005). Diaz-Munoz, Sanjuan, and West (2017).

［12］ 人们对这一话题的讨论一直很激烈。显然，一些垃圾 DNA 可能具有某些功能，只是科学家还未探知出来。不过大部分可能确实是废物，在人体的基因库中日复一日地搭便车得以延续。参见：Palazzo and Gregory (2014)。
［13］ Hurst and Werren (2002).
［14］ Batzer and Deininger (2002).
［15］ Sun et al. (2012).
［16］ Hancks and Kazazian (2016).
［17］ Burt and Trivers (2006). Bourke (2011).
［18］ Rice (2000).
［19］ Hurst and Werren (2002).
［20］ Kiers et al. (2003).
［21］ Porter and Simms (2004).
［22］ Sosis and Alcorta (2003).
［23］ Lixing Sun "Would Twitter Ruin Bee Democracy？", *Nautilus*, December 14, 2017, http://nautil.us/issue/55/trust/would-twitter-ruin-bee-democracy.

第 2 章　交流中的窃听与轻信

［1］ 即使两个个体是竞争对手关系，他们仍然可以通过沟通交流获益。沟通遵循互动的原则，避免非必要的成本损耗，如时间、精力和受伤。
［2］ Dawkins and Krebs (1978).
［3］ 假设这是一个真的合约，其风险计算公式如下：$1 \times 34.21\%$（如果是欺诈）$+ 3 \times (1-34.21\%)$。
［4］ Ghoul, Griffin, and West (2014).
［5］ Zuk, Rotenberry, and Tinghitella (2006).
［6］ Maynard-Smith and Harper (2003).Scott-Phillips et al. (2002).
［7］ Bugnyar and Kotrschal (2004). Bugnyar and Kotrschal (2002).
［8］ Steele et al. (2008).
［9］ Coussi-Korbel (1994). Hauser (1992). Andeson et al. (2001).
［10］ Hirata and Matsuzawa (2001). De Waal (1982). Goodall (1986).
［11］ Moller (1990).
［12］ Tamura (1995).
［13］ Plath et al. (2008).
［14］ De Waal (2019).

[15] Zhang, Sun, and Novotny (2007).
[16] 那时，我年纪太小，知识面也窄，完全不知道中国人以斗蟋蟀作为一种爱好和血腥竞技已有近千年的历史。现在，许多城市都有斗蟋蟀比赛，并且为了公平竞争，就像拳击比赛一样，还小心翼翼地按体重划分比赛等级。北京甚至还每年举办全国性的斗蟋蟀大赛。不出所料，活蟋蟀的交易如今已经发展为每年几百万美元的产业。
[17] Steger and Caldwell (1983).
[18] McLain et al. (2010).
[19] Bee, Perrill, and Owen (2000). Sullivan-Beckers and Crocroft (2010).
[20] McQuire et al. (2018).
[21] Byrne and Whiten (1985). Byrne and Whiten (1990).
[22] Slocombe and Zuberbuhler (2007).
[23] Baglione et al. (2010).
[24] F an et al. (2018).
[25] Heinsohn and Packer (1995).
[26] 这种独特的机制被称为单双倍体性别决定，在蜜蜂、黄蜂和蚂蚁中很常见。在这些社会性昆虫中，只有一组基因组（1n或单倍体）的未受精卵发育成雄性，而具有两组基因组（2n或二倍体）的受精卵发育成雌性。
[27] Nonacs (2006). Beekman and Oldroyd (2008).
[28] Riehl and Frederickson (2006).
[29] Nunn and Lewis (2001).
[30] Wickler (1968).
[31] 鲑化作用是将小型的溪流中的虹鳟鱼转变为大型的海洋性鲑鱼。很长一段时间，许多人以为这两种体型截然不同的鲑鱼是两个独立的物种。
[32] Bass (1996).
[33] Sinervo and Lively (1996).
[34] Whiting, Webb, and Keogh (2000).
[35] Mason et al. (1989).
[36] Crews and Garstika (1982).
[37] Mason et al. (1989).
[38] Mank and Avise (2006).
[39] Gerhardt and Huber (2002).
[40] 这类信息不对称在纸牌游戏中很常见，玩家完全了解自己手中的牌，而且

必须猜测别人手中的牌。因此，在德州扑克等纸牌比赛中，真真假假、虚晃一枪和虚张声势是游戏的一部分，这与国际象棋比赛不同，象棋比赛中的信息对于双方来说是公开的、对称的。在对玩家来说信息是对称的游戏中，诡计和欺骗很难被设计出来，而且即使设计出来，对于双方往往是同等有效，因此让人一眼就看出来的假招儿和虚张声势很少被使用。

[41] Hare and Atkins (2001). Pollard and Blumstein (2012).
[42] 超级敏感对于年幼的动物来说，是对环境的一种适应能力。在它们学会辨别什么信号预示危险之前，对某些情况产生过度反应要比反应迟钝会更有利。
[43] Riehl and Frederickson (2006).

第3章　自然界的各路行骗大师

[1] Stevens (2016).
[2] 如果你对萨尔瓦多·达利（Salvador Dali）的绘画很熟悉，就知道他那巨大的大象只能生活在画家超现实主义的世界里。
[3] 有趣的是，盲人可以被训练使用回声定位，利用声音来定位他们身边的物体，而且有的人还对此掌握得特别好。信息处理中心显示撒谎部位在初级视觉皮层。参见：Norman and Thaler (2019)。
[4] 术语"感官偏见"近来被扩展到"知觉偏见"，参见：Ryan and Cummings (2013)。我认为用"认知"一词取代"知觉"也许更具包容性。另外，对于"感官剥削"一词，我仍然保留使用，因为这个词在文献中已被广为使用。
[5] Schaefer and Ruxton (2009).
[6] Eberhard (1977).
[7] Stegen, Gienger, and Sun (2004).
[8] 从实践上来说，短时期的颜色改变称为"生理性色变"，而长期的则为"形态性色变"。尽管现在还不是十分清楚两者之间的区别，不过两类色变都涉及皮肤上的色素细胞，即"色团"。
[9] Wallace (1867).
[10] Stevens (2016).
[11] Vallin et al. (2005).
[12] Vallin et al. (2005).Vallin, Jakobsson, and Wiklund (2007).
[13] Caro et al. (2014). Caro (2016).
[14] Kojima et al. (2019).
[15] Stevens (2016).

[16] Stevens (2016).
[17] Darwin (1859).
[18] 这种情况在人类社会中大型战争过后也可能发生，如第二次世界大战后的欧洲和南北韩战争后的韩国。在这两次战争之后，幸存的男性远远少于女性，于是事实上的一夫多妻制在某些地方得到了官方或非官方的认可。
[19] Trivers (2011).
[20] Hanlon, Forsythe, and Joneschild (1999). Hanlon et al. (2005).
[21] Müller (1879).
[22] 生物学家普遍认为贝氏拟态（Batesian）和穆勒拟态（Müllerian）是两种根本不同的拟态类型。然而，两者工作方式趋同，都涉及对捕食者认知系统的利用。
[23] Stevens (2016).
[24] Cheney (2012).
[25] Hafernik and Saul-Gershenz (2000).
[26] Saul-Gershenz and Millar (2006).
[27] Kikuchi and Pfennig (2010).
[28] Stevens (2016).
[29] Kelley et al. (2008).
[30] Barber and Conner (2007).
[31] Nelson (2012).
[32] Nelson and Jackson (2009).
[33] Als et al. (2004).
[34] Barbero et al. (2009).
[35] Akino et al. (1999)
[36] Stevens (2016).
[37] Allies, Bourke, and Franks (1986).
[38] Stevens (2016).
[39] Gilbert (1982).
[40] Kurup et al. (2013).
[41] Bauer et al. (2015).

第4章 两性关系中的背叛与忠诚

[1] 孙想（Shine）坚持支付他那一半，把一直小心翼翼存在储蓄罐里的77美元都拿了出来，于是"破产"了。

［2］ Ratnieks and Wenseleers (2005).
［3］ Dugatkin (1992).
［4］ Dugatkin (1991).
［5］ Dugatkin (1997).
［6］ 真核生物是指细胞含有细胞核和细胞器的生物。它们包括原生生物、藻类、真菌、植物和动物等生物。相比之下，原核生物是指细胞没有细胞核和细胞器的生物。它们包括细菌和古细菌。此外，细菌有几种途径使其基因组成多样化。最著名的是共轭：两个细菌之间会有一根细管连接，而一种叫质粒的环状 DNA 分子通过该管子可以在两个细菌之间交换。
［7］ 就与体型的比例相对大小而言，几维鸟的卵子最大，占其体重的 1/4。在人类中，女性一生会排出约 400 个卵子。相比之下，男性单次射精，其精子细胞数量可达数亿，而男人一生产生的精子数量大约为 5 万亿。
［8］《最多产的母亲》https://www.guinnessworldrecords.com/world-records/most-prolific-mother-ever?fbcommentid =84106.
［9］ 这些典型的对雌雄刻板印象通常是错的，因为这些印象对生物学上的实际情况，复杂且微妙的差异统统简化。如近来的研究发现许多种类的雌鸟发出雄鸟典型的鸣叫声。参见：Riebel et al. (2019)。
［10］ Westneat (1987).
［11］ Grifhth, Owens, and Thuman (2002).
［12］ Gerlach et al. (2012).
［13］ Arnqvist and Kirkpatrick (2005).
［14］ 这个情况可以更正式地称为母为子贵或者宝贝儿子假说。其原理如下：仔细研究贝特曼一夫多妻制物种规则，即一个雄性与两个或更多雌性交配，你会明白生育出一个极具性感魅力的雄性后代对于基因传承来说是一种遗传本垒打，因为它会成倍增加繁衍的成功率，这是一个再有生育能力的雌性后代也无法企及的事情。
［15］ Gerlach et al. (2012).
［16］ 在人类中，父亲对面庞与自己像的孩子更加偏爱。一项研究表明与女人相比，男人更愿意对跟自己长得像的子女投入更多的时间和金钱，而对跟自己长得不太像的会投入得比较少。这项研究是通过改变孩子的数字影像进行的。参见：Platek et al. (2002)。
［17］ Kempenaers and Schlicht (2010).
［18］ Watts (1989). Sommer (1994).

[19] Bruce (1959).
[20] 沉没成本谬误是指人有这样一种倾向，那就是当处于亏损失利的状态时会投入更多的金钱或精力，从而希冀挽回已经损失的那些投入。这关涉我们对风险规避的思维认知偏差。
[21] 很少有人比我捕获的海狸多，所以我自豪地宣布自己是"山地人的转世"，这是美洲海狸群捕猎者的绰号。顺便说一句，海狸香在当时被盛赞为高端香水的主要原料。
[22] Sun and Müller-Schwarze (1998). Sun (2003).
[23] Zhang et al. (2007). Liu et al. (2008).
[24] Syrüeková et al. (2015).
[25] Crawford et al. (2008).
[26] 我的研究记录显示，在一些复杂的家庭中，成年男性看上去似乎是兄弟。因此，他们的后代可能是生活在同一群落的表亲。然而，这些记录尚未得到基因层面的证实。
[27] Cui, Tang, and Narin (2012).
[28] Chen et al. (2019).
[29] 进化生物学家 R. A. 费舍尔（R. A. Fisher）在 1930 年提出了一个解释孔雀尾巴进化的假说。但这一假说似乎过于局限，难以解释更广泛的模式。在下一章我们将讨论费舍尔的观点。
[30] Zahavi (1975).
[31] Hamilton and Zuk (1982).
[32] Zhang et al. (2008).
[33] Zahavi and Zahavi (1997).
[34] Barsh (2016).
[35] Mundy et al. (2016). Lopes et al. (2016).
[36] Hagelin (2002).
[37] Tibbetts and Izzo (2010).
[38] Bshary (2002).
[39] Fitzgibbon and Fanshawe (1988).
[40] Andrews et al. (2017).
[41] 这就是为什么反兴奋剂在当今许多职业运动中受到重视的原因，因为人们希望看到诚实地展示能力，而不是作弊。
[42] Strassmann (2003).

[43] Greitemeyer, Kastenmüller, and Fischer (2013).
[44] Bird and Smith (2005).
[45] Bird and Smith (2005).
[46] Veblen (1899).
[47] Densley (2012).
[48] Cloud and Taylor (2019).
[49]《在俄罗斯西伯利亚地区小行星陨石坑下发现数万亿克拉的钻石》20120918, https://www.wired.co.uk/article/russian-diamond-morgasbord by Ian Steadman.
[50] Barclay and Willer (2006).
[51] Lyle, Smith, and Sullivan (2009).
[52] Irons (2001).
[53] Wood (2016).
[54] Iannaccone (1994. Olson and Perl (2005).
[55] Wilkinson (1990). Carter and Wilkinson (2013).

第 5 章　骗术与创新

[1] 读者可以在如下网站听到这首歌的全部。《免费》No Charge 颂雅·斯宾塞 Sonya Spence20130718www.youtube.com/watch?v=NOf7K6CyZ14.
[2] 因为许多鸟类能数出巢中蛋的数量，所以用把自己的蛋与鸟巢中的蛋来个偷梁换柱，这样可以打消鸟巢主人的狐疑。
[3] 请不要笑。我们也做类似的事情，比如把我们所爱的人的一帧小照放在钱包或手机里，仿佛真人相伴在身边。
[4] 另外，莺类也采取其他的手段，如聚众包围把杜鹃从它们的筑巢区域赶走。参见：Davies and Welbergen (2009)。
[5] 在行为经济学中，这个叫作基本比率，对基本比率的计算要用到贝叶斯统计学（Bayesian）。
[6] Davies, Brooks, and Kacelnik (1996).
[7] Feeney, Welbergen, and Langmore (2014).
[8] Trivers (2011).
[9] Soler, Pérez-Contreras, De Neve (2014).
[10] 响蜜鴷是一种居住于非洲大陆的鸟，常与蜜獾或人交流沟通以指示蜂巢位置。当响蜜鴷发现一个蜂巢，就会发出特有的鸣叫声来引导它招募来的合作伙伴奔向蜂巢。

［11］ Tanaka and Ueda (2005).

［12］ Colombelli-Négrel et al. (2012).

［13］ Hoover and Robinson (2007).

［14］ Hoover and Robinson (2007).

［15］ Lyon and Eadie (2008).

［16］ 有证据表明，昆虫倾倒虫卵（将卵偷偷放入同类的巢穴中）不一定对宿主有害。因此，这种关系可以是互惠的，而不是寄生的。

［17］ Michener (2000).

［18］ Cosmides and Tooby (1992). 另外，获取相关内容更多一般性介绍参见：《沃森的常识》www.psychologytoday.com/us/blog/the-imprinted-brain/201205/making-sense-wason by Christopher Badcock.

［19］ 有些研究者使用"社会选择"或者"文化选择"来描述这一特定选择。

［20］ 由于密切的基因联系，裸鼹鼠也进化出一个完全社会性体系。

［21］ DeCasien, Williams, and Higham (2017).

［22］ Ashton, Thornton, and Ridley (2018).

［23］ 大脑的大小和种群的大小之间的关系仍无定论。有学者支持这一观点，如 Street et al. (2017)，也有学者反对这一假说，如 Powell et al. (2017)。

［24］ Dunbar and Schultz (2007).

［25］ Lindenfors, Nunn, and Barton (2007).

［26］ Byrne and Whiten (1992).

［27］ Byrne and Corp (2004).

［28］ Krupenye et al. (2016).

［29］ Gopnik (1993).

［30］ De Waal (2019).

［31］ Kiazad et al. (2010).

［32］ Bereczkei et al. (2015).

［33］ Wilson, Near, and Miller (1996).

［34］ Barrett and Henzi (2005).

［35］ Byrne (2018).

［36］ Bell and Buchner (2012).

［37］ Levine (2019).

［38］ Dunbar (1998).

［39］ Dunbar (1992).

[40] Gonçalves, Nicola, Alessandro (2001). Norwitz (2009).
[41] Dunbar (1998). Dunbar (2004).
[42] Talwar and Crossman (2011).
[43] 答案是瑞士信贷（Credit Suisse）的卡里姆·塞拉格尔丁（Kareem Serageldin），相比之下，冰岛有25名银行家，西班牙有11名银行家，爱尔兰有7名银行家。美国银行家和金融高管避免受到惩处的主要原因也许是他们发现并利用了美国政治和刑事司法体系的漏洞。
[44] Burley (1988).
[45] Basolo (1990).
[46] 他们使用的方法有局部方差奥卡姆剃刀法和方差奥卡姆剃刀法，这些方法要比将两个物种的叫声简单地平均一下更精细复杂一些。
[47] Ryan and Rand (1999).
[48] Rosenthal and Evens (1998).
[49] Christy (1995). Proctor (1991).
[50] Hughes et al. (2015). Fernandez and Morris (2007).
[51] Burley and Symanski (1998).
[52] 动物也可能利用视觉上的错觉使自己从背景中脱颖而出或融入背景。警告色是故意显眼的，就像伦勃朗用对比来欺骗我们的眼睛那样。相反，反阴影着色——动物的身体背部是深色的，腹部是浅色的——会让它们无论在水中还是在陆地上，无论从下到上还是从上到下都很难被发现。
[53] Gasparini, Serena, and Pilastro (2013).
[54] 美国人没有使用无色无味、苍白的"失败者"指代更丑陋的雄虹鳉伴侣，而是无意地借用了"矮胖鱼"这个词，主要感谢发明者这个俚语的人。除了市井词典，你可能在别的地方也找不到这个词。
[55] Kelley and Endler (2012).
[56] Macknik, Martinez-Conde, and Blakeslee (2011).
[57] 这里的抽象艺术并不是指20世纪初出现的以康定斯基（Kandinsky）、蒙德里安（Mondrian）和马列维奇（Malevich）等为代表的特定艺术流派，而是指通常意义上的视觉艺术，其所呈现的事物与我们的视觉感知截然相反。
[58] Singer et al. (2016).
[59] Juslin and Vastfjall (2008).
[60] Brattico, Brattico, and Vuust (2017).
[61] Brattico et al. (2016).

[62] Endler (1992).

[63] 对菲舍里安一家人的逃亡如何导致夸张的性格最流行的一种解释。参见：Prum (2017)。

[64] Kokko et al. (2002).

[65] 一些人认为要想优质基因发挥作用，遗传相关性是必需的，但是扎哈维假说对这一条件并没有做最初的设定。

[66] 最近的一些研究显示对于异性之间的追逐来说，雄性性状特征与其对雌性性状特征的偏好之间并不是总呈现遗传正相关。参见：Taylor and Ryan (2013)。

[67] Schmidt et al. (2017).

[68] 传奇投资基金经理凯西·伍德（Cathie Wood）在2021年预测，比特币将达到50万美元。

[69]《金融危机背后的原因一言以蔽之就是欺诈》2020/05/05 https://www.cbsnews.com/news/one-word-explains-what-caused-the-financial-crisis-fraud/ by Alain Sherter.

[70] 当时的匿名买家是沙特文化部长巴德尔·本·阿卜杜拉亲王（Badr bin Abdullah）。

[71]《失传已久的达芬奇画作以四亿多美元拍售：创艺术品拍卖纪录》https://www.washingtonpost.com/news/morning-mix/wp/2017/11/15/unimaginable-discovery-long-lost-da-vinci-painting-to-fetch-at-least-100-million-at-auction/ by Travis M. Andrews and Fred Barbash.

[72] Dutton (2009).

第6章 欺诈与人性

[1] 这部电影是受到其自传的启发（New York: Crown, 2000），但没有遵循书中所呈现的细节。本章中所有关于阿巴格内尔的信息和引文均基于其自传，最新资料显示，他的自传中有些情节不实。

[2] DePaulo and Kashy (1998).

[3] 最近的一篇文章里，阿巴格内尔宣称在数字时代身份窃取要容易4 000倍。他说他只需要两条信息就可以制造一个假身份：出生日期和地点。不幸的是，在数字社交网络时代，这两条信息会被许多人主动地泄露出来，如脸书等社交媒体。

[4] Adams (1999).

[5] Toma and Hancock (2010).
[6] Treas and Giesen(2000).Whisman, Gordon, and Chatav (2007).
[7] Wiederman (1997). Atkins, Baucom, and Jacobson (2001).
[8] 《阿什利·麦迪逊事件更新》https://www.ibtimes.com/ashley-madison-hack-update-all-high-profile-celebrity-names-attached-private-2066211 by Tyler McCarthy.
[9] Petersen and Hyde (2010).
[10] 女性一般不会把自己对婚外情的向往搞得尽人皆知或者像男人那样吹嘘自己的性征服力，女人更倾向于隐藏这些信息。一项又一项的调查显示，女性的性伴侣明显少于男性。这个结果有时让研究人员非常困惑，因此这里我们需要强调的是，结论不能是在对数字简单叠加的基础上得出。
[11] Arslan et al. (2018).
[12] Jones, Hahn, and DeBruine (2019).
[13] Bellis and Baker (1990).
[14] Janus and Janus (1993).
[15] Walum and Westberg (2011).
[16] 解读此类遗传数据的注意事项：首先，当一个基因对某种行为的变异负有40%的责任时，这样的结果指的是一个群体的统计模式，并非指向某一特定个体。其次，当环境或文化条件发生变化时，遗传影响的重要性也会发生变化。由于大多数基因在不同情况下的作用不同，因此基因很少决定性状特征，尤其是行为上的性状特征。
[17] Garcia et al. (2010).
[18] Buss and Abrams (2017).
[19] Larmuseau, Matthijs, and Wenseleers (2016).
[20] Anderson (2006).
[21] Scelza (2011).
[22] Schmitt and Buss (2001).
[23] Jankowiak, Nell, and Buckmaster (2002).
[24] Daly and Wilson (1988). Betzig (1989). Goetz and Shackelford (2009).
[25] Buss (2002).
[26] 如果不是在实践中那么多的话，那么至少在文学作品上是这样的。
[27] 我奶奶是中国最后一代裹小脚的女性之一。因为怕摔倒，她走路时经常不得不扶着墙。显然，在西方，小脚暗示着贞操，如灰姑娘的故事就是

对此的表明。

[28]《存在于美国的 11 项荒谬的性别歧视法律条例》20170911，https://www.globalcitizen.org/en/content/sexist-laws-in-the-us-in-2017/ by Tess Sohngen.

[29] Pazhoohi and Hosseinchari (2014). Pazhoohi (2016).

[30] Onyishi et al. (2016).

[31] 逢迎拍马的两个例子：当你实际看上去很糟糕时，有人对你说"你看上去特别棒！"而当你所领导的组织机构正在分崩离析时，有人对你说"在你的伟大领导下，我们取得了重大进步！"

[32] 我们受训于社会性的和蔼可亲，因为人们通常更喜欢和蔼可亲的人，过于挑剔或多疑可能会让你与同事和朋友疏远。因此，收银员和出纳员通常不会冒犯客户如提出不舒服的问题。另外，但出于同样的原因，小组头脑风暴会议不利于产生不同的想法。相反，人们互相看着对方，点头同意以避免意见分歧。

[33] 抵押贷款证券是刘易斯·拉涅利（Lewis Ranieri）在 20 世纪 70 年代发明的。30 年后，这一金融手段被广泛用作投资工具。

[34] Faiss et al. (2020).

[35] 这里另有不成文的社会规则：警察通常不受欢迎；经常这样做肯定会让你与同事和朋友疏远。

[36] 2017 年，伯格达尔在一次军事法庭判决中认罪，随后，他被降级、并开除军籍和罚款 1 万美元。如果把所有事情都考虑进去，那么，美国政府对伯格达尔的惩处相当宽大仁慈。

[37]《美国富国银行欺诈性储户账户丑闻》2022/05/18，https://en.wikipedia.org/wiki/Wells-Fargo-account-fraud-scandal.

[38] Bagus and de Soto (2011).

[39] Lynn (2010).

[40] Ginsberg (2011).

[41] Ginsberg (2011).

[42] Toye (2006).

[43] Weber (1968/1921). Hodson et al. (2013).

[44] Jorgensen (2012).

[45] Merton (1957).

[46] 当招聘很容易时，解雇就很难，尤其是公共部门的人事管理。例如在美国联邦机构，新员工第一年都是试用期。而一旦获得终身职位，他们就很难

被解雇。更令人恼火的是，即使他们不能胜任这份工作，其职位和薪水仍然会不断上升，这简直就像寄生在养分丰富的宿主身体上的寄生虫一样。

[47] Niskanen (1994). Carnis (2009).
[48] Parkinson (1957).
[49] Peter and Hull (1969).
[50] Yolles (2016).
[51] Kawai, Lang, and Li (2018).
[52] 《美国情报界》20220518，https://en.wikipedia.org/wiki/United-States-Intelligence-Community.
[53] Jorgensen (2012).
[54] Choi, Wiechman, and Pritchard (2013).
[55] 监督者和被监督者之间的利益冲突和信息不对称通常被称为委托代理问题。
[56] Carpenter and Krause (2014).
[57] Behn (1997).
[58] Meier, O'Toole, and Bohte (2006).
[59] 统计数据显示，由总统任命的政府公职人员，包括 C 级公务员和任务执行官员占全体公务员的 1%。参见：Toye (2006)。
[60] 奥地利经济学家路德维希·冯·米塞斯（Ludwig von Mises）在他 1944 年出版的颇具影响力的著作《官僚主义》（*Bureaucracy*）中也持类似观点。
[61] 《美国医疗体制中的过度行政成本的负担》20190408, https://www.americanprogress.org/issues/healthcare/reports/2019/04/08/468302/excessadministrative-costs-burden-u-s-health-care-system/ by Emily Gee and Topher Spiro.
[62] Lockwood, Nathanson, and Weyl (2017).
[63] Hodson et al. (2013).
[64] Jacoby (2004).
[65] Hodson et al. (2013).
[66] Light (2017).

第 7 章　自欺与自我疗愈

[1] 据说希腊哲学家泰勒斯是第一个使用"认识你自己"这个词的人。
[2] Hoorens and Harris (1998).
[3] Svenson (1981).

[4] Alicke and Govorun (2005).
[5] Zuckerman, Ezra, and Jost (2001).
[6] Cross (1977). Zuckerman, Ezra, Jost (2001).
[7] Neale and Bazerman (1985). Odean (1998).
[8] 个性也称个体人格认知是一个哲学和心理学问题。启蒙运动哲学家约翰·洛克（John Locke）认为，个体人格认知是在时间跨度中，一个人通过记忆和自我意识的联系，对作为同一个个体的意识。因此，如果你不记得你的过去，或者不认为过去的你是现在的你，你确实是一个新的你。
[9] Trivers (2011).
[10] Epley and Whitchurch (2008).
[11] Epley and Whitchurch (2008).
[12] 关于非人类的动物的自欺有过大量报道，但是确凿性的证据仍然缺乏。这主要是因为动物对自身的了解不容易证明。即便如此，最近的一项研究为雄性小龙虾的自我欺骗提供了积极的证据。参见：Anguilletta, Kubitz, and Wilson (2019).
[13] Kruger and Dunning (1999).
[14] 有时，它也被称为沃比冈湖效应，这是显而易见的原因。
[15] 克鲁格和邓宁的文章获得了"搞笑诺贝尔奖"，这是一个恶作剧奖项，颁发给极其趣味或有着令人惊讶的发现的研究。该奖一方面是为了给过于严肃的学术生活增添趣味，另一方面是为了表彰那些其研究意义远远深刻于人类目前所能理解的发现。显然，克鲁格和邓宁的获奖研究属于后一类。
[16] Dunning (2011).
[17] 高强度的脑力劳动会耗尽我们的意志力并改变我们的决定，这一现象被心理学家称为自我损耗，也称精神内耗。如，从事一项更艰巨的任务时，人们很可能违背他们对自己曾经所说的只吃健康食品的承诺而大快朵颐高热量的曲奇饼。在以色列的一项研究中，法官在用餐后立即做出有利的假释决定（占65%），然后在下一餐前逐渐下降到接近0。参见：Danziger et al.（2011）。
[18] 互联网上有无数的视频剪辑，包括约翰·希雷克（John Shirek）、霍普·福特（Hope Ford）、乔纳森·雷蒙德（Johnathan Raymond），"她曾经是我的孩子"：在还未得知孩子已经死亡前，父亲使用过去式来述说自己与失踪的、两周大的孩子的关系。参见：20190510，https://www.11alive.com/article/news/father-spoke-of-missing-2-week-old-in-past-tense-while-alone-with-

mother-in-interrogation-room/85-70472a8a-c9b5-4a8a-910c-Sbofd62503dc.
- [19]《纽敦郡两周大孩子死亡，父母的罪责》20190514, https://www.ajc.com/news/crime-law/breaking-newton-county-parents-guilty-week-old-death/uJmGfBIOBhSCdWUpKzmigO/ by Alexis Stevens.
- [20] Trivers (2011). Von Hippel and Trivers (2011).
- [21] Trivers (2011).
- [22] Kwan et al. (2007).
- [23] Suls, Lemos, and Stewart (2002).
- [24] Plassmann et al. (2008).
- [25]"全球变暖"与"气候变化"这两个词分辨产生于1975年和1979年。"气候变化"这个词如今被更为广泛地使用，部分原因是因为乔治·布什政府为淡化全球变暖所连带的危机而做出的政治努力，部分原因是因为这一术语本身的囊括性，即气候变化既可以指全球变暖的气候，也可以指由全球变暖所引发的不规律的区域性天气变化。
- [26] Ditto and Lopez (2003).
- [27] Mather and Carstensen (2005)
- [28] Tavris and Aronson (2015).
- [29] D'Argembeau and van der Linden (2008).
- [30] Loftus and Pickrell (1995).
- [31] Howe and Knott (2015).
- [32] Schreiber et al. (2006).
- [33] Trivers (2011).
- [34] 这一部分列表来源于Walton (2019)。
- [35] 政客们通常被程式化地视为不诚实，或者干脆就被指责不诚实，但是投票的民众就一定是诚实的吗？
- [36] 尽管一下子踩到毒蛇窝的概率很低，但如果你生活在非洲部落里，居住在蛇患成灾的丛林，这事儿就很有可能在你生活中发生。
- [37] Galperin and Haselton (2012).
- [38] 在心理学和精神病学上，感觉到不存在的东西被称为幻觉或空想性错觉，而将两个随机事件联系起来的这种感觉被称为意义妄想症。
- [39] 我从未搞明白它到底是什么，但庆幸的是这玩意的毒性不那么大。
- [40] Bingel et al. (2011).
- [41] Benedetti, Carlino, and Pollo (2011).

- [42] Benedetti and Piedimonte (2019).
- [43] Fournier et al. (2010).
- [44] Charlesworth et al. (2017).
- [45] Price, Finniss, and Benedetti (2008). Benedetti (2009).
- [46] De Craen et al. (1996).
- [47] Kaptchuk and Miller (2015).
- [48] Benedetti, Carlino, and Pollo (2011).
- [49] Wager et al. (2004).
- [50] Scott et al. (2007).
- [51] Benedetti (2010).
- [52] 证伪使科学昌明，这种方法可以不断积累真相真理，剔除谬误。替代医学却不遵循这一原则，结果其知识架构就不像科学那样向前发展。例如中医学，自从2 000多年前《黄帝内经》编撰以来，中医就从来没有在理论上有重大突破。甚至今天，科学验证的标准方法——随机取样双盲验证法——仍然无法应用于中医的许多临床手段的试验。
- [53] McGeeney (2015).
- [54] Linde et al. (2005). Linde et al. (2007).
- [55] Finniss et al. (2010).
- [56] McGeeney (2015).
- [57] Kaptchuk and Miller (2015).
- [58] Kaptchuk and Miller (2015).
- [59] Finniss et al. (2010).
- [60] 抑郁的人倾向于对世界有更现实的看法，包括对自己的生活掌控的无力感（Alloy and Clements 1992）。但是即使这样，他们仍然倾向于乐观主义，而不像真正的悲观主义者。
- [61] Dufner et al. (2012).
- [62] Carver, Scheier, and Segerstrom (2010).
- [63] Bishop, Tuchfarber, and Oldendick (1986). Graeff (2003). Paulhus et al. (2003).
- [64] Atir, Rosenzweig, and Dunning (2015).
- [65] Darwin (1871).
- [66] Paulhus et al. (2003).
- [67] Rozenblit and Keil (2002).
- [68] Lusardi and Mitchell (2009).

[69] Vnuk, Owen, and Plummer (2006).
[70] Trivers (2011).
[71] Trivers (2011).
[72] Chatterjee and Hambrick (2011).
[73] Eisenegger et al. (2017).
[74] Kamiya, Kim, and Suh (2016).
[75] Dawson, Savitsky, and Dunning (2006).
[76]《网络女王：这个女人是如何对世界大骗了一场后神秘消失的》20191124, https://www.bbc.com/news/stories-50435014.
[77] 他的名字叫伊戈尔·阿尔伯茨（Igor Alberts），声称自己的生意积累了1亿英镑。顺便说一下，金字塔骗局及其变化形式在许多国家并不违法。康宝莱（Herbalife），一家在纽约证券交易所上市的公司，就是基于这种模式的企业。
[78] Vosoughi, Roy, and Aral (2018).
[79] Grinberg et al. (2019).
[80]《虚假信息》20210321, https://www.counterhate.com/disinformationdozen.
[81] Nyhan and Reifler (2010).
[82] Bail et al. (2018).
[83] Westen et al. (2006).
[84] Greenberg, Solomon, and Pyszczynski (1997).
[85] Albarracin and Mitchell (2004). Kumashiro and Sedikides (2005).
[86] 答案：1. 欧内斯特·米勒·海明威（Ernest Hemingway）；2. 甘地（Gandhi）；3. 拉尔夫·沃尔多·爱默生（Ralph Waldo Emerson）；4. 艾尔伯特·爱因斯坦（Albert Einstein）；5. 老子（Lao Tzu）；6. 亚历山大·博普（Alexander Pope）；7. 本杰明·富兰克林（Benjamin Franklin）；8. 孔夫子（Confucius）。注释：过度自信对男性来说比女性更成问题，原因我们很快就会看到。不出所料，最令人难忘的谦虚语录来自男性。
[87] Armitage et al. (2008).
[88] 克服确认偏差的一种方法叫作动机性访谈，这是心理咨询中常用的方法。通过开放的提问，人们有机会重新发现自己，包括重新审视自己那些先入为主的观点。
[89] Kaufmann (2008).
[90] Ehrlinger and Dunning (2003).

[91] Hoobler et al. (2016).
[92] 在藏酋猴中，我们发现当有更多的雌性参与集体决策时，做出决定的速度和准确性都会提高。显然，雌性藏酋猴之间友好的社会关系促进了决策过程。然而，有一个方面需要考虑的是，我们目前还很难知道，相比于雄性藏酋猴的过度自信，雌性藏酋猴是否在自信这方面比较弱。参见：Fratellone et al. (2019)。
[93] Hoobler et al. (2016).

第 8 章　与欺诈共存——无奈且必然的选择

[1] Tenbmnsel (1998).
[2] 谷歌最终以 16.5 亿美元收购了油管。油管仅在 2019 财年就为谷歌创造了 151.5 亿美元的广告收入。
[3] Thaler and Sunstein.2008.
[4] Gneezv (2005).
[5] Friedman (1970).
[6] Murphey, Laczniak, and Wood (2007). Brenkert (1999).
[7] Borgerson and Schroeder (2008).
[8] 这就提出了一个全新的问题。如果司法系统不公正，我们是否应该诚实？在法国作家维克多·雨果的史诗小说《悲惨世界》中，警察督察沙威跳进塞纳河，结束自己的生命，因为他对自己狂热捍卫的司法体系失去了信心。
[9] 社会习俗可能凌驾于法律之上。例如，在许多地方，人们开车比速度限制快 5～9 英里。如果你选择遵守法律，你可能会造成交通堵塞，被其他司机诅咒。通常情况下，如果你不跟着车流走是很危险的。
[10] 哲学家们可能会提出这样的问题：谁是真正的我——在公共场合西装笔挺的我，还是在私下里随便套上一件 T 恤衫的我？答案是两者我都是，只是外表上一个比另一个好。这个双重生活的例子表明，通过掩盖自己的弱点来呈现一个更好的公众形象是重要的和必要的。
[11] 人们会习惯性地让自己看上去好看。有选择性地在公众面前表现出更好的形象，即使没有明确的意图，严格地说，这种做法并不是百分百诚实。这可以与修图数码照片相比，用"喷绘笔"美化自己来吸引观众。
[12] 比挑剔更糟糕的是，从 2010 年开始，格拉德威尔就一直被多家新闻媒体指责其作品中有大量的剽窃。

[13] 《克里斯托夫·沙布利应该冷静下来》20131010, https://slate.com/technology/ [2013/10/malcolm-gladwells-david-and-goliath-he-explains-why-christopher-chabris-criticisms-of-his-book-were-unreasonable.html.by Malcolm Gladwell.
[14] Nyberg (1993).
[15] Smith (2007). 这句话中的引用来自 R. D. 亚历山大（R. D. Alexander）《探索行为的一般理论》参见：*Behavioral Science* 10(1975):96.
[16] Taglor (2007).
[17] Reddy (2007).
[18] Xu et al. (2010).
[19] Talwar and Crossman (2011).
[20] Lewis (1993).
[21] Carlson, Moses, and Hix (1998). Talwar and Lee (2008).
[22] Sodian and Frith (1992).
[23] Reddy (2007).
[24] Dor (2017).
[25] Talwar and Crossman (2011).
[26] Kant (1797).
[27] Weinrib (2008).
[28] Kant (1797)
[29] Melville (2014).
[30] 在某种程度上，大多数人都是结果主义者，所以认为你可以通过撒谎来保护朋友。然而，康德认为，你应该关心的是行为的对错，而不是后果如何。他认为人们有道德责任——不说谎，说谎的错误并不在于其后果。他有两个基本的论点来说明说谎是错误的。首先，我们无法将谎言普遍化。如果每个人都撒谎，那么当我撒谎的时候人们就不会再相信我了。这样我就不会达到我说谎的目的。谎言奏效的情况是有且只有人们普遍信任的情况。于是，说谎就是在破例。我的意思是说其他人一般都应该说实话，但我要撒谎。这是非理性的。其次，我利用那些被我骗到的人作为一种手段。我操纵或强迫他们，而不是把他们当作可以自己做决定的个体。
[31] Zupancic (2000).
[32] Constant (1988).
[33] Kant (1797).
[34] Carson (2012).

[35] 参见维基百科词条"谎言"https://en.wikipedia.org/wiki/Lie；以及基于奥古斯丁（Augustine）的两本著作《关于谎言》（*On Lying*）（拉丁文 *De Mendacio*）和《识破谎言》（*Against Lying*）（拉丁文 *Contra Mendacio*）。

[36] 然而，这并不意味着道德原则无关紧要。相反，我们大多数人在实践中，都是通过对原则和后果的综合考量，做出符合道义的决定。

[37] 在民主国家里，多数政治政策的改变都会影响伤害到一部分，通常是少数族裔，这就导致称之为"多数人独裁"的矛盾局面。这种困境不能用纯粹的功利主义的方法来解决。因此，在解决少数族裔所关切的问题上，对某些规则做硬性规定，即义务论是至关重要的。

[38] 她被指控保险欺诈，但是法庭最终裁决无罪释放，而且因为在社区中做好事，她被允许继续工作。

[39] 在这种情况下，中国医生须向可以帮助患者对随后的治疗做出决定的近亲属披露真情。几十年前，美国医生在一定程度上也这么做，但由于法律上的后果，今天已经不这么做了，而是直接向患者本人阐述真实情况。

[40] 文化相对主义和文化绝对主义，在这个问题上的争论将信马由缰。秉持前者理念的人认为所有文化方面都应该得到尊重，而秉持后者理念的人认为无论社会条件如何，某些原则和价值观都应该有客观的正确性。

[41] 当时拥有约6万居民的港口城市柯尼斯堡（Königsberg）绝不是一个封闭的城市。然而，这个城市的商业生活和社会活力可能与这位过着一板一眼的单身生活的哲学家没有什么关系。

[42] Harris (2013).

[43] Cohn et al. (2019).

[44] Karand Freitas (2009).

[45] Gachter and Schulz (2016).

[46] Norris, Brookes, and Dowell (2019).

[47] 《社交媒体推特将要毁掉民主吗？》20171214, https://nautil.us/issue/55/trust/would-twitter-ruin-bee-democracy by Lixing Sun.

[48] Vilmer et al. (2018).

[49] 国会最后一次被迫撤离是在1812年战争期间。

[50] Frankel (2012).

[51] Van der Linden et al. (2017).

[52] 截至2020年6月15日，"众击"（CrowdStrike）的市值为217.2亿美元，一年内再次增长超过90%。在接下来的一年里，其估值增长了137%；

截至 2021 年 6 月 15 日，其市值为 514.8 亿美元。
[53] 《预测 2017 年至 2021 年全球网络安全需耗资 1 万亿美元》20190610, https://cybersecurityventures.com/cybersecurity market-report/ by Steve Morgan.
[54] Clarke and Knake (2019).
[55] Hegel (1821). 这一论点有几个解读版本。人们对它的真正含义仍然在争论，没有达成一致意见。

参考文献

Adams, M. (1999). The dead grandmother/exam syndrome. *Annals of Improbable Research* 5: 3–6.

Akino, T., Knapp, J. J., Thomas, J. A., and Elmes, G. W. (1999). Chemical mimicry and host specificity in the butterfly *Maculinea rebeli,* a social parasite of Myrmica ant colonies. *Proceedings of the Royal Society B* 266: 1419–1426.

Albarracín, D., and Mitchell, A. L. (2004). The role of defensive confidence in preference for proattitudinal information: How believing that one is strong can sometimes be a defensive weakness. *Personality and Social Psychology Bulletin* 30: 1565–1584.

Alicke, M. D., and Govorun, O. (2005). The better-than-average effect. In Alicke, M. D., Dunning, D. A., Krueger, J. I., eds., *The Self in Social Judgment (Studies in Self and Identity),* 85–106. New York: Psychology Press.

Allies, A. B., Bourke, A. F. G., and Franks, N. R. (1986). Propaganda substances in the cuckoo ant *Leptothorax kutteri* and the slave-maker *Harpagoxenus sublaevis*. *Journal of Chemical Ecology* 12: 1285–1293.

Alloy, L. B., and Clements, C. M. (1992). Illusion of control: Invulnerability to negative affect and depressive symptoms after laboratory and natural stressors. *Journal of Abnormal Psychology* 101: 234–245.

Als, T. D., Vila, R., Kandul, N. P., Nash, D. R., Yen, S.-H., Hsu, Y.-F., Mignault,

A. A., Boomsma, J. J., and Pierce, N. E. (2004). The evolution of alternative parasitic life histories in large blue butterflies. *Nature* 432: 386–390.

Anderson, J. R., Kuroshima, H., Kuwahata, H., Fujita, K., and Vick, S. (2001). Training squirrel monkeys *(Saimiri sciureus)* to deceive: Acquisition and analysis of behaviour toward co-operative and competitive trainers. *Journal of Comparative Psychology* 115: 282–293.

Anderson, K. G. (2006). How well does paternity confidence match actual paternity? Evidence from worldwide nonpaternity rates. *Current Anthropology* 47: 513–520.

Andrews, T. M., Lukaszewski, A. W., Simmons, Z. L., and Bleske-Rechek, A. (2017). Cue-based estimates of reproductive value explain women's body attractiveness. *Evolution and Human Behavior* 38: 461–467.

Anguilletta Jr., M. J., Kubitz, G., and Wilson, R. S. (2019). Self-deception in nonhuman animals: Weak crayfish escalated aggression as if they were strong. *Behavioral Ecology* 30: 1469–1476.

Armitage, C. J., Harris, P. R., Hepton, G., and Napper, L. (2008). Self-affirmation increases acceptance of health-risk information among UK adult smokers with low socioeconomic status. *Psychology of Addictive Behaviors* 22: 88–95.

Arnqvist, G., and Kirkpatrick, M. (2005). The evolution of infidelity in socially monogamous passerines: The strength of direct and indirect selection on extrapair copulation behavior in females. *American Naturalist* 165: S26–S37.

Arslan, R. C., Schilling, K. M., Gerlach, T. M., and Penke, L. (2021). Using 26,000 diary entries to show ovulatory changes in sexual desire and behavior. *Journal of Personality and Social Psychology* 121: 410–431.

Ashton, B. J., Thornton, A., and Ridley, A. R. (2018). An intraspecific appraisal of the social intelligence hypothesis. *Philosophical Transactions of the Royal Society B* 373: 20170288.

Atir, S., Rosenzweig, E., and Dunning, D. (2015). When knowledge knows no bounds: Self-perceived expertise predicts claims of impossible knowledge. *Psychological Science* 26: 1295–1303.

Atkins, D. C., Baucom, D. H., and Jacobson, N. S. (2001). Understanding infidelity: Correlates in a national random sample. *Journal of Family Psychology* 15: 735–749.

Baglione, V., Canestrari, D., Chiarati, E., Vera, R., and Marcos, J. M. (2010). Lazy group members are substitute helpers in carrion crows. *Proceedings of the Royal Society B* 277: 3275–3282.

Bagus, P., and de Soto, J. H. (2011). *The Tragedy of the Euro*. Auburn, AL: Ludwig von Mises Institute.

Bail, C. A., Argyle, L. P., Brown, T. W., Bumpus, J. P., Chen, H., Hunzaker, M. B. F., Lee, J., Mann, M., Merhout, F., and Volfovsky, A. (2018). Exposure to opposing views on social media can increase political polarization. *Proceedings of the National Academy of Sciences* 115: 9216–9221.

Barber, J. R., and Conner, W. E. (2007). Acoustic mimicry in a predator-prey interaction. *Proceedings of the National Academy of Sciences* 104: 9331–9334.

Barbero, F., Thomas, J. A., Bonelli, S., Balletto, E., and Schonrogge, K. (2009). Queen ants make distinctive sounds that are mimicked by a butterfly social parasite. *Science* 323: 782–785.

Barclay, P., and Willer, R. (2006). Partner choice creates competitive altruism in humans. *Proceedings of the Royal Society B* 274: 749–752.

Barrett, L., and Henzi, P. (2005). Social nature of cognition. *Proceedings of the Royal Society B* 272: 1865–1875.

Barsh, G. (2016). Evolution: Sex, diet and red ketocarotenoids. *Current Biology* R1145–R1147.

Basolo, A. (1990). Female preference predates the evolution of the sword in swordtail fish. *Science* 250: 808–810.

Bass, A. H. (1996). Shaping brain sexuality. *American Scientist* 84: 352–364.

Batzer, M. A., and Deininger, P. L. (2002). Alu repeats and human genome diversity. *Nature Reviews Genetics* 3: 370–329.

Bauer, U., Federle, W., Seidel, H., Grafe, U., and Ioannou, C. (2015). How to catch more prey with less effective traps: Explaining the evolution of temporarily inactive traps in carnivorous pitcher plants. *Proceeding of the Royal Society B* 282: 2675.

Bee, M. A., Perrill, S. A., and Owen, P. C. (2000). Male green frogs lower the pitch of acoustic signals in defense of territories: A possible dishonest signal of size? *Behavioral Ecology* 11: 169–177.

Beekman, M., and Oldroyd, B. P. (2008). When workers disunite: Intraspecific parasitism by eusocial bees. *Annual Review of Entomology* 53: 19–37.

Behn, R. (1997). Linking measurement to motivation. *Advances in Educational Administration* 5: 15–50.

Bell, E., and Buchner, A. (2012). How adaptive is memory for cheaters? *Current Directions in Psychological Science* 21: 403–408.

Bellis, M. A., and Baker, R. R. (1990). Do females promote sperm competition? Data for humans. *Animal Behaviour* 40: 997–999.

Benedetti, F. (2009). *Placebo Effects: Understanding the Mechanisms in Health and Disease.* New York: Oxford University Press.

——. (2010). No prefrontal control, no placebo response. *Pain* 148: 357–358.

Benedetti, F., Carlino, E., and Pollo, A. (2011). How placebos change the patient's brain. *Neuropsychopharmacology Reviews* 36: 339–354.

Benedetti, F., and Piedimonte, A. (2019). The neurobiological underpinnings of placebo and nocebo effects. *Seminars in Arthritis and Rheumatism* 49: S18–S21.

Bereczkei, T., Papp, P., Kincses, P., Bodrogi, B., Perlaki, G., Orsi, G., and Deak, A. (2015). The neural basis of the Machiavellians' decision making in fair and unfair situations. *Brain and Cognition* 98: 53–64.

Betzig, L. (1989). Causes of conjugal dissolution: A cross-cultural study. *Current Anthropology* 30: 654–676.

Bingel, U., Wanigasekera, V., Wiech, K., Mhuircheartaigh, R. N., Lee, M. C., Ploner, M., and Tracey, I. (2011). The effect of treatment expectation on drug efficacy: Imaging the analgesic benefit of the opioid remifentanil. *Science Translational Medicine* 3: 70ra14.

Bird, R. B., and Smith, E. A. (2005). Signaling theory, strategic interaction, and symbolic capital. *Current Anthropology* 46: 221–248.

Bishop, G. F., Tuchfarber, A. J., and Oldendick, R. W. (1986). Opinions on fictitious issues: The pressure to answer survey questions. *Public Opinion Quarterly* 50: 240–250.

Borgerson, J. L., and Schroeder, J. E. (2008). Building an ethics of visual representation: Contesting epistemic closure in marketing communication. In Morland, M. P., and Werhane, P., eds., *Cutting Edge Issues in Business Ethics,* 87–108. Boston: Springer.

Bourke, A. F. G. (2011). *Principles of Social Evolution.* Oxford: Oxford University Press.

Brattico, E., Bogert, B., Alluri, V., Tervaniemi, M., Eerola, T., and Jacobsen, T. (2016). It's sad but I like it: The neural dissociation between musical emotions and liking in experts and laypersons. *Frontiers in Human Neuroscience* 9: 676.

Brattico, P., Brattico, E., and Vuust, P. (2017). Global sensory qualities and aesthetic experience in music. *Frontiers in Neuroscience* 11: 159.

Brenkert, G. K. (1999). Marketing ethics. In Frederick, R. E., ed., *A Companion to Business Ethics,* 178–197. Malden, MA: Blackwell.

Bruce, H. M. (1959). An exteroceptive block to pregnancy in the mouse. *Nature* 184: 4680.

Bruce, J. B., Cooper, G. A., Chabas, H., West, S. A., and Griffin, A. S. (2017). Cheating and resistance to cheating in natural populations of the bacterium *Pseudomonas fluorescens. Evolution* 71: 2484–2495.

Bshary, R. (2002). Biting cleaner fish use altruism to deceive image-scoring client reef fish. *Proceedings of Royal Society of London B* 269: 2087–2093.

Bugnyar, T., and Kotrschal, K. (2002). Observational learning and the raiding of food caches in ravens, *Corvus corax*: Is it 'tactical' deception? *Animal Behaviour* 64: 185–195.

——. (2004). Leading a conspecific away from food in ravens (*Corvus corax*)? *Animal Cognition* 7: 69–76.

Burley, N. (1988). Wild zebra finches have band-colour preferences. *Animal Behaviour* 36: 1235–1237.

Burley, N. T., and R. Symanski. (1998). "A taste for the beautiful": Latent aesthetic mate preferences for white crests in two species of Australian grassfinches. *American Naturalist* 152: 792–802.

Burt, A., and Trivers, R. L. (2006). *Genes in Conflict: The Biology of Selfish Genetic Elements.* Cambridge, MA: Belknap Press of Harvard University Press.

Buss, D. (2002). Human mate guarding. *Neuroendocrinology Letters* 23(Suppl.4): 23–29.

Buss, D. M., and Abrams, M. (2017). Jealousy, infidelity, and the difficulty of diagnosing pathology: A CBT approach to coping with sexual betrayal and the green-eyed monster. *Journal of Rational-Emotive and Cognitive-Behavior Therapy* 35: 150–172.

Butaite, E., Baumgartner, M., Wyder, S., and Kümmerli, R. (2016). Siderophore cheating and cheating resistance shape competition for iron in soil and freshwater *Pseudomonas* communities. *Nature Communications* 8: 414.

Byrne, R. W. (2018). Machiavellian intelligence retrospective. *Journal of Comparative Psychology* 132: 432–436.

Byrne, R. W., and Corp, N. (2004). Neocortex size predicts deception rate in primates. *Proceedings of the Royal Society B* 271: 1693–1699.

Byrne, R. W., and Whiten, A. (1985). Tactical deception of familiar individuals in baboons (*Papio ursinus*). *Animal Behaviour* 33: 669–673.

——. (1990). Tactical deception in primates: The 1990 database. *Primate Report* 27: 1–101.

——. (1992). Cognitive evolution in primates: Evidence from tactical deception. *Man* (New Series) 27: 609–627.

Carlson, S. M., Moses, L. J., and Hix, H. R. (1998). The role of inhibitory control in young children's difficulties with deception and false belief. *Child Development* 69: 672–691.

Carnis, L. A. H. (2009). The economic theory of bureaucracy: Insights from the Niskanian model and Misesian approach. *Quarterly Journal of Austrian Economics* 12: 57–78.

Caro, T. (2016). *Zebra Stripes.* Chicago: University of Chicago Press.

Caro, T., Izzo, A., Reiner, R. C., Walker, H., and Stankowich, T. (2014). The function of zebra stripes. *Nature Communications* 5: 3535.

Carpenter, D., and Krause, G. A. (2014). Transactional authority and bureaucratic politics. *Journal of Public Administration Research and Theory* 25: 5–25.

Carson, T. L. (2012). *Lying and Deception: Theory and Practice.* Oxford: Oxford University Press.

Carter, G. G., and Wilkinson, G. S. (2013). Food sharing in vampire bats: Reciprocal help predicts donations more than relatedness or harassment. *Proceedings of the Royal Society B* 280: 20122573.

Carver, C. S., Scheier, M. F., and Segerstrom, S. C. (2010). Optimism. *Clinical Psychology Review* 30: 879–889.

Charlesworth, J. E., Petkovic, G., Kelley, J. M., Hunter, M., Onakpoya, I., Roberts, N., Miller, F. G., and Howick, J. (2017). Effects of placebos without deception compared with no treatment: A systematic review and meta-analysis. *Journal of*

Evidence-Based Medicine 10: 97–107.

Chatterjee, A., and Hambrick, D. C. (2011). Executive personality, capability cues, and risk taking: How narcissistic CEOs react to their successes and stumbles. *Administrative Science Quarterly* 56: 202–237.

Chen, J., Zou, Y., Sun, Y.-H., and ten Cate, C. (2019). Problem-solving males become more attractive to female budgerigars. *Science* 363: 166–167.

Cheney, K. L. (2012). Cleaner wrasse mimics inflict higher costs on their models when they are more aggressive towards signal receivers. *Biology Letters* 8: 10–12.

Choi, S. J., Wiechman, A. C., and Pritchard, A. C. (2013). Scandal enforcement at the SEC: The arc of the option backdating investigations. *American Law and Economics Review* 15: 542–577.

Christy, J. H. (1995). Mimicry, mate choice, and the sensory trap hypothesis. *American Naturalist* 146: 171–181.

Clarke, R. A., and Knake, R. K. (2019). *The Fifth Domain.* New York: Penguin.

Cloud, J. M., and Taylor, M. H. (2019). The effect of mate value discrepancy on hypothetical engagement ring purchases. *Evolutionary Psychological Science* 5: 22–28.

Cohn, A., Maréchal, M. A., Tannenbaum, D., and Zünd, C. L. (2019). Civic honesty around the globe. *Science* 362: 70–73.

Colombelli-Négrel, D., Hauber, M. E., Robertson, J., Sulloway, F. J., Hoi, H., Griggio, M., and Kleindorfer, S. (2012). Embryonic learning of vocal passwords in superb fairy-wrens reveals intruder cuckoo nestlings. *Current Biology* 20: 2155–2160.

Constant, B. (1988). Des Réactions Politiques. In Constant, B., ed. *De La Force du Gouvernement Actuel de la France.* Paris: Flammarion. Cited in Rousseliere, G. (2018). On political responsibility in post-revolutionary times: Kant and Constant's debate on lying. *European Journal of Political Theory* 17: 214–232.

Cosmides, L., and Tooby, J. (1992). Adaptations for social exchange. In Barkow, J. H., Cosmides, L., and Tooby, J., eds, *The Adapted Mind: Evolutionary Psychology and the Generation of Culture,* 163–228. New York: Oxford university Press. (For a more generic introduction, see Christopher Badcock, "Making Sense of Wason," *Psychology Today* (blog), May 5, 2012, www.

psychologytoday.com/us/blog/the-imprinted-brain/201205/making-sense-wason.)

Coussi-Korbel, S. (1994). Learning to outwit a competitor in mangabeys (*Cercocebus torquatus torquatus*). *Journal of Comparative Psychology* 108: 164–171.

Crawford, J. C., Liu, Z., Nelson, T. A., Nielsen, C. K., and Bloomquist, C. K. (2008). Microsatellite analysis of mating and kinship in beavers (*Castor canadensis*). *Journal of Mammalogy* 89: 575–581.

Crews, D., and Garstika, W. R. (1982). The ecological physiology of a garter snake. *Scientific American* 11: 159–168.

Cross, K. P. (1977). Not can but will college teachers be improved? *New Directions for Higher Education* 17: 1–15.

Cui, J., Tang, Y., and Narin, P. M. (2012). Real estate ads in Emei music frog vocalizations: Female preference for calls emanating from burrows. *Biology Letters* 8: 337–340.

D'Argembeau, A., and van der Linden, M. (2008). Remembering pride and shame: Self-enhancement and the phenomenology of autobiographical memory. *Memory* 16: 538–547.

Daly, M., and Wilson, M. (1988). Evolutionary social psychology and family homicide. *Science* 242: 519–524.

Danziger, S., Levav, J., and Avnaim-Pesso, L. (2011). Extraneous factors in judicial decisions. *Proceedings of the National Academy of Sciences* 108: 6889–6892.

Darwin, C. (1859). *On the Origin of Species*. London: J. Murray.

———. (1871). *The Descent of Man and Selection in Relation to Sex*. New York: Modern Library; printed 1981.

Davies, N. B., and Welbergen, J. A. (2009). Social transmission of a host defense against cuckoo parasitism. *Science* 324: 1318–1320.

Davies, N. B., Brooks, L., and Kacelnik, A. (1996). Recognition errors and probability of parasitism determine whether reed warblers should accept or reject mimic eggs. *Proceedings of the Royal Society B* 263: 925–931.

Dawkins, R., and Krebs, J. (1978). Animal signals: information or manipulation? In Krebs, J., and Davies, N. B., eds., *Behavioural Ecology: An Evolutionary Approach*. 282–309. Oxford: Blackwell.

Dawson, E., Savitsky, K., and Dunning, D. (2006). "Don't tell me, I don't want to know": Understanding people's reluctance to obtain medical diagnostic information. *Journal of Applied Social Psychology* 36: 751–768.

De Craen, A. J. M., Roos, P. J., de Vries, A. L., and Kleijnen, J. (1996). Effect of color of drugs: Systematic review of perceived effect of drugs and of their effectiveness. *British Medical Journal* 313: 1624–1626.

De Waal, F. (1982). *Chimpanzee Politics.* London: Jonathan Cape.

———. (2019). *Mama's Last Hug.* New York: Norton.

DeCasien, A. R., Williams, S. A., and Higham, J. P. (2017). Primate brain size is predicted by diet but not sociality. *Nature Ecology and Evolution* 1: 0112.

Densley, J. A. (2012). Street gang recruitment: Signaling, screening, and selection. *Social Problems* 59: 301–321.

DePaulo, B. M., and Kashy, D. A. (1998). Everyday lies in close and casual relationships. *Journal of Personality and Social Psychology* 74: 63–79.

Díaz-Muñoz, S. L., Sanjuán, R., and West, S. A. (2017). Sociovirology: Conflict, cooperation, and communication among viruses. *Cell Host & Microbe* 22: 439–441.

Ditto, P. H., and Lopez, D. E. (2003). Spontaneous skepticism: The interplay of motivation and expectation in response to favorable and unfavorable medical diagnoses. *Personality and Social Psychology Bulletin* 29: 1120–1132.

Dor, D. (2017). The role of the lie in the evolution of human language. *Language Science* 63: 44–59.

Dufner, M., Denissen, J. J. A., van Zalk, M., Matthes, B., Meeus, W. H. J., van Aken, M. A. G., and Sedikides, C. (2012). Positive intelligence illusions: On the relation between intellectual self-enhancement and psychological adjustment. *Journal of Personality* 80: 537–572.

Dugatkin, L. A. (1991). Dynamics of the tit for tat strategy during predator inspection in guppies. *Behavioral Ecology and Sociobiology* 29: 127–132.

———. (1992). Tendency to inspect predators predicts mortality risk in the guppy, *Poecilia reticulata. Behavioral Ecology* 3: 124–128.

———. (1997). *Cooperation among Animals: An Evolutionary Perspective.* New York: Oxford University Press.

Dunbar, R. I. M. (1992). Neocortex size as a constraint on group size in primates. *Journal of Human Evolution* 22: 469–493.

———. (1998). *Grooming, Gossip, and the Evolution of Language.* Cambridge, MA:

Harvard University Press.

———. (2004). Gossip in evolutionary perspective. *Review of General Psychology* 8: 100–110.

Dunbar, R. I. M., and Shultz, S. (2007). Evolution in the social brain. *Science* 217: 1344–1347.

Dunning, D. (2011). The Dunning-Kruger effect: On being ignorant of one's own ignorance. *Advances in Experimental Social Psychology* 44: 247–295.

Dutton, D. (2009). *The Art Instinct: Beauty, Pleasure, and Human Evolution.* New York: Bloomsbury.

Eberhard, W. G. (1977). Aggressive chemical mimicry by a bolas spider. *Science* 198: 1173–1175.

Ehrlinger, J., and Dunning, D. (2003). How chronic self-views influence (and potentially mislead) assessments of performance. *Journal of Personality and Social Psychology* 84: 5–17.

Eisenegger, C., Kumsta, R., Naef, M., Gromoll, J., and Heinrichs, M. (2017). Testosterone and androgen receptor gene polymorphism are associated with confidence and competitiveness in men. *Hormones and Behavior* 92: 93–102.

Endler, J. A. (1992). Signals, signal conditions, and the direction of evolution. *American Naturalist* 139: S125–S153.

Epley, N., and Whitchurch, E. (2008). Mirror, mirror on the wall: Enhancement in self-recognition. *Personality and Social Psychology Bulletin* 34, 1159–1170.

Faiss, R., Saugy, J., Zollinger, A., Robinson, N., Schuetz, F., Saugy, M., and Garnier, P.-Y. (2020). Prevalence estimate of blood doping in elite track and field athletes during two major international events. *Frontiers in Physiology* 11: 160.

Fan, L. Q., Da, X. W., Luo, J. J., Xian, L. L., Chen, G. L., and Du, B. (2018). Helpers of the giant babax cheat for an immediate reward when they provision the brood. *Journal of Ornithology* 159: 245–253.

Feeney, W. E., Welbergen, J. A., and Langmore, N. E. (2014). Advances in the study of coevolution between avian brood parasites and their hosts. *Annual Review of Ecology, Evolution, and Systematics* 45: 227–246.

Fergus, D. J., and Bass, A. H. (2013). Localization and divergent profiles of estrogen receptors and aromatase in the vocal and auditory networks of a fish with alternative mating tactics. *Journal of Comparative Neurology* 521: 2850–2869.

Fernandez, A. A., and Morris, M. R. (2007). Sexual selection and trichromatic color vision in primates: Statistical support for the preexisting-bias hypothesis. *American Naturalist* 170: 10–20.

Finniss, D. G., Kaptchuk, T. J., Miller, F., and Benedetti, F. (2010). Biological, clinical, and ethical advances of placebo effects. *Lancet* 375: 686–695.

Fitzgibbon, C., and Fanshawe, J. H. (1988). Stotting in Thomson's gazelles: An honest signal of condition. *Behavioral Ecology and Sociobiology* 23: 69–74.

Fournier, J. C., DeRubeis, R. J., Hollon, S. D., Dimidjian, S., Amsterdam, J. D., Shelton, R. C., and Fawcett, J. (2010). Antidepressant drug effects and depression severity. *Journal of the American Medical Association* 303: 47–53.

Frankel, T. (2012). *The Ponzi Scheme Puzzle: A History and Analysis of Con Artists and Victims.* New York: Oxford University Press.

Fratellone, G. P., Li, J. H., Sheeran, L. K., Wagner, R. S., Wang, X., and Sun, L. (2019). Social connectivity among female Tibetan macaques (*Macaca thibetana*) increases the speed of collective movements. *Primates* 60: 183–189.

Friedman, M. (1970). The Social Responsibility of Business is to Increase Its Profits. *New York Times Magazine,* September 13.

Gachter, S., and Schulz, J. F. (2016). Intrinsic honesty and the prevalence of rule violations across societies. *Nature* 531: 496–499.

Galperin, A., and Haselton, M. G. (2012). The evolution of cognitive bias. In Forgas, J., Fiedler, K., and Sedikedes, C., eds., *Social Thinking and Interpersonal Behavior,* 45–64. New York: Psychology Press.

Garcia, J. R., MacKillop, J., Aller, E. L., Merriwether, A. M., Wilson, D. S., and Lum, J. K. (2010). Associations between dopamine D4 receptor gene variation with both infidelity and sexual promiscuity. *PLoS ONE* 5: e14162.

Gasparini, C., Serena, G., and Pilastro, A. 2013. Do unattractive friends make you look better? Context-dependent male mating preferences in the guppy. *Proceedings of the Royal Society B* 280: 3072.

Gerhardt, H. C., and Huber, F. (2002). *Acoustic Communication in Inserts and Anurans.* Chicago: University of Chicago Press.

Gerlach, N. M., McGlothlin, J. W., Parker, P. G., and Ketterson, E. D. (2012). Promiscuous mating produces offspring with higher lifetime fitness. *Proceedings of the Royal Society B* 279: 860–866.

Ghoul, M., Griffin, A. S., and West, S. A. (2014). Toward an evolutionary definition of cheating. *Evolution* 68: 318–331.

Gilbert, L. E. (1982). The co-evolution of a butterfly and a vine. *Scientific American* 247: 110–121.

Gilot, F., and Lake, C. (2019). *Life with Picasso.* New York: NYRB Classics, p. 266.

Ginsberg, B. (2011). *The Fall of the Faculty.* Oxford: Oxford University Press.

Gneezv, U. (2005). Deception: The role of consequences. *The American Economic Review* 95: 384–394.

Goetz, A. T., and Shackelford, T. K. (2009). Sexual coercion in intimate relationships: A comparative analysis of the effects of women's infidelity and men's dominance and control. *Archives of Sexual Behavior* 38: 226–234.

Gonçalves, B., Perra, N., and Vespignani, A. (2011). Modeling users' activity on Twitter networks: Validation of Dunbar's number. *PLoS ONE* 6: e22656.

Goodall, J. (1986). *The Chimpanzees of Gombe.* Cambridge, MA: Belknap Press.

Gopnik, A. (1993). How we know our minds: The illusion of first-person knowledge of intentionality. In Goldman, A. I., ed., *Readings in Philosophy and Cognitive Science,* 315–346. Cambridge, MA: MIT Press.

Graeff, T. R. (2003). Exploring consumers' answers to survey questions: Are uninformed responses truly uninformed? *Psychology and Marketing* 20: 643–667.

Graphodatsky, A. S., Trifonov, V. A., and Stanyon, R. (2011). The genome diversity and karyotype evolution of mammals. *Molecular Cytogenetics* 4: 22.

Greenberg, J., Solomon, S., and Pyszczynski, T. (1997). Terror management theory of self-esteem and cultural worldviews: Empirical assessments and conceptual refinements. *Advances in Experimental Social Psychology* 29: 61–139.

Greitemeyer, T., Kastenmuller, A., and Fischer, P. (2013). Romantic motives and risk-taking: An evolutionary approach. *Journal of Risk Research* 16: 19–38.

Griffin, A. S., West, S. A., and Buckling, A. (2004). Cooperation and competition in pathogenic bacteria. *Nature* 430: 1024–1027.

Griffith, S. C., Owens, I. P. F., and Thuman, K. A. (2002). Extra pair paternity in birds: A review of interspecific variation and adaptive function. *Molecular Ecology* 11: 2195–2212.

Grinberg, N., Joseph, K., Friedland, L., Swire-Thompson, B., and Lazer, D. (2019).

Fake news on Twitter during the 2016 U.S. presidential election. *Science* 363: 374–378.

Hafernik, J., and Saul-Gershenz, L. S. (2000). Beetle larvae cooperate to mimic bees. *Nature* 405: 35.

Hagelin, J. C. (2002). The kinds of traits involved in male-male competition: A comparison of plumage, behavior, and body size in quail. *Behavioral Ecology* 13: 32–41.

Hamilton, W. D., and Zuk, M. (1982). Heritable true fitness and bright birds: A role for parasites? *Science* 218: 384–387.

Hancks, D. C., and Kazazian Jr., H. H. (2016). Roles for retrotransposon insertions in human disease. *Mobile DNA* 7: 9.

Hanlon, R. T., Forsythe, J. W., and Joneschild, D. E. (1999). Crypsis, conspicuousness, mimicry, and polyphenism as antipredator defenses of foraging octopuses on Indo-Pacific coral reefs, with a method of quantifying crypsis from video tapes. *Biological Journal of the Linnaean Society* 66: 1–22.

Hanlon, R. T., Naud, M. J., Shaw, P. W., and Havenhand, J. N. (2005). Transient sexual mimicry leads to fertilization. *Nature* 430: 212.

Hare, J. F., and Atkins, B. A. (2001). The squirrel that cried wolf: Reliability detection by juvenile Richardson's ground squirrels (*Spermophilus recharsonii*). *Behavioral Ecology and Sociobiology* 51: 108–112.

Harris, S. (2013). *Lying*. Cleveland, OH: Four Elephants Press.

Hauser, M. D. (1992). Costs of deception: cheaters are punished in rhesus monkeys (*Macaca mulatta*). *Proceedings of the National Academy of Sciences* 89: 12137–12139.

Hegel, G. W. F. (1821). The Preface to *Elements of the Philosophy of Right* (*Philosophie als Wissenschaft*). Berlin: De Gruyter. (There are several translated versions of the same statement. Its real meaning is still a subject of debate).

Heinsohn, R., and Packer, C. (1995). Complex cooperative strategies in group-territorial African lions. *Science* 269: 1260–1262.

Hirata, S., and Matsuzawa, T. (2001). Tactics to obtain a hidden food item in chimpanzee pairs (*Pan troglodytes*). *Animal Cognition* 4: 285–295.

Hodson, R., Roscigno, V. J., Martin, A., and Lopez, S. H. (2013). The ascension of Kafkaesque bureaucracy in private sector organization. *Human Relations* 66:

1249–1273.

Hoobler, J. M., Masterson, C. R., Nkomo, S. M., and Michel, E. J. (2018). The business case for women leaders: Meta-analysis, research critique, and path forward. *Journal of Management* 44: 2473–2499.

Hoorens, V., and Harris, P. (1998). Distortions in reports of health behaviours: The time span effect and illusory superiority. *Psychology and Health* 13: 451–466.

Hoover, J. P., and Robinson, K. (2007). Retaliatory mafia behavior by a parasitic cowbird favors host acceptance of parasitic eggs. *Proceedings of the National Academy of Sciences* 104: 4479–4483.

Howe, M. L., and Knott, L. M. (2015). The fallibility of memory in judicial processes: Lessons from the past and their modern consequences. *Memory* 23: 633–656.

Hughes, K. D., Higham, J. P., Allen, W. L., Elliot, A. J., and Hayden, B. Y. (2015). Extraneous red drives female macaques' gaze toward photographs of male conspecifics. *Evolution and Human Behavior* 36: 25–31.

Hurst, G. D., and Werren, J. H. (2001). The role of selfish genetic elements in eukaryotic evolution. *Nature Reviews Genetics* 2: 597–606.

Iannaccone, L. R. (1994). Why strict churches are strong. *American Journal of Sociology* 99: 1180–1211.

Igic, B., Cassey, P., Grim, T., Greenwood, D. R., Moskát, C., Rutila, J., and Hauber, M. E. (2012). A shared chemical basis of avian host-parasite egg colour mimicry. *Proceedings of the Royal Society B* 279: 1068–1076.

Irons, W. (2001). Religion as a hard-to-fake sign of commitment. In Nesse, R., ed., *The Evolution of Commitment*, 292–309. New York: Russell Sage Foundation.

Jacoby, S. (2004). *Employing Bureaucracy: Managers, Unions, and the Transformation of Work in the 20th Century*. Mahwah, NJ: Lawrence Erlbaum.

Jankowiak, W., Nell, M. D., and Buckmaster, A. (2002). Managing infidelity: A cross-cultural perspective. *Ethnology* 41: 85–101.

Janus, S., and Janus, C. L. (1993). *The Janus Report on Sexual Behavior*. Hoboken, NJ: John Wiley & Sons.

Jersakova, J., Johnson, S. D., and Kindlmann, P. (2006). Mechanisms and evolution of deceptive pollination in orchids. *Biological Reviews* 81: 219–235.

Jones, B. C., Hahn, A. C., and DeBruine, L. M. (2019.) Ovulation, sex hormones, and women's mating psychology. *Trends in Cognitive Sciences* 23: 51–62.

Jørgensen, T. B. (2012). Weber and Kafka: The rational and the enigmatic bureaucracy. *Public Administration* 90: 194–210.

Juslin, P. N., and Västfjäll, D. (2008). Emotional responses to music: The need to consider underlying mechanisms. *Behavioral and Brain Sciences* 31: 559–621.

Kamiya, S., Han Kim, Y., and Suh, J. (2016). The face of risk: CEO testosterone and risk taking behavior. Working Paper. Singapore: Nanyang Technological University.

Kant, I. (1797). On a Supposed Right to Lie from Altruistic Motives. In Beck, L. W., ed. and trans., *Critique of Practical Reason and Other Writings in Moral Philosophy*. New York: Bobbs-Merrill, 1956.

Kaptchuk, T. J., and Miller, F. G. (2015). Placebo effects in medicine. *New England Journal of Medicine* 373: 8–9.

Kar, D., and Freitas, S. (2011). Illicit Financial Flows from Developing Countries over the Decade Ending 2009. Global Financial Integrity (www.gfip.org).

Kaufmann, A. E. (2008). *Women in Management and Life Cycle: Aspects that Limit or Promote Getting to the Top*. New York: Palgrave Macmillan.

Kawai, K., Lang, R., and Li, H. (2018). Political kludges. *American Economic Journal: Microeconomics* 10: 131–158.

Kelley, L. A., and Endler, J. A. (2012). Illusions promote mating success in great bowerbirds. *Science* 335: 335–338.

Kelley, L. A., Coe, R. L., Madden, J. R., and Healy, S. D. (2008). Vocal mimicry in songbirds. *Animal Behaviour* 76: 521–528.

Kempenaers, B., and Schlicht, E. (2010). Extra-pair behaviour. In Kappeler, P. M., ed., *Animal Behaviour: Evolution and Mechanisms*, 359–412. Berlin: Springer.

Khare, A., and Shaulsky, G. (2010). Cheating by exploitation of developmental prestalk patterning in *Dictyostelium discoideum*. *PLoS Genetics* 2: e1000854.

Kiazad, K., Restubog, S. D., Zagenczyk, T. J., Kiewitz, C., and Tang, R. L. (2010). In pursuit of power: The role of authoritarian leadership in the relationship between supervisors' Machiavellianism and subordinates' perceptions of abusive supervisory behavior. *Journal of Research in Personality* 44: 512–519.

Kiers, E. T., Rousseau, R. A., West, S. A., and Denison, R. F. (2003). Host sanctions and the legume-rhizobium mutualism. *Nature* 425: 78–81.

Kikuchi, D. W., and Pfennig, D. W. (2010). Predator cognition permits imperfect coral snake mimicry. *American Naturalist* 176: 830–834.

Kojima, T., Oishi, K., Matsubara, Y., Uchiyama, Y., Fukushima, Y., Aoki, N., Sato, S. et al. (2019). Cows painted with zebra-like striping can avoid biting fly attack. *PLoS ONE* 14: e0223447.

Kokko, H., Brooks, R., McNamara, J. M., and Houston, A. I. (2002). The sexual selection continuum. *Proceedings of the Royal Society B* 269: 1331–1340.

Kruger, J., and Dunning, D. (1999). Unskilled and unaware of it: How difficulties in recognizing one's own incompetence lead to inflated self-assessments. *Journal of Personality and Social Psychology* 77: 1121–1134.

Krupenye, C., Kano, F., Hirata, S., Call, J., and Tomasello, M. (2016). Great apes anticipate that other individuals will act according to false beliefs. *Science* 354: 110–114.

Kumashiro, M., and Sedikides, C. (2005). Taking on board liability-focused feedback: Close positive relationships as a self-bolstering resource. *Psychological Science* 16: 732–739.

Kurup, R., Johnson, A. J., Sankar, S., Hussain, A. A., Sathish Kumar, C., and Sabulal, B. (2013). Fluorescent prey traps in carnivorous plants. *Plant Biology* 15: 611–615.

Kwan, V. S. Y., Barrios, V., Ganis, G., Gorman, J., Lange, C., Kumar, M., Shepard, A., and Keenan, J. P. (2007). Assessing the neural correlates of self-enhancement bias: A transcranial magnetic stimulation study. *Experimental Brain Research* 182: 379–385.

Larmuseau, M. H. D., Matthijs, K., and Wenseleers, T. (2016). Cuckolded fathers rare in human populations. *Trends in Ecology and Evolution* 31: 327–329.

Lefevre, C. E., Lewis, G. J., Perrett, D. I., and Penke, L. (2013). Telling facial metrics: Facial width is associated with testosterone levels in men. *Evolution and Human Behavior* 34: 273–279.

Levine, T. R. (2019). *Duped: Truth-default Theory and the Social Science of Lying and Deception.* Tuscaloosa: University of Alabama Press.

Lewis, M. (1993). The development of deception. In Lewis, M., and Saarni, C., eds., *Lying and Deception in Everyday Life*, 90–105. New York: Guilford Press.

Light, P. C. (2017). *People on People on People: The Continued Thickening of*

Government. New York: The Volcker Alliance.

Linde, K., Streng, A., Jürgens, S., Hoppe, A., Brinkhaus, B., Witt, C., Wagenpfeil, S. et al. (2005). Acupuncture for patients with migraine: A randomized controlled trial. *Journal of the American Medical Association* 293: 2118–2125.

Linde, K., Witt, C. M., Streng, A., Weidenhammer, W., Wagenpfeil, S., Brinkhaus, B., Willich, S. N., and Melchart, D. (2007). The impact of patient expectations on outcomes in four randomized controlled trials of acupuncture in patients with chronic pain. *Pain* 128: 264–271.

Lindenfors, P., Nunn, C. L., and Barton, R. A. (2007). Primate brain architecture and selection in relation to sex. *BMC Biology* 5: 20.

Liu, D., Wei, R., Zhang, G., Yuan, H., Wang, Z.-P., Sun, L., Zhang, J.-X., and Zhang, H.-M. (2008). Male panda *(Ailuropoda melanoleuca)* urine contains kinship information. *Chinese Science Bulletin* 53: 2793–2800.

Lockwood, B. B., Nathanson, C. G., and Weyl, E. G. (2017). Taxation and the allocation of talent. *Journal of Political Economy* 125: 1635–1682.

Loftus, E. F., and Pickrell, J. E. (1995). The formation of false memories. *Psychiatric Annals* 25: 720–725.

Lopes, R. J., Johnson, J. D., Toomey, M. B., Ferreira, M. S., Araujo, P. M., Melo-Ferreira, J., Andersson, L., Hill, G. E., Corbo, J. C., and Carneiro, M. (2016). Genetic basis for red coloration in birds. *Current Biology* 26: 1427–1434.

Lusardi, A., and Mitchell, O. S. (2009). How ordinary consumers make complex economic decisions: Financial literacy and retirement reactions. NBER Working Paper 15350.

Lyle III, H. F., Smith, E. A., and Sullivan, R. J. (2009). Blood donations as costly signals of donor quality. *Journal of Evolutionary Psychology* 7: 263–286.

Lynn, M. (2010). *Bust: Greece, the Euro and the Sovereign Debt Crisis.* Hoboken, NJ: Bloomberg Press.

Lyon, B. E., and Eadie, J. M. (2008). Conspecific brood parasitism in birds: A life-history perspective. *Annual Review of Ecology, Evolution, and Systematics* 39: 343–363.

Macknik, S., Martinez-Conde, S., and Blakeslee, S. (2011). *Sleights of Mind: What the Neuroscience of Magic Reveals about Our Everyday Deceptions.* New York: Picador.

Mank, J. E., and Avise, J. C. (2006). Comparative phylogenetic analysis of male alternative reproductive tactics in ray-finned fishes. *Evolution* 60: 1311–1316.

Mason, R. T., Fales, H. M., Jones, T. H., Pannell, L. K., Chinn, J. W., and Crews, D. (1989). Sex pheromones in snakes. *Science* 245: 290–293.

Mather, M., and Carstensen, L. L. (2005). Aging and motivated cognition: The positivity effect in attention and memory. *Trends in Cognitive Science* 9: 496–502.

Maynard-Smith, J., and Harper, D. (2003). *Animal Signals*. Oxford: Oxford University Press.

McGeeney, B. E. (2015). Acupuncture is all placebo and here is why. *Headache Currents* 55: 465–469.

McLain, D. K., McBrayer, L. D., Pratt, A. E., and Moore, S. (2010). Performance capacity of fiddler crab males with regenerated versus original claws and success by claw type in territorial contests. *Ethology, Ecology, and Evolution* 22: 37–49.

McQuire, B., Olsen, B., Bemis, K. E., and Orantes, D. (2018). Urine marking in male domestic dogs: Honest or dishonest? *Journal of Zoology* 306: 163–170.

Meier, K. J., O'Toole, L., and Bohte, J. (2006). Inside the bureaucracy: Principals, agents, and bureaucratic strategy. In Meier, K., and O'Toole, L., eds., *Bureaucracy in a Democratic State,* 93–120. Baltimore: Johns Hopkins University Press.

Melville, P. (2014). Lying with Godwin and Kant: Truth and duty in *St. Leon. Eighteenth Century* 55: 19–37.

Merton, R. K. (1957). *Social Theory and Social Structure*. Glencoe, IL: Free Press.

Meyer, A. (2006). Repeating patterns of mimicry. *PLoS Biology* 4: e341.

Michener, C. D. (2000). *The Bees of the World.* Baltimore: Johns Hopkins University Press.

Møller, A. P. (1990). Deceptive use of alarm calls by male swallows, *Hirundo rustica:* A new paternity guard. *Behavioral Ecology* 1: 1–6.

Müller, F. (1879). *Ituna* and *Thyridia*; a remarkable case of mimicry in butterflies. (R. Meldola translation). *Proclamations of the Entomological Society of London* 1879: 20–29.

Müller-Schwarze, D. (2006). *Chemical Ecology of Vertebrates.* Cambridge: Cambridge University Press.

Mundy, N. I., Stapley, J., Bennison, C., Tucker, R., Twyman, H., Kim, K.-W., Burke,

T., Birkhead, T. R., Andersson, S., and Slate, J. (2016). Red carotenoid coloration in the zebra finch is controlled by a cytochrome P450 gene cluster. *Current Biology* 26: 1435–1440.

Murphey, P. E., Laczniak, G. R., and Wood, G. (2007). An ethical basis for relationship marketing: A virtue ethics perspective. *European Journal of Marketing* 41: 37–57.

Myre, M. A. (2012). Clues to γ-secretase, huntingtin and Hirano body normal function using the model organism *Dictyostelium discoideum*. *Journal of Biomedical Sciences* 19: 41.

Neale, M. A., and Bazerman, M. H. (1985). The effects of framing and negotiator overconfidence on bargaining behaviors and outcomes. *Academy of Management Journal* 28: 34–49.

Nelson, X. J. (2012). A predator's perspective of the accuracy of ant mimicry in spiders. *Psyche* 2012: 1–5.

Nelson, X. J., and Jackson, R. R. (2009). Collective Batesian mimicry of ant groups by aggregating spiders. *Animal Behaviour* 78: 123–129.

Niskanen, W. N. (1994). *Bureaucracy and Public Economics.* Fairfax, VA: The Locke Institute.

Nokelainen, O., Scott-Samuel, N. E., Nie, Y., Wei, F., and Caro, T. (2021). The giant panda is cryptic. *Scientific Reports* 11: 21287.

Nonacs, P. (2006). Nepotism and brood reliability in the suppression of worker reproduction in the eusocial Hymenoptera. *Biology Letters* 2: 577–579.

Norman, L. J., and Thaler, L. (2019). Retinotopic-like maps of spatial sound in primary "visual" cortex of blind human echolocators. *Proceedings of the Royal Society B* 286: 20191910.

Norris, G., Brookes, A., and Dowell, D. (2019). The psychology of Internet fraud victimisation: A systematic review. *Journal of Police and Criminal Psychology* 34: 231–245.

Norwitz, J. (2009). *Pirates, Terrorists, and Warlords: The History, Influence, and Future of Armed Groups around the World.* New York: Skyhorse.

Nunn, C. L., and Lewis, R. J. (2001). Cooperation and collective action in animal behavior. In Noë, R., van Hooff, J. A. R. A. M., Hammerstein, P., eds., *Economics in Nature,* 42–46. Cambridge: Cambridge University Press.

Nyberg, D. (1993). *The Varnished Truth: Truth Telling and Deceiving in Ordinary Life.* Chicago: Chicago University Press.

Nyhan, B., and Reifler, J. (2010). When corrections fail: The persistence of political misconceptions. *Political Behavior* 32: 303–330.

Odean, T. (1998). Volume, volatility, price, and profit when all traders are above average. *Journal of Finance* 53: 1887–1934.

Olson, D. V. A., and Perl, P. (2005). Free and cheap riding in strict, conservative churches. *Journal for the Scientific Study of Religion* 44: 123–142.

Onyishi, I. E., Prokop, P., Okafor, C. O., and Pham, M. N. (2016). Female genital cutting restricts sociosexuality among the Igbo people of southeast Nigeria. *Evolutionary Psychology* 14: 1–7.

Palazzo, A. F., and Gregory, T. R. (2014). The case for junk DNA. *PloS Genetics* 10: e1004351.

Parkinson, C. N. (1957). *Parkinson's Law.* Boston: Houghton Mifflin.

Paulhus, D. L., Harms, P. D., Bruce, M. N., and Lysy, D. C. (2003). The over-claiming technique: Measuring self-enhancement independent of ability. *Journal of Personality and Social Psychology* 84: 890–904.

Pazhoohi, F. (2016). On the practice of cultural clothing practices that conceal the eyes: An evolutionary perspective. *Evolution, Mind and Behaviour* 14: 55–64.

Peter, L. J., and Hull, R. (1969). *The Peter Principle: Why Things Always Go Wrong.* New York: William Morrow.

Petersen, J. L., and Hyde, J. S. (2010). A meta-analytic review of research on gender differences in sexuality, 1993–2007. *Psychological Bulletin* 136: 21–38.

Plassmann, H., O'Doherty, J., Shiv, B., and Rangel, A. (2008). Marketing actions can modulate neural representations of experienced pleasantness. *Proceedings of the National Academy of Sciences* 105: 1050–1054.

Platek, S. M., Burch, R. L., Panyavin, I. S., Wasserman, B. H., and Gallup Jr., G. G. (2002). Reactions to children's face resemblance affects males more than females. *Evolution and Human Behavior* 23: 159–166.

Plath, M., Richter, S., Tiedemann, R., and Schlupp, I. (2008). Male fish deceive competitors about mating preferences. *Current Biology* 18: 1138–1141.

Pollard, K. A., and Blumstein, D. T. (2012). Evolving communicative complexity: Insights from rodents and beyond. *Philosophical Transactions of the Royal*

Society B 367: 1869–1878.

Porter, S. S., and Simms, E. L. (2014). Selection for cheating across disparate environments in the legume-rhizobium mutualism. *Ecology Letters* 9: 1121–1129.

Powell, L. E., Isler, K., and Barton, R. A. (2017). Re-evaluating the link between brain size and behavioural ecology in primates. *Proceedings of the Royal Society B* 284: 20171765.

Price, D. D., Finniss, D. G., and Benedetti, F. (2008). A comprehensive review of the placebo effect: Recent advances and current thought. *Annual Review of Psychology* 59: 565–590.

Proctor, H. C. (1991). Courtship in the water mite *Neumartia papillator:* Males capitalize on female adoptions for predation. *Animal Behaviour* 42: 589–598.

Prum, R. O. (2018). *The Evolution of Beauty.* New York: Anchor.

Ratnieks, F. L. W., and Wenseleers, T. (2005). Policing insect societies. *Science* 307: 54–56.

Reddy, V. (2007). Getting back to the rough ground: Deception and "social living." *Philosophical Transactions of the Royal Society B* 362: 621–637.

Rice, W. R. (2013). Nothing in genetics makes sense except in light of genomic conflict. *Annual Review of Ecology, Evolution and Systematics* 44: 217–237.

Riebel, K., Odom, K. J., Langmore, N. E., and Hall, M. L. (2019). New insights from female bird song: Towards an integrated approach to studying male and female communication roles. *Biology Letters* 15: 20190059.

Riehl, C., and Frederickson, M. E. (2016). Cheating and punishment in cooperative animal societies. *Philosophical Transactions of the Royal Society B* 371: 20150090.

Rojas, B., Burdfield-Steel, E., de Pasqual, D., Gordon, S., Hernández, L., Mappes, J., Nokelainen, O., Rönkä, K., and Lindstedt, C. (2018). Multimodal aposematic signals and their emerging role in mate attraction. *Frontiers in Ecology and Evolution* 6: 93.

Rosenthal, G. G., and Evens, C. S. (1998). Female preference for swords in *Xiphophorus helleri* reflects a bias for large apparent size. *Proceedings of the National Academy of Sciences* 95: 4431–4436.

Rozenblit, L., and Keil, F. C. (2002). The misunderstood limits of folk science: An illusion of explanatory depth. *Cognitive Science* 26: 521–562.

Ryan, M. J., and A. S. Rand (1999). Phylogenetic influence on mating call preferences in female Túngara frogs, *Physalaemus pustulosus*. *Animal Behaviour* 57: 945–956.

Ryan, M. J., and Cummings, M. E. (2013). Perceptual biases and mate choice. *Annual Review of Ecology, Evolution, and Systematics* 44: 437–459.

Santorelli, L. A., Thompson, C. R. L., Villegas, E., Svetz, J., Dinh, C., Parikh, A., Sucgang, R. et al. (2008). Facultative cheater mutants reveal the genetic complexity of cooperation in social amoebae. *Nature* 451: 1107–1110.

Saul-Gershenz, L. S., and Millar, J. G. (2006). Phoretic nest parasites use sexual deception to obtain transport to their host's nest. *Proceedings of the National Academy of Sciences* 103: 14039–14044.

Scelza, B. A. (2011). Female choice and extra-pair paternity in a traditional human population. *Biology Letters* 7: 889–891.

Schaefer, H. M., and Ruxton, G. D. (2009). Deception in plants: Mimicry or perceptual exploitation? *Trends in Ecology and Evolution* 24: 676–685.

Schmidt, L., Skvortsova, V., Kullen, C., Weber, B., and Plassmann, H. (2017). How context alters value: The brain's valuation and affective regulation system link price cues to experienced taste pleasantness. *Scientific Reports* 7: 8098.

Schmitt, D. P., and Buss, D. M. (2001). Human mate poaching: Tactics and temptations for infiltrating existing relationships. *Journal of Personality and Social Psychology* 80: 894–917.

Schreiber, N., Bellah, L. D., Martinez, Y., McLaurin, K. A., Strok, R., Garven, S., and Wood, J. M. (2006). Suggestive interviewing in the McMartin Preschool and Kelly Michaels daycare abuse cases: A case study. *Social Influence* 1: 16–47.

Scott, D. J., Stohler, C. S., Egnatuk, C. M., Wang, H., Koeppe, R. A., and Zubieta, J. K. (2007). Individual differences in reward responding explain placebo-induced expectations and effects. *Neuron* 55: 325–336.

Scott-Phillips, T. C., Blythe, R. A., Gardner, A., and West, S. A. (2012). How do communication systems emerge? *Proceedings of the Royal Society B* 279: 1943–1949.

Sinervo, B., and Lively, C. M. (1996). The rock-paper-scissors game and evolution of alternative male strategies. *Nature* 380: 240–243.

Singer, N., Jacoby, N., Lin, T., Raz, G., Shpigelman, L., Gilam, G., Granot, R. Y., and

Hendler, T. (2016). Common modulation of limbic network activation underlies musical emotions as they unfold. *Neuroimage* 141: 517–529.

Slocombe, K. E., and Zuberbühler, K. (2007). Chimpanzees modify recruitment screams as a function of audience composition. *Proceedings of the National Academy of Sciences* 104: 17228–17233.

Smith, D. L. (2007). *Why We Lie: The Evolutionary Roots of Deception and the Unconscious Mind.* New York: St. Martin's Griffin.

Sodian, B., and Frith, U. (1992). Deception and sabotage in autistic, retarded and normal children. *Journal of Child Psychology and Psychiatry* 33: 591–605.

Soler, M., Pérez-Contreras, T., and de Neve, L. (2014). Great spotted cuckoos frequently lay their eggs while their magpie host is incubating. *Ethology* 120: 965–972.

Sommer, V. (1994). Infanticide among the langurs of Jodhpur: Testing the sexual selection hypothesis with a long-term record. In Parmigiani, S., and vom Saal, F., eds., *Infanticide and Parental Care*, 155–198. Reading, UK: Harwood.

Sosis, R., and Alcorta, C. (2003). Signaling, solidarity, and the sacred: The evolution of religious behavior. *Evolutionary Anthropology* 12: 264–274.

Spottiswoode, C. N., and Koorevaar, J. (2012). A stab in the dark: Chick killing by brood parasitic honeyguides. *Biology Letters* 8: 241–244.

Steele, M. A., Halkin, S. L., Smallwood, P. D., McKenna, T. J., Mitsopoulos, K., and Beam, M. (2008). Cache protection strategies of a scatter-hoarding rodent: Do tree squirrels engage in behavioural deception? *Animal Behaviour* 75: 705–714.

Stegen, J. C., Gienger, C. M., Sun, L. (2004). The control of color change in the Pacific tree frog, *Hyla regilla. Canadian Journal of Zoology* 82: 889–896.

Steger, R., and Caldwell, R. L. (1983). Intraspecific deception by bluffing: A defense strategy of newly molted stomatopods (Arthropoda: Crustacea). *Science* 221: 558–560.

Stevens, M. (2016). *Cheats and Deceits: How Animals and Plants Exploit and Mislead.* Oxford: Oxford University Press.

Strassmann, B. I. (2003). Social monogamy in a human society: Marriage and reproductive success among the Dogon. In Reichard, U. H., and Boesch, C., eds., *Monogamy: Mating Strategies and Partnerships in Birds, Humans and Other Mammals,* 177–189. Cambridge: Cambridge University Press.

Strassmann, J. E., Zhu, Y., and Queller, D. C. (2000). Altruism and social cheating in the social amoeba *Dictyostelium discoideum. Nature* 408: 965–967.

Street, S. E., Navarrete, A. F., Reader, S. M., and Laland, K. N. (2017). Coevolution of cultural intelligence, extended life history, sociality, and brain size in primates. *Proceedings of the National Academy of Sciences* 114: 7908–7914.

Sullivan-Beckers, L., and Crocroft, R. B. (2010). The importance of female choice, male-male competition, and signal transmission as causes of selection on male mating signals. *Evolution* 64: 3158–3171.

Suls, J., Lemos, K., and Stewart, H. L. (2002). Self-esteem, construal, and comparisons with the self, friends, and peers. *Journal of Personality and Social Psychology* 82: 252–261.

Sun, C., Shepard, D. B., Chong, R. A., Arriaza, J. L., Hall, K., Castoe, T. A., Feschotte, C., Pollock, D. D., and Mueller, R. L. (2012). LTR retrotransposons contribute to genomic gigantism in plethodontid salamanders. *Genome Biology and Evolution* 4: 168–183.

Sun, L. (2003). Monogamy correlates, socioecological factors, and mating systems in beavers. In Reichard, U. H., and Boesch, C., eds., *Monogamy: Mating Strategies and Partnerships in Birds, Humans and Other Mammals,* 138–146. Cambridge: Cambridge University Press.

Sun, L., and Müller-Schwarze, D. (1998). Anal gland secretion codes for relatedness in the beaver, *Castor canadensis. Ethology* 104: 917–927.

Svenson, O. (1981). Are we all less risky and more skillful than our fellow drivers? *Acta Psychologica* 47: 143–148.

Syrůčková, A., Saveljev, A. P., Frosch, C., Durka, W., Savelyev, A. A., and Munclinge, P. (2015). Genetic relationships within colonies suggest genetic monogamy in the Eurasian beaver *(Castor fiber). Mammal Research* 60: 139–147.

Taglor, M. J. (2007). Deception (lying). In Baumeister, R. F., and Vohs, K. D., eds., *Encyclopedia of Social Psychology*, 220–221. Los Angeles: Sage.

Talwar, V., and Crossman, A. (2011). From little white lies to filthy liars: The evolution of honest and deception in young children. In Benson, J. B., ed., *Advances in Child Development and Behavior*, 40: 139–179. London: Academic Press.

Talwar, V., and Lee, K. (2008). Social and cognitive correlates of children's lying behavior. *Child Development* 79: 866–881.

Tamura, N. (1995). Postcopulatory mate guarding by vocalization in the Formosan squirrel. *Behavioral Ecology and Sociobiology* 36: 377–386.

Tanaka, K. D., and Ueda, K. (2005). Horsfield's hawk-cuckoo nestlings simulate multiple gapes for begging. *Science* 308: 653.

Tavris, C., and Aronson, E. (2015). *Mistakes Were Made (But Not by Me): Why We Justify Foolish Beliefs, Bad Decisions, and Hurtful Acts.* New York: Mariner Books.

Taylor, R. C., and Ryan, M. J. (2013). Interactions of multisensory components perceptually rescue Tungara frog mating signals. *Science* 341: 273–274.

Tenbmnsel, A. E. (1998). Misrepresentation and expectations of misrepresentation in an ethical dilemma: The role of incentives and temptation. *Academy of Management Journal* 41: 330–339.

Thaler, R. H., and Sunstein, C. R. (2008). *Nudge: Improving Decisions about Health, Wealth, and Happiness.* New Haven, CT: Yale University Press.

Tibbetts, E. A., and Izzo, M. (2010). Social punishment of dishonest signalers caused by mismatch between signal and behavior. *Current Biology* 20: 1637–1640.

Toma, C. L., and Hancock, J. T. (2010). Looks and lies: The role of physical attractiveness in online dating self-presentation and deception. *Communication Research* 37: 335–351.

Toye, J. (2006). Modern bureaucracy. WIDER Research Paper, No. 2006/52, United Nations University World Institute for Development Economics Research (UNU-WIDER), Helsinki.

Treas, J., and Giesen, D. (2000). Sexual infidelity among married and cohabitating Americans. *Journal of Marriage and the Family* 62: 48–60.

Trivers, R. (2011). *The Folly of Fools: The Logic of Deceit and Self-Deception in Human Life.* New York: Basic Books.

Turner, P. E. (2005). Cheating viruses and game theory: The theory of games can explain how viruses evolve when they compete against one another in a test of evolutionary fitness. *American Scientist* 93: 428–435.

Vallin, A., Jakobsson, S., Lind, J., and Wiklund, C. (2005). Prey survival by predator intimidation: An experimental study of peacock butterfly defence against blue tits. *Proceedings of the National Academy of Sciences* 272: 1203–1207.

Vallin, A., Jakobsson, S., and Wiklund, C. (2007). "An eye for an eye?": On the generality of the intimidating quality of eyespots in a butterfly and a hawkmoth. *Behavioral Ecology and Sociobiology* 61: 1419–1424.

Van der Linden, S., Leiserowitz, A., Rosenthal, S., and Maibach, E. (2017). Inoculating against misinformation. *Science* 358: 1141–1142.

Veblen, T. (1899). *The Theory of the Leisure Class: An Economic Study of Institutions.* New York: Penguin.

Vilmer, J.-B. J., Escorcia, A., Guillaume, M., and Herrera, J. (2018). Information manipulation: A challenge for our democracies. Report by the Policy Planning Staff (CAPS) of the Ministry for Europe and Foreign Affairs and the Institute for Strategic Research (IRSEM) of the Ministry for the Armed Forces, Paris.

Vnuk, A., Owen, H., and Plummer, J. (2006). Assessing proficiency in adult basic life support: Student and expert assessment and the impact of video recording. *Medical Teacher* 28: 429–434.

Von Hippel, W., and Trivers, R. (2011). The evolution and psychology of self-deception. *Behavioral and Brain Sciences* 34: 1–56.

Vosoughi, S., Roy, D., and Aral, S. (2018). The spread of true and false news online. *Science* 359: 1146–1151.

Wager, T. D., Rilling, J. K., Smith, E. E., Sokolik, A., Casey, K. L., Davidson, R. J., Kosslyn, S. M., Rose, R. M., and Cohen, J. D. (2004). Placebo-induced changes in FMRI in the anticipation and experience of pain. *Science* 303: 1162–1167.

Wallace, A. R. (1867). Mimicry and other protective resemblances among animals. *Westminster Review* 1–43.

Walton, J. P. (2019). *Twelve Lies that Hold America Captive: And the Truth that Sets Us Free.* Downers Grove, IL: IVP Book.

Walum, H., and Westberg, L. (2011). The behavioral genetics of human pair bonding. In Ebstein, R., Shamay-Tsoory, S., and Chew, S. H., eds., *DNA to Social Cognition,* 37–46. Hoboken, NJ: John Wiley & Sons.

Watts, D. P. (1989). Infanticide in mountain gorillas: New cases and a reconsideration of the evidence. *Ethology* 81: 1–18.

Weber, M. (1968/1921). *Economy and Society.* (Roth, G., and Wittich, C., eds.) New York: Bedminster.

Weinrib, J. (2008). The juridical significance of Kant's "Supposed Right to Lie." *Kantian Review* 13: 142–170.

Westen, D., Blagov, P. S., Harenski, K., Kilts, C., and Hamann, S. (2006). Neural bases of motivated reasoning: An fMRI study of emotional constraints on partisan political judgment in the 2004 U. S. presidential election. *Journal of Cognitive Neuroscience* 18: 1947–1958.

Westneat, D. F. (1987). Extra-pair copulations in a predominantly monogamous bird: Observations of behaviour. *Animal Behaviour* 35: 877–884.

Whisman, M. A., Gordon, K. C., and Chatav, Y. (2007). Predicting sexual infidelity in a population-based sample of married individuals. *Journal of Family Psychology* 21: 320–324.

Whiting, M. J., Webb, J. K., and Keogh, J. S. (2009). Flat lizard female mimics use sexual deception in visual but not chemical signals. *Proceedings of the Royal Society B* 276, 1585–1591.

Wickler, W. (1968). *Mimicry in Plants and Animals.* London: World University Library.

Wiederman, M. W. (1997). Extramarital sex: Prevalence and correlates in a national survey. *Journal of Sex Research* 34: 167–174.

Wilkinson, G. S. (1990). Food sharing in vampire bats. *Scientific American* 262: 64–70.

Wilson, D. S., Near, D., and Miller, R. R. (1996). Machiavellianism: A synthesis of the evolutionary and psychological literatures. *Psychological Bulletin* 119: 285–299.

Wood, C. (2016). Ritual well-being: Toward a social signaling model of religion and mental health. *Religion, Brain & Behavior* 7: 258–262.

Xu, F., Boa, X., Fu, G., Talwar, V., and Lee, K. (2010). Lying and truth-telling in children: From concept to action. *Child Development* 81: 581–596.

Yolles, M. (2016). Governance through political bureaucracy: An agency approach. *Kybernetes* 48: 7–34.

Zahavi, A. (1975). Mate selection: A selection for a handicap. *Journal of Theoretical Biology* 53: 205–214.

Zahavi, A., and Zahavi, A. (1997). *The Handicap Principle: A Missing Piece of Darwin's Puzzle.* New York: Oxford University Press.

Zhang, J.-X., Rao, X.-P., Sun, L., Zhao, C.-H., and Qin, X.-W. (2007). Putative chemical signals about sex, individuality, and genetic background in the preputial gland and urine of the house mouse (*Mus musculus*). *Chemical Senses* 32: 293–303.

Zhang, J.-X., Sun, L., Bruce, K. E., and Novotny, N. V. (2008). Chronic exposure of cat odor enhances aggression, urinary attractiveness and sex pheromones of mice. *Journal of Ethology* 26: 279–286.

Zhang, J.-X., Sun, L., and Novotny, M. (2007). Mice respond differently to urine and its major volatile constituents from male and female ferrets. *Journal of Chemical Ecology* 33: 603–612.

Zheng, Y. C., Yuan, T. T., and Liu, T. (2014). Is acupuncture a placebo therapy? *Complementary Therapies in Medicine* 22: 724–730.

Zuckerman, E. W., and Jost, J. T. (2001). What makes you think you're so popular? Self-evaluation maintenance and the subjective side of the "Friendship Paradox." *Social Psychology Quarterly* 64: 207–223.

Zuk, M., Rotenberry, J. T., and Tinghitella, R. M. (2006). Silent night: Adaptive disappearance of a sexual signal in a parasitized population of field crickets. *Biology Letters* 2: 521–524.

Zupancic, A. (2000). *Ethics of the Real: Kant, Lacan.* London: Verso.

译后记

翻译这本书 The Liars of Nature and the Nature of Liars 是我的荣幸。我将原著译为《天选的骗子与骗子的天性》，这是与原作者对自然进化适应力有着默契的共识，尽管最终的中文版书名由出版社创意为现在的书名。

说是"译后"记，其实在翻译的过程中早已感慨万千。为分享之方便，现将这诸多的感慨归为三类。

感慨一：有幸，成为这本书的第一名读者。

作为一名译者，翻译一本书的过程，也是最仔细认真地阅读一本书的时候。除了上学时候一字一句地琢磨课本和文献，以研读的态度和方式阅读一本书，现在，就是在翻译一本书的过程中了。带着任务阅读，虽说细致入微，但这样一板一眼地读也会冲淡阅读的快感和乐趣。不过，在翻译 The Liars of Nature and the Nature of Liars 这本书的过程中，我的阅读兴趣却始终昂扬，有时还会兴致勃勃地与我的学生 Cici 分享书中特别有趣的段落。从 2023 年 11 月初开工到 2024 年 5 月

30日截稿完成，在历时7个月的翻译时长中，每一段内容的翻译和阅读，都撩拨着我的好奇心：书中所讲的大自然的"欺骗案例"，动物界的"婚变"太有趣了！生物学专业出身的我尽管对自然界的很多拟态早已熟知，但是，这本书还是讲给我更多更有趣，甚至让人叹为观止的生物伪装现象，例如南美的百香果的拟态⋯

  南美洲的百香果绝对可以获得植物拟态领域最奇特奖项。红袖蝶幼虫，也就是我们平时说的毛毛虫，在发育的时候会啃食百香果植株的叶子，严重地损害百香果生长。南美百香果对付这一虫害的办法竟然用的是神奇的"读心术"！是的！你没听错，南美百香果能"读懂"红袖蝶的"心思"。什么心思呢？红袖蝶不会让自己的幼虫宝宝出生在"内卷"的环境中，确切地说就是，红袖蝶不会在已经有虫卵的叶子上产卵！为什么？理由很简单：资源充足的地方，能给后代提供足够多的食物。鉴于蝴蝶的这种行为，南美百香果竟然进化出看上去仿佛已经落有虫卵的叶子！一棵植物就以这样的方式成功地阻止了蝴蝶在自己植株的叶子上产卵。

如果说，南美百香果的"读心术"让你惊叹不已，那么，生活在北美大西洋海岸普吉特湾"闷骚"的Ⅱ型蛤蟆鱼在求偶期间的各种操作会让你忍俊不禁。而Ⅰ型蛤蟆鱼的"情歌"又过于响亮，过于单调，以至于在20世纪70年代还曾经引发一系列阴谋论：一些人认为这些噪声来自政府的秘密操作，还有一些人认为这是某些工厂在夜间违规排污。

故事一个接一个，从田野里的花花草草到树上的杜鹃，从水边的蛙鸣到泥土里的松露，从常常搭着手臂满脸表情地在思考"猿生"的大猩猩到风流倜傥、衣冠楚楚的华尔街金融玩家……场景也是一处接一处，每一处场景的故事都让人迫不及待地读下去。作者以其广博的知识，带着我们穿越亚马孙丛林，跋涉在华盛顿州埃伦斯堡的恩格尔霍恩池塘，把19世纪的英国博物学家亨利·W.贝茨（Henry W. Bates）、德国博物学家弗里茨·穆勒（Fritz Muller）介绍给我们，把当代美国动物行为学家南希·伯利（Nancy Burley）介绍给我们，又领着我们走进位于得克萨斯州奥斯汀市的著名的遗传学实验室，让我看到当年青涩的博士生吉尔·罗森塔尔（Gil Rosenthal）如何用"鱼类色情片"观察雌性月牙鱼的反应……

但是，如果你以为这本书只是一本妙趣横生的生物科普书，那就错了。作者不但从生物学的视角为我们打开一扇扇奇妙世界的大门，更以哲学的深邃思考，给我们指出人类世界谎言的本质和真相。

感慨二：明白人类社会中谎言的真相，提高生存智慧。

大自然里充满了欺骗、谎言和伎俩，人类社会当然也不例外，甚至更加登峰造极。这是由于"三个因素：语言的使用、高水平的智力以及人类社会的复杂性。语言为撒谎和欺骗提供新的有力的工具；智力让人在创造和设计阴谋诡计时来得更加得心应手；社会的复杂性则为欺诈提供了源头活水"。

其实，对于人类社会中的谎言，大家并不陌生，从政界到商界，再到平头百姓中的生活。对于这些欺骗与谎言，你也许从道德的层面谴责过，从社会学的层面分析过，从经济学的视角剖析过——揭示撒谎者与轻信者或骗子与受害者之间的逻辑关系。但是，这些都让你仍然心存渴望，心存幻想，希望有一天这个世界变得白茫茫一片真干净——纯洁无瑕，抑或如桃花源一般祥和友爱——人间天堂。而当你再次经历或者听到骗与被骗，撒谎与轻信的事情时，又回到了原点——情感上受伤，理性上无奈和感叹。

那么，这本书带给你一个广阔的大自然的视野，从亿万年生物进化的实例告诉你，谎言与欺骗永远不可能消失，我们必须也只能与谎言共存。那么，在这样一个无奈又必然的世界里，我们怎样活得既体面又不失格（即不去欺骗和伤害别人），又不沦为待宰的羔羊（即成为行骗的受害者）呢？

在这本书的最后一章，作者提出了自己的观点。几乎所有的自然科学家到最后都是哲学家，所以在英文中，博士叫作 Doctor of Philosophy。因为，哲学本身就是对万生万物的思考，特别是万物之间关系的思考，所以作为研究了 30 多年生物遗传学的专家，作者孙立新教授以生物进化的长线视野，给我们提出了极具哲理的意见和建议。不仅如此，作者还在这一章向我们介绍了心智的概念，特别是儿童成长发育过程中心智成熟的三个阶段，深入浅出地向读者介绍灵长类动物说谎的心理学原理。

因此，在整个阅读过程中，我所收获的不仅仅是阅读的快乐，视野的开阔，更有智慧的提升。所以作为译者，面对这样一本好书，深感责任重大。

感慨三：为作者，我也要认真地译好这本书。

"现在都什么时代了？！人工智能都可以写论文了，谁还需要翻译啊？各种翻译软件一扫，一本书的译稿三天就可以搞定。为什么你还在一段一段地翻译？"这是我经常听到的问话，有时候来自朋友的劝告，有时候来自熟人的闲聊，更多的时候，是网络上铺天盖地的喧嚣。

如果说钻研翻译软件的人群是为了自己的一亩三分地而奋力地宣扬，那么，很多读者对机翻的信赖和对翻译工作的轻蔑，就会让一个认认真真做翻译的译者感到五味杂陈。所以，那天我在翻译笔记上记完一个经典例句后,写下这样一句话:"有的时候我想,读者当然可以选择阅读机翻译文,读者有权愿意让自己的大脑接收这样的文字信息,把自己宝贵的阅读时间花费在味同嚼蜡的机翻文本上。但是即便如此,作为译者,我仍然有责任用生动的语言为作者传递出原文的诚意和幽默,传递出那每一个经过考量的词的意境,产出有温度的译文。"

写下这段话是在对这样一段文字的翻译之后:

原文:When eyes contribute nothing yet hurt the survival and reproduction of the fish, they become a major burden. Disfavored by natural selection, the eyes lost the ability to fight the buildup of harmful mutations that crop up from time to time. This eventually spelled doom for vision in cave-dwelling fish. By and large, this is how one rule of natural selection — use it or lose it — works.

这段话讲的是生活在墨西哥洞穴里的小鱼视力退化的原因,其实无论在意思上还是语法上,一点儿都不难,但是要想恰切地传递出作者用词的考量,是需要译者也考量一番的。机翻软件给出的译文是这样的:"当眼睛对鱼类的生存和繁殖没有任何贡献时,它们就会成为一个主要的负担。由于受到自然选择的不利影响,眼睛失去了对抗不时出现的有害突变的能力。这最终给穴居鱼类的视力带来了厄运。总的来说,这就是自然选择的一个规则——要么使用,要么失去。"(有道翻译)意思上大差不差,但是原文中一些词在英语中的微妙含义,根本没有呈现出来,比如"disfavored"意思是情感上不喜欢,不认可,我在翻译的时候借用了北京土话"不受待见";"buildup"可不是平地一声雷建立,而是逐渐增加的意思;"crop up"不是简单的"出现"而是"不曾意料地出现"。因此,我的翻译是:"当眼睛对这些鱼的生存和繁殖毫无益处时,就成了鱼身上的一个负担,而不是一个器官。加之不被自然选择所待见,这些鱼的眼睛终究敌不过那些时不时就冒出来的突变经年累月之后的伤害。终究，穴居鱼的视力厄运难逃。说一千道一万，这就是自然选择的一个法条在起作用——用进废退。"随后，在优化译文定稿的过程中，再进一步修改表达如下："当眼睛对这些鱼的生存和繁殖毫无益处时，就成了鱼身上的一个负担，而不是一个器官。未被自然选择所青睐的视觉器官还不时遭受基因突变的伤害，经年累月的损伤之后，穴居鱼便终究难逃成为瞎眼鱼的厄运。说一千道一万，这就是自然选择的一个规律在起作用——用进废退。"

又有这样一句话，在意思上和语法上是毫无悬念的简单，但要产出生动的译文，则需要译者一定的笔头功夫。原文：Nature does indeed have a universal color code that indicates danger, most often bright yellow, orange, red, or blue. Many predatory animals <u>are innately inclined to avoiding them without having to learn by hard (and possibly fatal) experience.</u>

我的翻译是："大自然确实有一个通用的颜色代码来表示危险，最常见的是亮黄色、橙色、红色或蓝色。<u>而对于这些颜色，许多食肉动物无师自通，不必经历'生活的毒打'就知道避开（那份'毒打'有时可能是生命的代价）</u>。"

机翻译文："许多食肉动物天生就倾向于避开它们，而不必通过艰苦的（可能是致命的）经验来学习。"这样的例子不一而足。

作者孙立新教授在他的致谢文中写道："为知识型读者写一本科普性专业书并非易事，无论这些读者是否具备本专业的知识，更何况英语并非我的母语。"所以在我对整本书的研读中，深切地感受到作者在整本书中无论在内容的选择、材料的构架，还是行文的语言表述上都非常谨慎，字斟句酌。那么作为译者的我不但要让译文的表达符合目标读者的阅读习惯，让读者享受到阅读的愉悦感，更有责任用精炼恰切的语言产出高质量的译文，不辜负原作者的创作初衷和诚意。我应该，必须，实际上也这样做的——以高质量的译文表达对原作者的敬意。

最后，我选取作者在书中引用哲学家的一段话以及关于哲学家对真相与谎言关系所作思考的一段话来结束本篇。这两段在更深程度上展示了我的工作状态。

原文：Defining the boundary between permissible and inpermissible lies has been a challenging philosophical quest since time immemorial. The most distinct strength in Kant's philosophical thinking is his axiomatic approach akin to formal mathematics. He constructed his ethics theory based on a set of self-evident truths, namely duties, for which his moral philosophy is known as deontological ethics. (Deontology is a world derived from Greek for duty or obligation.

我的翻译：界定允许的谎言和不允许的谎言，一直是哲学家深感"路曼曼其修远兮，吾将上下而求索"的问题。康德哲学思考中最显著的优势是他那类似于严谨的数学逻辑的公理化方法。基于一套自洽的真理即责任义务，他构建了康德伦理学理论，因此康德的道德哲学也被称为"责任义务伦理学。"（责任义务这个词是从希腊语中派生出来的，其意就是责任或义务。）"from/since time immemorial (literary)：for a very long time"，这个英语习语的语义内涵是"很长时间"，但是这个习语的外延表述是有文学色彩的，如果用汉语来表述，那就是"记忆在时间的长河里难以捡拾"。而这样的文学表述，在翻译具体句子和语篇的时候，是要根据语境来处理的，例如这样一个句子："Her family had farmed that land since time immemorial."翻译为汉语的时候，需要表达为"她家耕种那块地，可有年头了！"另例，"She said it was the immemorial custom of the villagers to have a feast after the harvesting." 翻译为"她说，村民在收割后举村排宴庆祝是由来已久的传统。"同样，"immemorial"在两句话的中文表达意思一样，形式相距甚远，因为要看语境，译文的表达不能拘泥于词典给出的翻译。

另例，原文：It is a duty to tell the truth ... The concept of duty is inseparable from the concept of right. A duty is that on the part of one being which corresponds to the rights of another. Where there are no rights, there are no duties. To tell the truth is therefore a duty, but only to one who has a right to the truth. But no one has a right to the truth, who injuries others. 这段文字几乎没有任何艰深的大词，并且句子结构也不复杂，句子之间的逻辑关系在英文的表达中是存在于介词（如 of、on、from、to），连词（如 where、but），副词（如最后一句的 but，做连词表示强调）之中的。但是目标语汉语并不是一种以语法结构展现逻辑关系的语言，那么源文本的逻辑关系在汉语的表达中就需要译者以清晰的逻辑思维，连贯的简洁准确的关联词呈现给读者。这段话，我的译文："说实话是一种责任义务。然而，责任义务这一概念与权利这一概念是不可分割的。其关系是一个人要履行的责任义务是对应于另一个人的权利的。对于一个没有权利享受其相对应的责任义务的人，就没有必要履行责任义务。因此，当我们指出，说真话是一种责任义务时，要明白这一责任义务只需要对有权知道真相的人方需履行。重点是，那些伤害他人的人没有权利知道真相。"

好了，洋洋洒洒 4 400 字的译后记，部分地回忆了这 7 个月里翻译的有趣的桥段，这篇文字既是对我翻译这本书的总结，同时我也希望读者从译后记的片段分享中对这本书有一个了解，并对翻译工作也能体会一二。

阿德莱德·朱莹

2024 年 5 月 31 日于珠海

科学新视角丛书

《深海探险简史》
［美］罗伯特·巴拉德 著 罗瑞龙 宋婷婷 崔维成 周悦 译
本书带领读者离开熟悉的海面，跟随着先驱们的步伐，进入广袤且永恒黑暗的深海中，不畏艰险地进行着一次又一次的尝试，不断地探索深海的奥秘。

《万物终结简史：人类、星球、宇宙终结的故事》
［英］克里斯·英庇 著 周敏 译
本书视角宽广，从微生物、人类、地球、星系直到宇宙，从古老的生命起源、现今的人类居住环境直至遥远的未来甚至时间终点，从身边的亲密事物、事件直至接近永恒以及永恒的各种可能性。

《耕作革命——让土壤焕发生机》
［美］戴维·蒙哥马利 著 张甘霖 译
当前社会人口不断增长，土地肥力却在不断下降，现代文明再次面临粮食危机。本书揭示了可持续农业的方法——免耕、农作物覆盖和多样化轮作。这三种方法的结合，能很好地重建土地的肥力，提高产量，减少污染（化学品的使用），并且还可以节能减排。

《理化学研究所：沧桑百年的日本科研巨头》
［日］山根一真 著 戎圭明 译
理化学研究所百年发展历程，为读者了解日本的科研和大型科研机构管理提供了有益的参考。

《纯科学的政治》
［美］丹尼尔·S.格林伯格 著 李兆栋 刘健 译 方益昉 审校
基于科学界内部以及与科学相关的诸多人的回忆和观点，格林伯格对美国科学何以发展壮大进行了厘清，从中可以窥见美国何以成为世界科学中心，对我国的科学发展、科研战略制定、科学制度完善和科学管理有借鉴意义。

《写在基因里的食谱——关于基因、饮食与文化的思考》
［美］加里·保罗·纳卜汉 著 秋凉 译
这一关于人群与本地食物协同演化的探索是如此及时……将严谨的科学和逸闻趣事结合在一起，纳卜汉令人信服地阐述了个人健康既来自与遗传背景相适应的食物，也来自健康的土地和文化。

《解密帕金森病——人类200年探索之旅》
［美］乔恩·帕尔弗里曼 著 黄延焱 译
本书引人入胜的叙述方式、丰富的案例和精彩的故事，展现了人类征服帕金森病之路的曲折和探索的勇气。

《巨浪来袭——海面上升与文明世界的重建》
［美］杰夫·古德尔 著 高抒 译
随着全球变暖、冰川融化，海面上升已经是不争的事实。本书是对这场即将到来的灾难的生动解读，作者穿越12个国家，聚焦迈阿密、威尼斯等正受海面上升影响的典型城市，从气候变化前线发回报道。书中不仅详细介绍了海面上升的原因及其产生的后果，还描述了不同国家和人们对这场危机的不同反应。

《人为什么会生病：人体演化与医学新疆界》
［美］杰里米·泰勒（Jeremy Taylor）著　秋　凉　译
本书视角新颖，以一种全新而富有成效的方式追溯许多疾病的根源，从而使我们明白人为什么易患某些疾病，以及如何利用这些知识来治疗或预防疾病。

《法拉第和皇家研究院———一个人杰地灵的历史故事》
［英］约翰·迈里格·托马斯（John Meurig Thomas）著　周午纵　高　川　译
本书以科学家的视角讲述了19世纪英国皇家研究院中发生的以法拉第为主角的一些人杰地灵的故事，皇家研究院浓厚的科学和文化氛围滋养着法拉第，法拉第杰出的科学发现和科普工作也成就了皇家研究院。

《第6次大灭绝———人类能挺过去吗》
［美］安娜莉·内维茨（Annalee Newitz）著　徐洪河　蒋　青　译
本书从地质历史时期的化石生物故事讲起，追溯生命如何度过一次次大灭绝，以及人类走出非洲的艰难历程，探讨如何运用科技和人类的智慧，应对即将到来的种种灾难，最后带领读者展望人类的未来。

《不完美的大脑：进化如何赋予我们爱情、记忆和美梦》
［美］戴维·J.林登（David J. Linden）著　沈　颖　等译
本书作者认为人脑是在长期进化过程中自然形成的组织系统，而不是刻意设计的产物，他将脑比作可叠加新成分的甜筒冰淇淋！并以这一思路为主线介绍了大脑的构成和基本发育，及其产生的感觉和感情等，进而描述脑如何支配学习、记忆和个性，如何决定性行为和性倾向，以及脑在睡眠和梦中的活动机制。

《国家实验室：美国体制中的科学（1947—1974）》
［美］彼得·J.维斯特维克（Peter J. Westwick）著　钟　扬　黄艳燕　等译
本书通过追溯美国国家实验室在美国科学研究发展中的发展轨迹，使读者领略美国国家实验室体系怎样发展成为一种代表美国在冷战时期竞争与分权的理想模式，对了解这段历史所折射出的研究机构周围的政治体系及文化价值观具有很好的参考价值。

《生活中的毒理学》
［美］史蒂芬·G.吉尔伯特（Steven G. Gilbert）著　顾新生　周志俊　刘江红　等译
本书通俗而简洁地介绍了日常生活中可能面临的来自如酒精、咖啡因、尼古丁等常见化学物质，及各类重金属、空气或土壤中污染物等各类毒性物质的威胁，让我们有所警觉、保护自己的健康。讲述了一些有关的历史事件及其背后的毒理机制及监管标准的由来，以及对化学品进行危险度评估与管理的方法与原则。

《恐惧的本质：野生动物的生存法则》
［美］丹尼尔·T.布卢姆斯坦（Daniel T. Blumstein）著　温建平　译
完全没有风险的生活是不存在的，通过阅读本书，你会意识到为什么恐惧成就了我们人类，以及如何通过克服恐惧，更好地了解自己、改善我们的生活。

《动物会做梦吗：动物的意识秘境》
［美］戴维·培尼亚-古斯曼（David M. Peña-Guzmán）著　顾凡及　译
人类是地球上唯一会做梦的生物吗？当动物睡着时头脑里究竟发生了什么？研究动物梦对于

我们来说又有什么意义呢？通过阅读本书，您将进入非人类意识的奇异世界，转变对待动物的态度，开启美妙的科学探索之旅。

《野狼的回归：美国灰狼的生死轮回》

[美] 布伦达·彼得森（Brenda Peterson） 著 蒋志刚 丁晨晨 李 娜 伊莉娜 曹丹丹 珠 岚 译

本书生动记录了美国 300 年来（特别是 1993 年以来）野狼回归的艰难历程：原住民敬畏狼，殖民者消灭狼；濒危的狼被重引入黄石公园后，不仅种群扩大，还通过营养级联效应帮助生态系统恢复健康。书中利益相关方的博弈为了解北美野原打开了一扇窗，并可通过人与狼的关系理解美国历史、美国人的特性和国家认同，而狼的历史就是美国人与自然关系的镜子。

《癌症：进化的遗产》

[英] 麦尔·格里夫斯 著 闻朝君 译 陈赛娟 王一煌 主审

本书从达尔文进化论的角度对癌症的发生发展做了多维的动态的阐述，对很多困扰癌症研究者的难题给出了独特且合理的解释：癌症并不是新生疾病，它在自然界普遍存在。因为癌症本身就是地球生命数十亿年进化过程的自然产物。只要有进化，就会有突变，也就会有癌症。这一独特观点为癌症研究和治疗提供了崭新的思路。

《火星生命：一部数百年的人类探寻史》

[美] 戴维·温特劳布（David A. Weintraub） 著 傅承启 译

人类对火星进行过哪些探索？如今，人们对火星生命有了怎样的认知？本书对这些议题进行了详细系统的讲述，既立足于历史，又紧随前沿进展。本书是人类探索火星生命的"科学史"，详细回顾了数百年来的种种努力。本书还是一部人类探索的"奋斗史"，有成功、有波折，有艰辛、有喜悦。

《魔鬼元素——磷与失衡的世界》

[美] 丹·伊根（Dan Egan） 著 温建平 译

本书以宏大的视野和深刻的洞察力，详细描绘了磷元素从开采到生产，再到消费，直至其资源过度开采与滥用所带来环境影响的全过程，深入剖析了磷元素在现代农业、全球经济、政治格局以及自然生态系统中的复杂角色与深远影响。不仅是科学家、环保主义者和政策制定者的宝贵参考资料，更是每一位关心地球未来、渴望了解我们生存环境的普通读者的必读之选。

《伟大的生命之树：地球生物进化全景图》

[美] 道格拉斯·E. 索尔蒂斯（Douglas E. Soltis） 帕梅拉·S. 索尔蒂斯（Pamela S. Soltis） 著 陈士超 孙 苗 主译

生命之树概念存在于许多古老文明中，而达尔文在《物种起源》中赋予其所有物种通过它相互关联的现代含义。科技革新使得构建包含约 230 万个已命名物种的完整的生命之树的生物多样性"登月计划"得以完成。本书结合系统进化关系树构建方法，阐释生命之树在药物研发、疾病治疗、作物改良等方面的作用，强调生命之树的教育对人与自然和谐相处的重要性。

《天择之骗——自然界的谎言与生存策略》

[美] 孙立新（Lixing Sun） 著 阿德莱德·朱莹 译

本书深入探讨了自然界中的欺骗现象，揭示了骗者与被骗者在进化博弈中如何推动物种进化并创造生命多样性。作者以幽默的笔触，将自然界的欺骗艺术延伸到人类社会，剖析了各种欺骗行为，区分其类型，并指出哪些欺骗能够激发创新与文化活力。同时，书中还为应对虚假信息提供了深刻的见解。无论是自然爱好者还是对人类行为感兴趣的读者，都能从中获得关于生命、竞争与创新的深刻启示。